ケミストリー現代史

その時、化学が世界を一変させた！

大宮 理

PHP文庫

○本表紙図柄＝ロゼッタ・ストーン（大英博物館蔵）
○本表紙デザイン＋紋章＝上田晃郷

目次—ケミストリー現代史

序章　20世紀までにわかったこと

第1章　1945〜50年

第2章 1950年代

第3章 1960年代

第4章 1970年代

第5章 1980年代

――公害や核実験の犠牲になった人びと、自由を求めて軍事政権や独裁政権と戦った人びと、反戦運動に身を投じた人びと、過酷な鉱山労働や農業で命を削った人びと、原子力発電所の事故で見えない放射線と戦った人びと、そういった方々にこの本を捧げる。

序章 20世紀までにわかったこと

人類がいかに物質と向き合ってきたかをテーマに、前作『ケミストリー世界史』(PHP研究所)では原子が誕生した宇宙創生までさかのぼり、地球の誕生、その後の人類の誕生から第2次世界大戦まで、化学が変えた人類の歩みを描きました。

そして、第2次世界大戦後の世界の形成から21世紀の入り口までを描いたのが本書です。

まず、これから描かれる化学と現代史の前に、20世紀までにわかってきた物質の世界観、化学について見てみましょう。

●モノと物質の違い

〝モノ〟は見た目の分類で、〝物質〟は成分に着目した分類です。すべての物質は分解していくと、原子や分子などの粒子になります(分子については後述)。

プラスチックのブロック玩具でできた城や車、宇宙船などを分解していくと、究極的な基本パーツに分かれていくのと同じです。

●元素の正体

元素は物質の最も基本となる成分で、ブロック玩具のパーツにたとえると、赤くて四角いもの、黄色の長いもの、グレーの円筒形のものみたいな、ブロック玩具の種類のようなものです。性質が異なる原子の種類を表しています。

長いあいだ、錬金術師や化学者たちが物質の成分であるさまざまな元素を探し求め、元素を並べた「周期表」がつくられました。「周期表」には元素の神秘が並べられています。「周期表」から、元素を構成する原子の構造を探る研究が本格化していき、電子の並び方の法則性などが明らかになっていったのです。

天然に存在する元素は約90種類です。人工的につくられたものも入れると、全部で約120種類になります。これらの組み合わせで宇宙ができているのです。

●原子の正体

原子とは、物質をブロック玩具の組み合わせにたとえると、パーツそれぞれ一つひとつのことです。

原子は、真ん中に原子核というものがあり、原子核は陽子と中性子という2種類の粒子からできています。そのまわりを、小さい電子というマイナスの電気を持った粒が、陽子と同じ数だけまわっています。太陽系にたとえると、太陽が原子核で、電子が惑星です（実際の構造はもっと複雑です）。

電子は粒で表されますが、こういった極微の粒子になると波の性質も表れます。**原子のなかの電子の並び方が、その原子の性質を決めます**。物質の壮大な変化、化学反応では、原子の組み替えが起こります。それは、この電子のやりとりで起こるのです。**化学は、この電子のやりとり、ふるまいを扱う学問です**。

原子には、原子番号という野球選手の背番号のような大切な数字があります。この数字は陽子の数を表していて、**陽子の数がその原子の元素記号を決めます**。陽子1個で原子番号1が水素原子（H）、陽子6個で原子番号6が炭素原子（C）、陽子92個で原子番号92はウラン（U）を表します。

原子番号は元素記号の左下に書かれます。そして、原子番号順に元素を並べたも

炭素原子のモデル

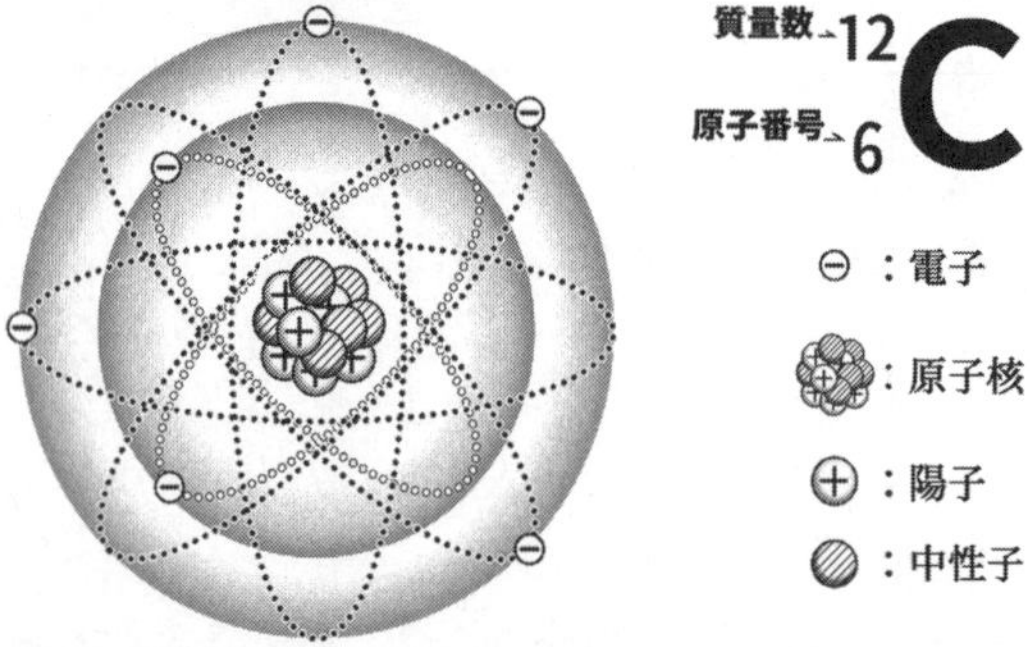

陽子が6個　電子が6個

のが「周期表」です。

　この陽子の数と中性子の数の合計が質量数といわれ、原子の質量の目安になります。たとえば、最も多い水素原子は、陽子1個、中性子0個なので質量数は1です。

　炭素原子で最も多いのが、陽子6個、中性子6個で、質量数が12の炭素原子です。質量数は、^{12}Cのように元素記号の左肩に書いて、「炭素12」と読みます。プルトニウム239は質量数が239を表しています。

　原子では、陽子の数と電子の数が等しいので、原子番号（陽子の数）と電子の数は等しくなります。電子の数が決まると電子の並び方が決まり、その原子の性質が決まります。これを反映させたものが「周期表」で

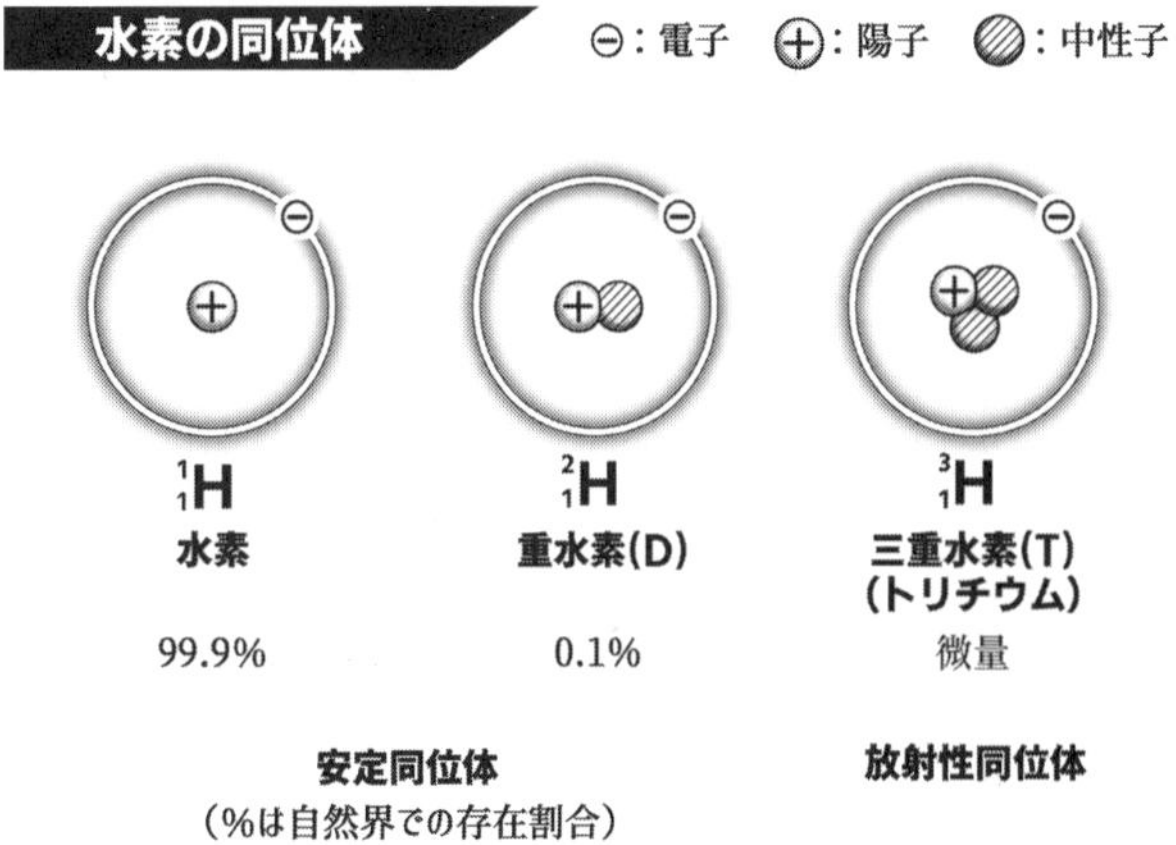

す。

●同位体は双子のようなもの

同位体とは、同じ元素の原子どうし（原子番号は同じ）で、中性子の数が違うものです。つまり、**同じ元素記号で質量数が異なるもの**になります。

同位体は英語で「アイソトープ」といわれ、ギリシャ語の「イソス」（「同じ」の意）＋「トポス」（「場所」の意）が語源です。同じ元素なので、「周期表」では同じ欄（場所）にあるからです。

たとえば、水素原子は陽子1個が共通ですが、中性子0個の通常の水素原子のほかに、微量ながら中性子1個の水素原子（重水素といわれ、「D」で表すことが多い）、中性子2個の水素原子（トリチウム）があります。トリチウムの原子核は不安定で、放射線であるβ線（高速の電子）を放出してヘリウムの原子核に変化します。こういった**放射線を出す能力を放射能といい、放射能を持つ原子は放射性同位体といわれます**。

同位体は同じファミリー（元素）のなかで、体重の違う双子のようなものです。化学的な性質はほぼ同じです。

●原子とイオン

イオンは、原子や原子がつながった原子団から電子が外れたり、くっついたりしてできる、電気を帯びた粒子です。巨大スーパーマーケットの名前ではありません（笑）。

マイナスの電気を持った（負電荷）電子が剝《は》がれると、プラスの電気が残るので陽イオンができます。逆に、電子がくっつくと、マイナスの電気を帯びるので陰イオンになります。イオンが溶けている水溶液に電圧をかけると、イオンは水のなかで移動します。そこで、ギリシャ語の「イオン」（「行く」の意）から、イオンと名付けられました。

食塩の主成分は塩化ナトリウムで、ナトリウムの陽イオンNa^+と塩素の陰イオンCl^-が静電気の引力でたくさんつながったものです（世界を変えてきた塩については、『ケミストリー世界史』P94参照）。

●分子がもたらす物質文明

多くの物質はいくつかの原子が集まってできる独特の粒子＝分子からなり、分子が集まって物質を形づくります。

たとえば、水はH_2Oという分子の集まりで、ドライアイスは二酸化炭素の分子CO_2が集まった固体です。多くの分子は数個〜数十個の原子が集まってできますが、なかには、小さい分子が化学反応でさらにつながって巨大な分子を形成しているものがあります。**プラスチックやタンパク質がそのような構造を持ち、こういった巨大な分子を高分子（ポリマー）といいます**。

19世紀に化学が急速に発達すると、はじめは偶然から、あるいは体当たり的にいろいろな分子が合成されました。やがて、反応のルール、理屈に基づいて、分子を合成できるようになります。染料や医薬品、高性能ガソリン、プラスチックの樹脂

メタンの燃焼反応

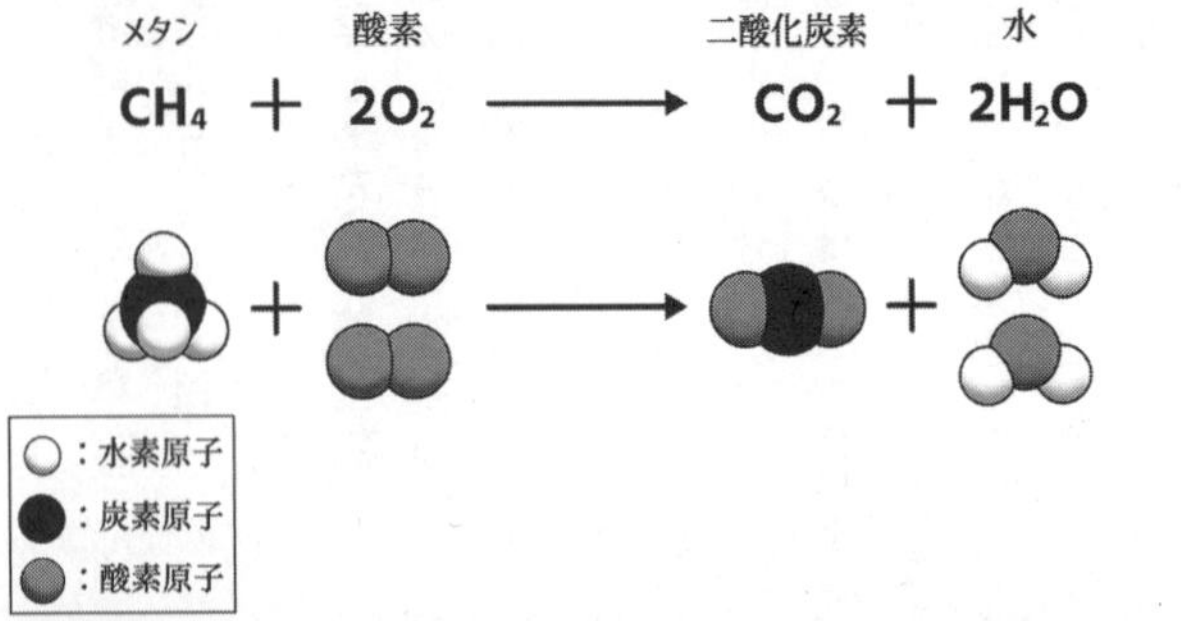

化学反応では原子の組み替えが起こる

や繊維が合成されるようになり、豊かな物質の文明が到来したのです。

●化学反応は服の着せ替えのようなもの

化学反応は原子の組み替えです。上の図のように、都市ガスでコンロの火をつけると、メタンの燃焼反応が起こります。

わが家で長女がブロック玩具でつくったディズニーキャラクターを、弟が勝手に分解してヘンテコな戦闘機につくりかえるのと同じです。その後、長女が弟をボコボコにするところは化学反応とは違います（笑）。

より高度な視点で見ると、**原子核のまわりをまわっている電子のうち、外側の電子のやりとりで、原子の組み替えが起こります。**

ファッションにたとえると、洋服を着せ替えるのと似ています。ラッパー風の服で原宿に集まっていたのが、夜は喪服に着替えてお通夜に行ったみたいな感じです。**化学反応では原子そのものは壊れません。**

それに対して、原子爆弾（原爆）や原子力発電所（原発）の核反応はまったく違います。**核反応では原子核そのものがちぎれたり、くっついたりして、莫大なエネルギーの放出が起こります。**

化学反応がブロック玩具の組み替えなら、ブロック玩具がちぎれて分解したり（核分裂）、水素爆弾（水爆）ではブロック玩具がめりこんで合体したりするようなものです（核融合）。

●分子の表現

この本は、わかりやすさを優先して、なるべく化学式や構造式といった専門家のツールに頼らない方向性をとっていますが、必要なところには分子を表す構造式が出てきます。

たとえば、エタノールの分子C_2H_5OHの構造式を図で見てみましょう。

分子 の 表現

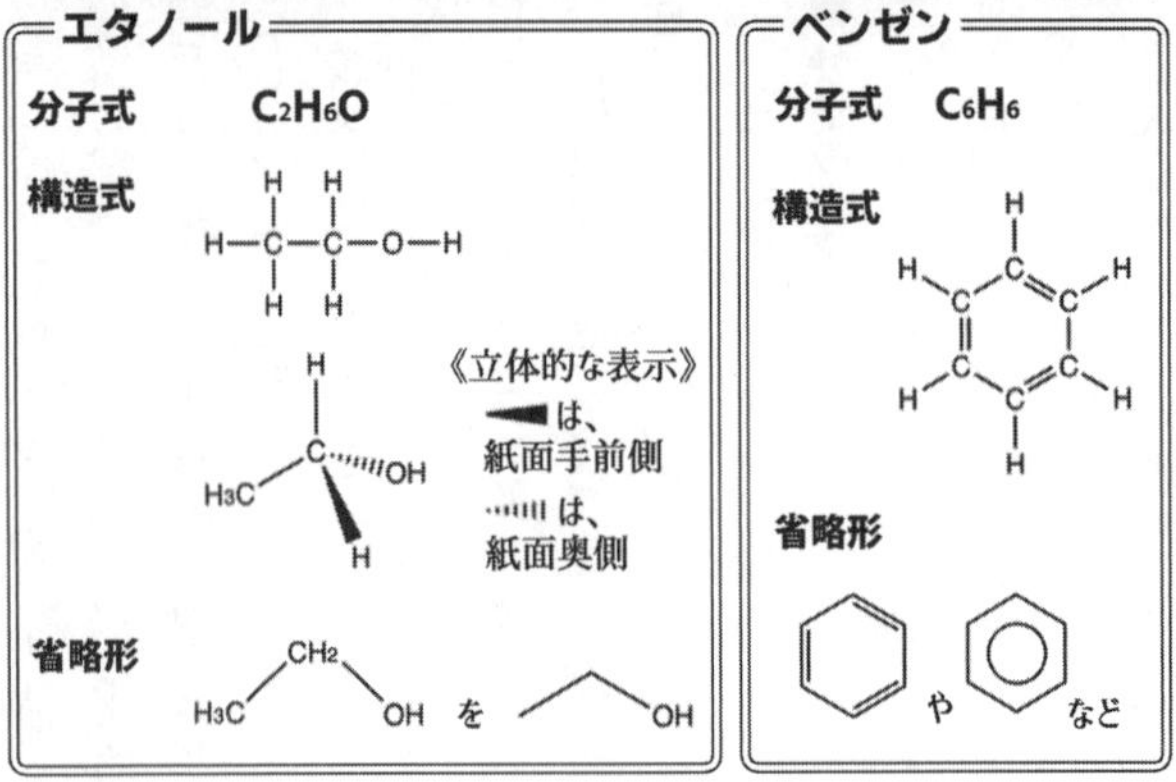

実際の分子は、原子どうしがめりこんでつながった立体的なものです。構造式では、原子どうしのつながりは棒線（—）で表しています。これが大変なので簡略化されていき、専門家が使うのは、炭素原子や水素原子も省略して、炭素原子が織りなすフレームだけの表現になります。また、太くなる楔《くさび》は紙面手前側、点線は紙面奥に向かう立体的な表示というのもあります。

分子のなかには土台（ベース）のように入り込んだ、〝ザ・定番〟のようなユニットのようなものがあり、ベンゼンC_6H_6の分子の環状構造、通称、ベンゼン環がいろいろな分子に含まれています。

第1章 1945〜50年

どんな時代?

1945年9月、6年間にもわたった**第2次世界大戦**が終わりました。アメリカは圧倒的な工業力でイギリスやソビエト連邦（ソ連）を援助し、みずからも参戦して大量の兵器とガソリンを連合軍に供給してドイツや日本を壊滅させました。

そして、二度とこのような悲劇を繰り返さないようにと、戦後すぐに**国際連合**（国連）が発足します。

戦争終盤の1945年2月上旬、クリミア半島のリゾート地ヤルタで、アメリカのローズヴェルト大統領、イギリスのチャーチル首相、ソ連のスターリン書記長による会談が行われました。

この会談では、国連の設立、ドイツの4カ国分割占領、ソ連が対日参戦するかわりにソ連の南樺太《からふと》および千島列島（北方領土）の占領を認めるなど、戦後処理の取り決めが行われました。ただ、ポーランドの戦後処理をめぐって、ソ連とイギリスが鋭く対立しました。

また、中国では、蔣介石率いる国民党と、毛沢東率いる共産党が内戦状態にありましたが、**毛沢東の共産党が勝利します。そして、1949年に中華人民共和国が成立すると、国民党は台湾に逃れて中華民国を建国し、中国は分裂しました。**

ソ連、東ヨーロッパ、中国と、社会主義を標榜する国々（東側諸国）が増えたので、アメリカやイギリス、西ヨーロッパの国々（西側諸国）はこの動きを脅威ととらえ、やがて鋭く対立します。これら二つの勢力は正面では武力衝突こそしていないものの、「冷たい戦争」といわれ、20世紀後半は**東西冷戦**の時代となります。

アメリカは国土が戦場にならず、突出した一強になっていました。第2次世界大戦下の軍用機の生産量だけを見ても、戦前（1939年）の135倍に達しており、巨大化した軍需産業をいきなり135分の1にはできません。冷戦を口実に、軍産複合体が牛耳る戦闘国家になっていきました。

西ヨーロッパは戦場となって荒廃していたので、アメリカは「**マーシャルプラン**」という復興援助を行って西ヨーロッパ諸国を子分にします。

ソ連は強大なアメリカの軍事力に負けないように、無理をしながら軍拡競争のレースに参加します。発展途上国同様、背伸びをしてガンガン発展するためには、独裁体制でパフォーマンスを最適化するしかありません。ソ連は共産党の一党独裁による強大な官僚主義、そしてその国家体制を守るために覇権主義を続けていきます。

1947年4月16日 テキサスシティの惨劇――硝酸アンモニウムが大爆発

●港が火の海に包まれる

第2次世界大戦後、戦争で荒廃したヨーロッパの農地を復興するため、アメリカ政府は肥料になる硝酸アンモニウムNH_4NO_3（略して硝安）をヨーロッパに供給していました。植物の成長に欠かせない元素が窒素（N）、リン（P）、カリウム（K）で、硝酸アンモニウムは窒素分を補充します。

テキサス州の巨大な港湾都市、テキサスシティの港では、フランスへ向かう貨物船「グランドキャンプ号」に木綿や落花生、石油掘削のドリル、2100トンの硝安などの荷物が積み込まれていました。

港にはユニオンカーバイドをはじめモンサントなどの巨大な化学工場があり、戦争中は合成ゴムの原料のスチレンを合成してアメリカを支えていました。

石油からつくるスチレンとブタジエンという2種類の分子をランダムにつなげて長いひも状の巨大な分子（重合体、ポリマーといいます）にすると、自動車のタイヤに使われるスチレンブタジエンゴムという合成ゴムができます。

この合成ゴムのタイヤが戦時中、約64万8000台生産された「ジープ」や、約90万台生産されたトラックなどに使われ、アメリカ軍の巨大なロジスティックス（補給）を支えたのです。

1947年4月16日の朝、「グランドキャンプ号」の船倉から火災が発生しました。硝酸アンモニウムは水に溶ける物質なので、関係者は水で消火するのを避け、船倉を密閉して酸素を遮断しようとしました。

見物人が多く集まるなか、消防が鎮火させたと思われた瞬間、貨物船は突然、大爆発を起こし、一瞬で消滅してしまいます。

爆発で熱せられた金属の破片が空襲のように周囲の化学工場に降り注ぎ、石油タンクや薬品のタンクなどが次々と誘爆していきます。容器から出た蒸気に引火して上空までもが火の海となり、地獄絵図の惨状でした。もう一隻の蒸気船の硝酸アンモニウムにも火がついて爆発し、救援にきた人びとまでもが犠牲になったのです。トルーマン大統領は、ただちにアメリカ政府による救援を決断しました。火災は翌日に鎮火しましたが、周辺は焼け野原になり、581人が亡くなったとされています。

硝酸アンモニウムは世界のいたるところで爆発事故を起こしています。最近では、2020年8月4日、レバノンのベイルートの倉庫に保管されていた2754トンの硝酸アンモニウム（貨物船の積み荷を押収したもの）のうち、約550トンが爆発して大きな被害をもたらしました。

●ダイナマイトよりも優れたスラリー爆薬

硝酸アンモニウムは、肥料以外のおもしろい用途として、携帯式の冷却剤にも使われています。水に溶けるときに熱を吸収するので、使用時に袋パックをもむと中袋が破れ、出てきた水に硝酸アンモニウムが溶けて熱を吸収し冷えるのです。

硝酸イオンNO_3^-は酸化剤、アンモニウムイオンNH_4^+は還元剤として働きます。酸化剤は電子を奪う物質、還元剤は電子を与える物質です。

たとえば、ガソリンが爆発的に急速燃焼するときは、空気の酸素が酸化剤、ガソリンが還元剤です。これらが反応すると**電子のキャッチボールが起こります。こういったものを「酸化還元反応」といいます。**

硝酸アンモニウムでは、一つの物質に酸化剤と燃料（還元剤）が同居しているので、条件が整うと爆発します。爆薬の分子はみな、酸化剤と還元剤の部分構造が同居していて、１００万分の１秒というスケールで酸化還元反応が一挙に起こり、生じたエネルギーと気体分子が衝撃波を生じます。この現象が爆発そのものです。

１９５０年代には、硝酸アンモニウムと油を混ぜたＡＮＦＯ《アンホ》（硝安油剤爆薬）という爆薬が発明されました。鉱山などで岩の隙間に流し込み、起爆剤を入れて爆破するという画期的な方法で、ダイナマイトを超える発明でした。ですが、鉱山やトンネル工事などで硬い岩盤に穴を開けて湧水が出てくる場合、ＡＮＦＯは使えません。そこで、ＡＮＦＯをさらに超える新しい爆薬が発明されました。

アメリカ・ユタ大学のメルビン・クック博士が、「好きになれないなら、むしろそれに加わってみよう」という発想からヒントを得て、硝酸アンモニウムを水に溶かして爆薬にするという逆転の発想で「含水爆薬」(スラリー爆薬)を発明します。

　これは硝酸アンモニウムをメインに、水、アルミニウム粉末、TNT(トリニトロトルエン)粉末などを加えたもので、ドロドロした爆薬です(英語で「スラリー」は「ドロ状」「おかゆ状」の意)。

　スラリー爆薬は、容器で混ぜるだけでつくれる低コストの爆薬です。起爆薬があってはじめて爆発するので、取り扱いも安全で簡単。袋に詰めたり、ミキサー車から穴に注入したりできます。

　ビニール袋に入れて、水中でも扱える革命的な爆薬です。危険なダイナマイトよりも優れているので、現代ではダイナマイトに取って代わっています(続きはP98)。

1947年12月16日　トランジスタの登場――〝幸運な失敗〟が生み出した大発明

●真空管はメンテナンスが大変

　1947年、アメリカで〝幸運な失敗〟から世紀の大発明が生まれました。現代のITテクノロジーを支えるトランジスタの発明です。ここでは、現代を支える半導体のテクノロジーにふれてみましょう。

1876年に電話の特許をとったグラハム・ベルは、翌年に電話事業を起こし、アメリカ電話電信会社（AT&T）の前身であるベル電話会社を設立しました。AT&Tはアメリカの電話網をつくりだし、1915年には大陸横断の電話線を開通します。

電話に関する技術を追求するため、ニュージャージー州のベル研究所（現在のノキアベル研究所）では通信の理論や電子工学が研究され、戦時中はレーダーなどの軍事研究が最優先になります。

20世紀のはじめ、電気信号を増幅する画期的な装置として真空管が発明されました。真空管はガラス電球のような見た目で、真空中で陰極から陽極に電子を飛ばすときに、途中に置いた第3の電極の電圧を少しだけ変化させると、電子の流れをカットしたり増やしたりできます。

小さな電圧変化を大きな電流の変化に変えられるので、電気信号を増幅することができます。ハンドルを動かして水門を上下すると水流の大きな変化が得られるような機能です。ただ、真空管は中が真空のガラス管ですから繊細でかさばり、電子を出すフィラメントも電球のように焼き切れたりして寿命も短く、壊れやすいのが欠点です。

第2次世界大戦中期から戦後にかけて現れた暗号解読や弾道計算用の黎明期の電子計算機（コンピュータ）では、真空管が1万8000本以上も使われているものまであり、故障が多く、メンテナンスが大変でした。

●現代のIT社会を支える装置

ベル研究所で、ウィリアム・ショックレー、ジョン・バーディーン、ウォルター・ブラッテンの3人は、レーダーの研究をしていました。交流を直流に変える操作（整流）の装置を改良するため、当時、注目されていなかったケイ素（シリコン）やゲルマニウムを使えないかと模索していました。ケイ素やゲルマニウムは半導体です（くわしくは後述）。

ウィリアム・ショックレー
ノーベル物理学賞受賞
（1956年）

試行錯誤の日々を続けるなか、バーディーンとブラッテンは、ゲルマニウムに添加物を加えた固体の表面を一部酸化させて薄い絶縁層をつくり、その上から二つの電極の針を近い距離で固体に接触させる実験をしていました。ですが、実際には、酸化した被膜は生じていませんでした。

酸化被膜ができなかったという〝幸運な失敗〟により、1947年12月16日、バーディーンとブラッテンは20世紀最大の発明を成し遂げたのです。二つの電極とゲルマニウムの固体が直接接触した状態で、結晶の下の電極（ベース電極）の電圧を変えたとき、結晶の上に当てた二つの電極のあいだを流れる電流が一挙に大きくなりました。真空管とはまったく違う、固体だけの装置で電流の増幅作用が見つかったのです。

見かけ上はただの石を使ったような装置は、真空管にかわって電気信号の増幅やスイッチの働きをします。トランスファー（「伝達する」の意）と、バリスタ（バリアブル・レジスタ＝可変抵抗器）という二つの単語から、「トランジスタ」と名付けられました。

特許は、実際に実験していたバーディーンとブラッテンが申請し、上司のショックレーは申請者の名前から外されました。ショックレーは研究者としては一流でしたが、上司としては自己中心的なため、彼らの仲は悪化していたのです。

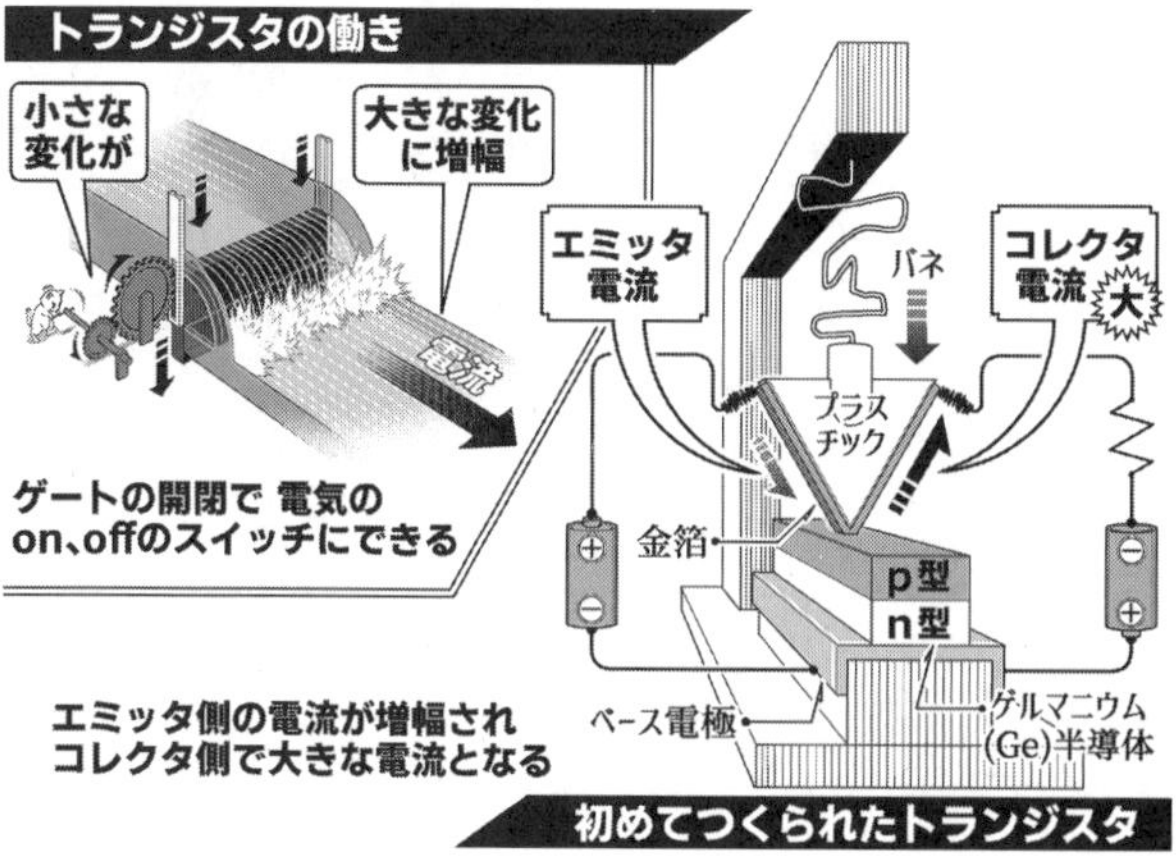

この、「点接触型トランジスタ」は革新的であるものの、ガラクタ細工のようなもので（失礼）、繊細で実用的ではありませんでした。

ショックレーは屈辱を晴らすべく、ホテルに1カ月間泊まり込んで研究に没頭し、さらに革新的な「接合型トランジスタ」を発明します。これが現代のＩＴ社会を支える装置になります。このトランジスタのポイントは、ゲルマニウムという半導体を使ったことにあります。

体当たり的な偶然の発見でしたが、その後、量子力学という電子のふるまいを計算で明らかにする手法により、固体結晶中の電子のふるまいが理論化されていき、新しい半導体を設計してつくりだす技術へとつながります。

●半導体とは？

現代社会を支える半導体とは、いったい何なのでしょうか。

いろいろと調べてみても、「電気を流す金属と、電気を流さない物質（絶縁体）のあいだの導電性を持つ物質」みたいに書いてあってよくわからない、という感想を持つ方も多いでしょう。

ここでは、半導体について化学的にふれてみたいと思います。

ゲルマニウムやケイ素は、ガラス、ゴム、プラスチックなどの絶縁体よりも電気を通しやすく、金属などの電気を伝えやすい導電体ほどは電気が流れないので、**半**端な**導体**になります。

最大の特徴は、半端者であるがゆえに、逆に融通がきき、超微量の添加物を加えることで大きく性質が変わることです。加える添加物によって、2種類の性質のもの（後述する**n**型と**p**型）をつくれます。

この**n**型と**p**型を組み合わせることで、電気的なスイッチ、電気的な記憶装置であるメモリ、交流と直流を変換する装置、太陽電池や光センサー、発光ダイオードなど、さまざまなものをつくりだすことができます。**現代ではケイ素=シリコンの半導体が主流です。**

●n型半導体とは?

原子はほかの原子と結合するときに、まわっている電子のなかで、いちばん外側をまわっている電子を使います。これらの**結合に使われる電子のことを「価電子」**といいます。価電子とは、手になる電子のことです。

ケイ素原子(Si)は4本の手(=価電子)を持っており、四つのジョイントを出しているブロック玩具のような状態です。ケイ素原子どうしがつながって結晶になるときは、この4本の手を出して、それぞれが相手と

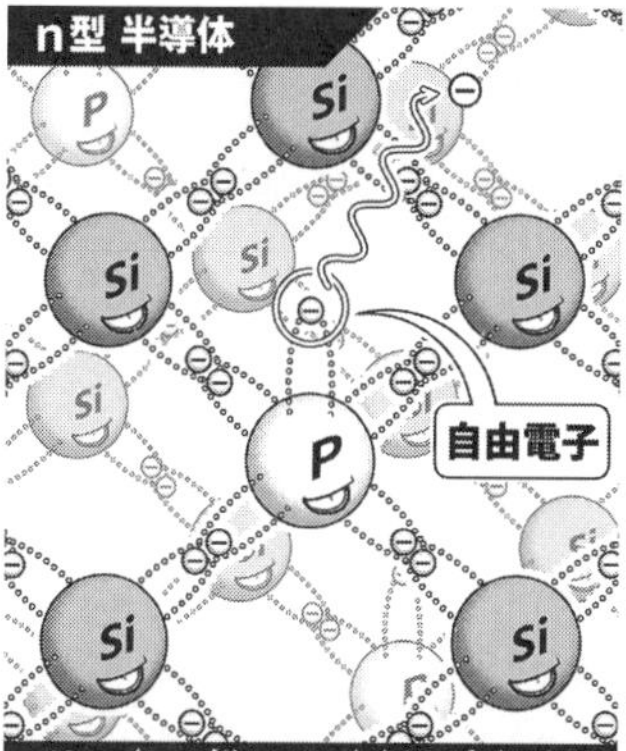

シリコン(ケイ素)に、リン(P)やヒ素(As)を加えると、電子が余り、動けるようになる。

握手をするようにつながります。

四つの手の出方が海岸にある波消しブロックのようになっていて、その手と手をつなげて3次元に連ねたような、複雑なジャングルジムのような構造です。このなかに、価電子が5個あるリン原子(P)を入れたらどうなるでしょうか。

四つの価電子を使って、まわりの四つのケイ素原子とつながったあと、余った一つの価電子はフリーとなってある程度動けるようになります。このような余った電子が動けるようになったものを、「ネガティブ型(n型)半導体」といいます。

ちょうど、みんなが空のバケツを持って並んでいて、片側から隣の人のバケツに水を移していくと、水が移動しているように見える状態です。

●p型半導体とは?

一方、ケイ素原子に原子の手の数が三つ(価電子が3個)しかないホウ素原子(B)を加えると、手が不足します。この不足分を補うために、ほかのケイ素原子が価電子を出します。

そうすると、そこが空席になります。そしてまた、ほかのケイ素原子がこの空席に電子を出して……を繰り返すことで、空席があたかも粒子のように移動しているようになります。この空席を、電子の負電荷が抜けたものなので「正孔《ホール》」と呼んでいます。

それをわかりやすくするため、このページから先をパラパラめくってください。パラパラアニメにしてあります。●で表した電子が1個だけ左隣にずれていきますが、あたかも○が反対の右に移動しているように見えるはずです。この○が正孔に当たります。

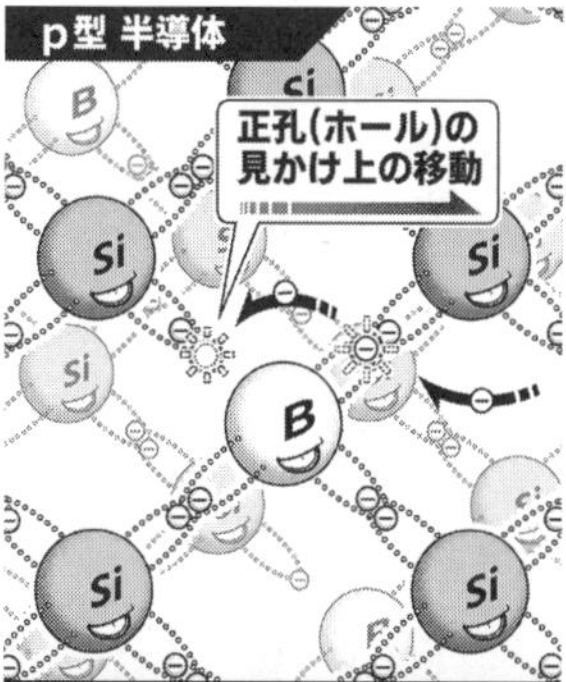

シリコン(ケイ素)に、ホウ素(B)やガリウム(Ga)を加えると、電子が足りない部分が生じ、正孔(ホール)となって見かけ上移動できるようになる。

みんなが4000円持ってきているときに、3000円しか持っていない人がいて、足りない1000円をそれぞれの人の財布からまわしている状態です。移動しているのは1000円ですが、側から見れば3000円だけ持っている人が移動しているように見えます。

この正孔は見かけ上、粒子になっている

だけですから、ちょうど水のなかの泡と同じです。水が押しのけられて、あたかも粒子のように泡が移動しているように見えているだけです。

水のなかの泡と同様、この**＋の粒子である正孔が見かけ上、動きまわることができるというのが半導体の最大の特性**で、ほかのものでは現れません。

巷《ちまた》の本のなかには、この正孔のことを「陽電子」（電子と正反対の性質を持つ素粒子）だと完全に誤って記述しているものもありますので、そんな本は即刻売り払ったほうがいいでしょう。

正孔が動きまわれるものを「ポジティブ型（p型）」といいます。電子が動く〝陰キャ〟がネガティブ型（n型）、正孔が動きまわる〝陽キャ〟がポジティブ型（p型）です。この2種類の半導体を組み合わせて、さまざまなデバイス（装置）をつくりだすことができます。

リン原子（やヒ素の原子）を添加するとn型、シリコンの結晶にホウ素を添加するとp型ができます。「添加」という表現ですが、高純度のケイ素の表面から、リン原子やホウ素原子を染み込ませてつくります。

n型とp型を接合した状態にすると、**ダイオード**（電流を一定の方向に流す半導体素子）

という装置ができます。これは電圧をかけたときに、片方の電流だけを流す作用があります。電気信号のスイッチや交流を直流に変える装置になります。

●半導体でつくるトランジスタ

では、20世紀の大発明、トランジスタについて見てみましょう。いろいろなタイプがありますが、ここではMOSFET（金属酸化膜半導体電界効果トランジスタ）といわれるトランジスタを解説します（舌を噛《か》みそうな名前ですが）。

結論から言うと、真空管と同じように、水流をコントロールする水門のように電圧の小さな変化で電流、電子の流れを大きく変える装置です。

40、41ページの図は、最もポピュラーなMOS型トランジスタです（MOSは金属−酸化膜−半導体の英語の頭文字で、ゲートから垂直に見たときの材質を表しています）。n型がp型をはさんだ部分構造をしていて、**n型は電子が過剰でp型は正孔が過剰**です。

図でゲートといわれる水門のような働きの部分があり、ここに電圧がかかってないときはソースからドレインへの電子の流れはなく、水門が閉じられているような感じになります。

トランジスタ の原理　OFF 状態

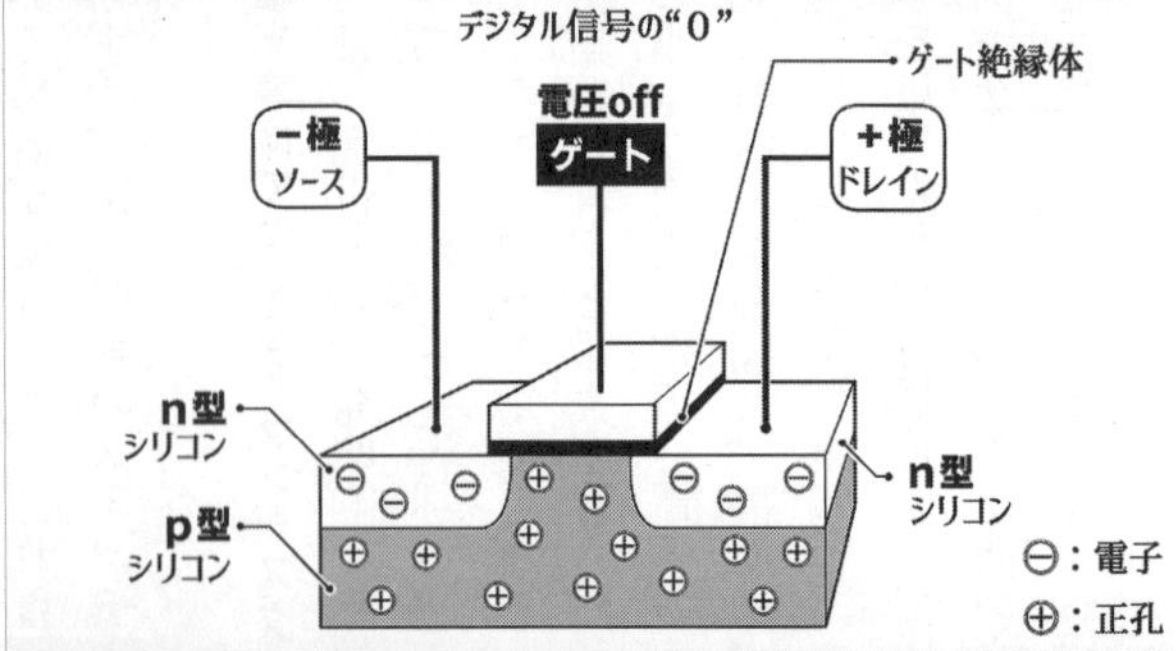

ゲート電圧がOFFの時、水門が閉じているようになって
電子や正孔は移動せず、電流は流れない。

ｎ型とｐ型の境界では、正孔の＋と電子の－《マイナス》が互いにぶつかって消滅しており、「空乏層《くうぼうそう》」（電子や正孔がない領域）といわれる部分になります。

たとえると、敵味方がぶつかって討ち死にして、空白地帯、停戦ラインが生まれるような感じです。

このとき、ソースからの電子は堰《せ》き止められて流れません。スイッチがＯＦＦの状態で、電気信号では〝０〟にあたります。

ゲートに微小な＋の電圧がかかると、下にあるｐ型の正孔が押し下げられ、電気的な変化が生じます。空乏層も変化して、ゲートと、押し下げられた正孔群のあいだの隙間を電子が通れるようになり、水門が開

トランジスタ の原理　ON 状態

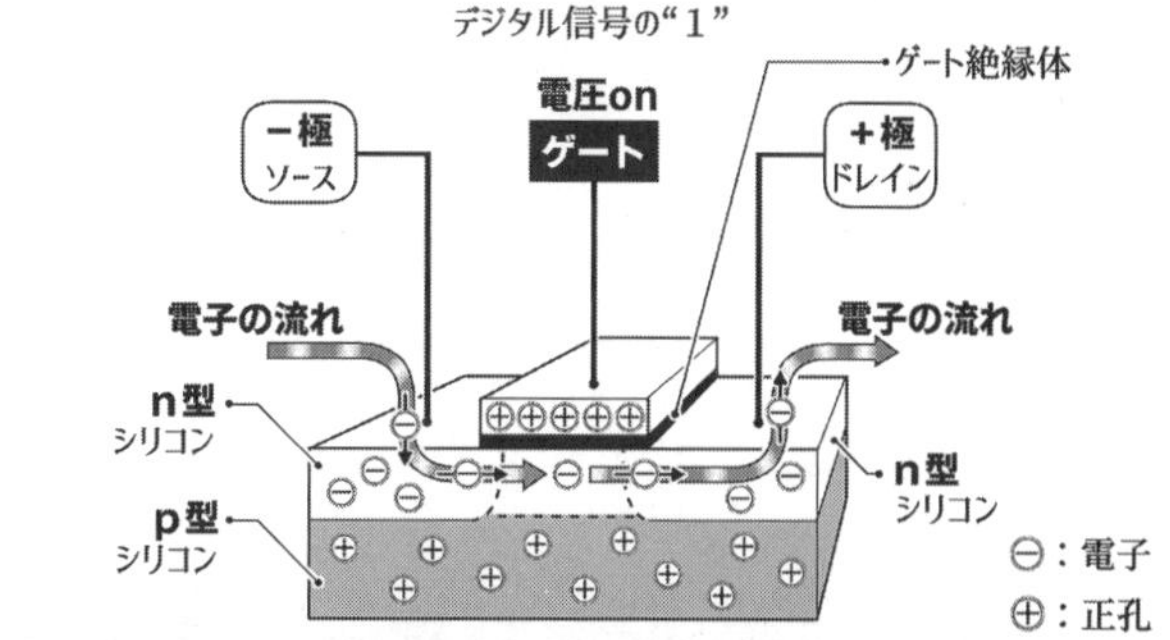

ゲート電圧が⊕になると、p型の正孔が反発して逃げて電子の通り道ができて、水門が開かれたように　n→p→n　に電子がいっきに流れる。

いたような状態になります。

たとえると、停戦ラインの川に橋がかかり、軍勢が停戦ラインを超えて流れ込んでくるような感じです。

このとき、ソース電極から電子がドレインに向かって堰を切ったように流れます（電流は逆向きになります）。これがスイッチＯＮの状態となり、電気信号の〝1〟に相当します。

●演算装置のプロセッサの役割

このように、ゲートからの微小な電圧変化を組み合わせて電気信号のＯＮ、ＯＦＦができる微小なスイッチ（信号の増幅も可能）ができると、1と0の電気信号を処理して計算ができます。

ブール代数という特殊な数学を使うと、1と0を示す回路で論理的に〝真〟〝偽〟を判定することができるので、これを組み合わせると論理的な演算、複雑な命令の処理ができます。これこそがコンピュータの心臓部であるプロセッサ（演算装置）の役割なのです。

1秒間に電気のパルスを何億個も流して、一つひとつの計算、演算を行い、プログラムを処理して、音を鳴らしたり画面に文字や画像を描いたり、ゲームの勝ち負けを判定するのです。

また、スイッチの隣に電気をためるコンデンサーをセットすると、電気をためている、ためていないという二通りの状態で1と0の電気信号を保存できます。これが半導体メモリです。電子を入れていない、電子を注入している、というような細かいものもつくれます。これがUSBメモリです。

私が大学生のときに使っていたアップルのマッキントッシュは、20メガバイト（MB。1メガバイトは1024キロバイト）のハードディスク（HDD）で、弁当箱くらいありました。絵や化学の構造式を描いたり、楽譜からバッハの曲を流したりと、

HDDの容量はわずかでしたが、「アメリカはこんなものをつくれるのか！」と感激しながら楽しんだものです。

それがいまや普通に2テラバイト（TB。1テラバイトは約1000ギガバイト。1ギガバイトは1024メガバイト）とかの時代になり、スペックを見るたびに浦島太郎状態です（泣）（続きはP117）。

Column

シリコンバレー

IT産業の聖地といわれるシリコンバレーは、アメリカ西海岸のサンフランシスコのサンノゼを中心とする地域です。マイクロソフト、アップル、グーグル、X《エックス》、メタ（フェイスブック）などの名だたるIT産業の本社があります。

20世紀の初頭、サンフランシスコ周辺は果樹園が点在する辺鄙《へんぴ》な場所でしたが、1885年に創立されたスタンフォード大学が中心となって、優秀な卒業生たちが起業していきました。

スタンフォード大学の電気工学科を卒業したビル・ヒューレットとデイブ・

パッカードは、大学の恩師のすすめにより地元パロアルトのガレージでHP（ヒューレット・パッカード）を創業しました。

はじめはラジオや音響機器の製作を行っていました。1939年の創業の年、ウォルト・ディズニーの映画「ファンタジア」の製作にHPの機器が使われ、その後、第2次世界大戦での無線機やレーダーなどの電子機器の需要によって、巨大企業への階段を上っていきました。

1949年9月 ソ連、原爆を開発――激しい軍備拡張競争に突入

●核実験によって広がった放射能汚染

1945年以来、アメリカが究極兵器である原爆の製造、配備を独占していましたが（アメリカの原爆開発は『ケミストリー世界史』P526参照）、ついに1949年9月、ソ連も原爆の核爆発実験に成功したことを公表しています。

スターリンは、第2次世界大戦時からアメリカに強大なスパイ網をつくることに

腐心し、水面下ではスパイが暗躍していました。アメリカの新兵器開発もソ連には筒抜けだったのです。

第2次世界大戦が終わると、ナチスの秘密警察ゲシュタポや軍の情報部など、ドイツの諜報のエリートたちがソ連とアメリカそれぞれの陣営に引き抜かれ、壮大なスパイ合戦が始まっていたのです。

アメリカとソ連が原爆を持つようになって激しい軍備拡張競争に突入すると、核兵器は世界に拡散していきます。1952年にはイギリス、1960年にはフランス、1964年には中国が原爆の核実験に成功します。1950年代、南太平洋やセミパラチンスク（現在のカザフスタン北東部）などでおびただしい数の核実験が行われ、放射能汚染が広がりました。

●米ソ冷戦で核兵器の開発が激化

初期の原爆は大きかったので、目標に運ぶため、アメリカとソ連は空軍の戦力拡充をめざします。航続距離と搭載量の大きな巨大爆撃機群で敵の都市や工業地帯、基地を核攻撃する構想です。

アメリカでは原子力で飛ぶ爆撃機が計画されたり、XB-70「ヴァルキリー」というマッハ3（音速の3倍）で飛ぶ超大型爆撃機まで開発されたりしました。

やがて核兵器の小型化がめざされ、弾頭に核兵器をつけた長距離弾道ミサイルの開発競争が起こります。射程距離の長いロケット開発に米ソ双方がしのぎを削り、ロケット開発競争が宇宙開発競争と表裏一体になりました。

新しい戦争はミサイルを撃ち合うものとされ、アメリカ、ソ連はミサイル神話にしがみつくようになります。第2次世界大戦で多くのミサイルを実用化したドイツの技術が、ソ連とアメリカに分かれて互いに競争するようになったのです。

そういう面から見れば、**現代史は第2次世界大戦の延長ととらえることもできるでしょう**（続きはP68）。

第2章 1950年代

アメリカとソ連の対立が激しくなり、1949年に中華人民共和国が建国されると、社会主義陣営vs資本主義陣営の対立、すなわち冷戦が地球を覆います。

どんな時代？

朝鮮半島は日本の占領が終わると南北に分断していましたが、**1950年、ソ連と中国が支援する北朝鮮が南の韓国に侵攻し、朝鮮戦争が起こります。**韓国を支援するアメリカ主体の国連軍は、南下した北朝鮮軍を北へ駆逐しますが、中国軍の援助で押しもどされ、**北緯38度線で休戦ラインを設け、今日にいたるまで休戦状態にあります。**

1953年3月にソ連の最高指導者ヨシフ・スターリンが死去し、後任のソ連の最高指導者ニキータ・フルシチョフ書記長はスターリンを批判して新しいソ連をめざします。圧政者スターリンの死去とともに反ソ連の運動が東ヨーロッパで加速し、ハンガリーでは国民の反乱が起こりましたが、ソ連軍が戦車隊で介入して鎮圧します。

ソ連のポリシーは、徹頭徹尾、自国の防衛にあります。**スターリン主義とは、世界最大の社会主義国家=ソ連を存続するためには、国民はもとより周辺の国々までもが犠牲を払わなければならない、弾圧も当然だというドグマです。**

ソ連は、「ソビエト社会主義共和国連邦」の看板を掲げ、社会主義を謳《うた》っていましたが、これは羊頭《ようとう》狗肉《くにく》といっていいものでした。国民が主人公をめざす社会主義とは100万光年くらいかけ離れた、発展途上国にありがちな開発優先のための独裁国家に変質していたのです（北朝鮮=朝鮮民主主義人民共和国も同じです）。

米ソ冷戦で、アメリカ、ソ連はもちろんのこと、イギリスやフランス、やがて中国までもが原爆を保有し、**核武装**していきます。1949年に結成された、ソ連に対抗する西ヨーロッパの軍事同盟NATO（北大西洋条約機構）は、1950年代にトルコや西ドイツが加盟して拡大していきます。

ソ連はNATOに対抗して、1955年に東側諸国（ソ連、ポーランド、東ドイツ、チェコスロヴァキア、ハンガリーなど）のあいだで**ワルシャワ条約機構**を結成し、NATOと鋭く対立します。

冷戦は新たな戦争の形態であり、表立った爆撃や地上戦などの武力衝突はないものの、水面下では第3次世界大戦が繰り広げられていました。互いの陣営で相手を滅ぼすための核兵器などの軍備拡張に走り、税金がガンガン軍事費にまわされます。原爆よりはるかに強力な水爆が発明され、核戦争の危機が加速していきます。

1951年 資源ナショナリズムの台頭――資源保有国が手にした外交カード

●自国の資源は自国のもの

第2次世界大戦後の世界の歩みを語るうえで、大きな潮流の一つが資源ナショナリズムという動きです。植民地化されていたアフリカやアジアで、「自国の資源は自国のもの」という動きが起こります。

ジャイアンに一方的にモノを取り上げられていたのび太が、「これは僕のものだ！」と反旗を翻《ひるがえ》すようなもので、その大きな潮流をつくったのがイランです。

油田がないイギリスは20世紀に入り、石油の権益確保に動き出します。当時の海軍大臣チャーチル（のちのイギリス首相）は大英帝国の誇る海軍の戦闘艦を石炭の蒸気機関から石油を用いたエンジンに刷新しようとしていました。そのため、石油の安定供給に注力し、中東の石油に目をつけました。

イギリスの地質学者バーナード・レイノルズは中東を詳細に調べあげ、ペルシャ（現在のイラン）の砂漠の下に大量の石油を発見しました。イラン、イラク、カスピ海周辺は石油や天然ガスが湧き出すところが多く、これらが自然発火した炎を神聖視して、火を神と崇めるゾロアスター教が古代に広がった地域です。現代では〝オトナの火遊び〟は神聖どころか、大炎上のもとです（笑）。

第1次世界大戦前、中東の石油は大きく注目されます。イギリスはイランに石油会社をつくり、ベルリン→ビザンチン（現在のイスタンブール）→バグダッドを結ぶ3B鉄道を建設して、中東進出を企《たくら》むドイツと軋轢《あつれき》が生まれ、第1次世界大戦の火種になります。

●石油メジャーが世界の石油を牛耳る

イギリスの石油権益は、イラン、さらにカスピ海に面したバクー（現在のアゼルバイジャンの首都）の油田にまで進出して、イランの石油は完全にイギリスが牛耳るよう

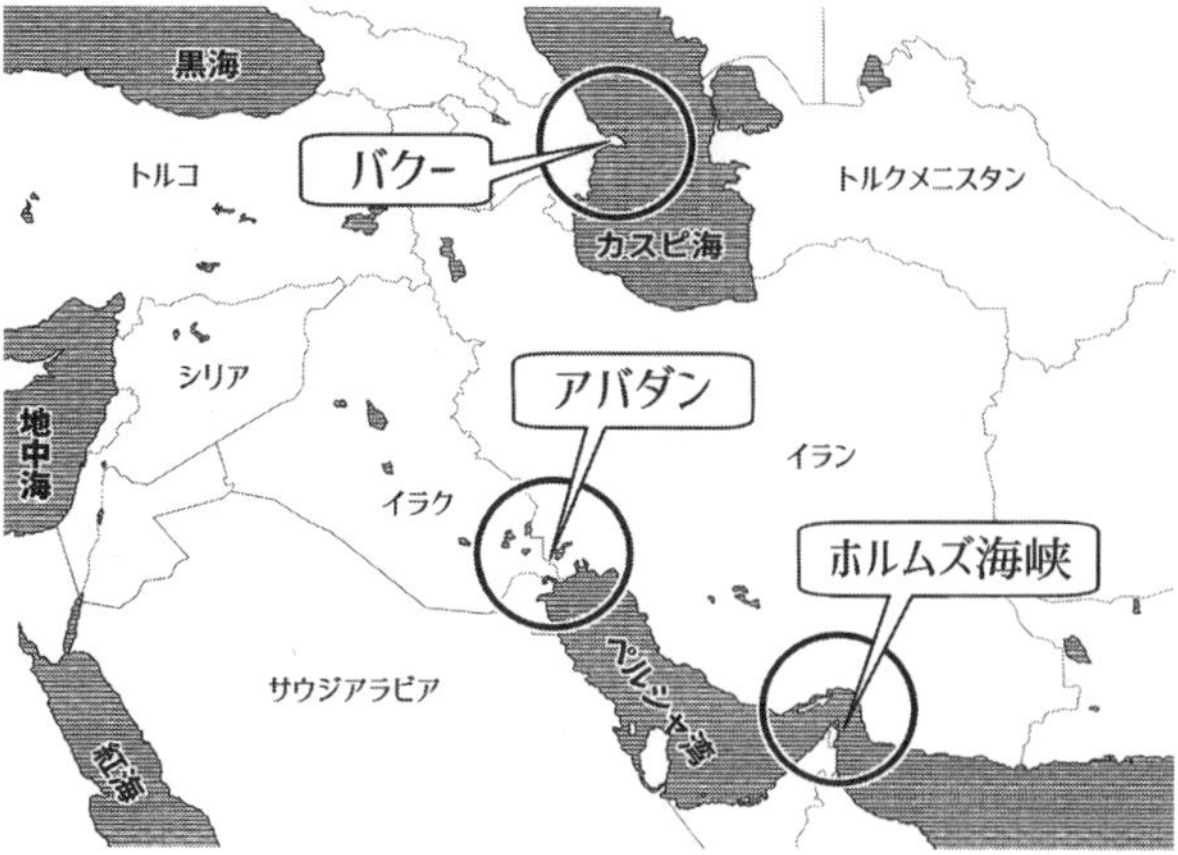

になります。

ペルシャ湾からシャトルアラブ川（チグリス川とユーフラテス川が合流してペルシャ湾に流れる部分）をさかのぼったところにあるアバダンは、20世紀のはじめにはひなびた村でしたが、1912年には当時、世界最大級の製油所と積み出し港が出現しました。

イランの北、カスピ海沿岸にあるバクーは、古くから石油が採掘されたところです。かの有名なノーベル賞の創設者アルフレッド・ノーベルも、兄弟とともにバクーの油田開発に参入して財をなしました。

バクーの油田地帯では、ジョージア（旧グルジア）などコーカサス山脈周辺から集められた労働者が、漫画「カイジ」（福本伸行作・絵）の地下労働のような過酷な環境で働かされる一方、石油王が君臨するようになります。このような社会の矛盾から、帝政ロシアにおいて、コーカサス一帯が革命の温床になったのです。

20世紀のはじめ、一人のグルジア（現在のジョージア）人ヨシフ・ヴィッサリオノヴィチ・ジュガシヴィリという舌を嚙《か》みそうな名前の青年が社会主義活動を始めました。この青年こそ、20世紀にその名前を世界に轟《とどろ》かせた人物です。そのペンネームは、ロシア語で〝鋼鉄の男〟を意味するスターリンでした。

第1次世界大戦の途中でロシア帝国が倒れてソ連が誕生すると、バクーの油田はソ連により国有化されました。第1次世界大戦が終わると、中東に大きな影響力を持っていたオスマン帝国が崩壊し、イギリスが新たな支配者として入り込んできました。イギリスが出資していたアングロイラニアン石油は、のちにBP（ブリティッシュ・ペトロリアム）という巨大石油企業になる会社で、中東を支配しました。

第2次世界大戦では、ヒトラーはバクーと中東の油田をめざして、ドイツ軍をウクライナとアフリカから進めようとしました。

第2次世界大戦後、BPやオランダ系のシェル、アメリカの石油独占企業スタンダードオイルが解体されてできた石油会社（のちのエクソンやモービル）などの**巨大石油企業は「石油メジャー」といわれ、世界の石油の精製、輸送、販売を牛耳って、石油、つまり世界を独占しました。**これらは「セブンシスターズ」と呼ばれました。

●国際石油メジャーを相手に躍進した出光興産

第2次世界大戦では、イランはドイツ側についたので、イギリスとソ連の連合軍による侵攻を受けて、事実上、占領されていました。

このルートでソ連に向けて、アメリカの戦車やトラック、防寒装備などの膨大な援助物資が鉄道で送り込まれたのです。**アメリカは、レンドリース法（武器貸与法）という援助プログラムで、イギリスやソ連に大量の兵器や物資を援助していました。**

戦後、イランからソ連は撤退したものの、イギリスの勢力下にありました。経済混乱が続き、首相に任命されたモハンマド・モサデクは経済を立て直すため、イギリスによる搾取の象徴である石油利権を国民に取り戻すべく、イギリス資本のアングロイラニアン石油の国有化を1951年に宣言しました。

イギリスのアトリー首相は海軍の軍艦をペルシャ湾に出動させ、海上封鎖と輸出

●●●●●●●●●○●●●●●

の禁止処置をとりました。このイラン産石油の禁輸処置のなか、困っているイランから石油を買おうとした日本人が現れます。出光佐三《いでみつさぞう》、出光興産の社長です。

自社の新鋭タンカー、日章丸をイギリス軍が警戒する危険な封鎖海域に突入させて、石油に困窮する日本に届けたのです。この事件は「日章丸事件」といわれ、タンカーを派遣した出光興産はアメリカやイギリスの国際石油メジャーと戦って躍進しました。

出光はイラン産の石油をバネにして進出し、1957年には山口県徳山市に巨大な石油精製工場を建設して石油精製業へと発展し、出光グループという巨大な財閥を築きます。

ペルシャ湾は現代でも世界の生命線です。ペルシャ湾岸の産油国から世界の石油の3割以上が供給されます。いちばんのボトルネックは狭いホルムズ海峡で、大型タンカーが通行可能な幅は3キロメートルしかありません。世界中で海上輸送される石油の30パーセント以上が、この狭いホルムズ海峡を通っていくのです。

●全地球レベルで跋扈するアメリカの多国籍企業

アメリカは、石油こそが究極の戦略物資であると見抜き、石油資源を安定確保するため奔走します。１９４５年2月、ヤルタ会談の帰りの巡洋艦でローズヴェルト大統領みずからサウジアラビアの支配者、サウド家のサウード国王と会見し、友好関係を築きました。サウジアラビアとは「サウド家のアラビア」という意味です。

サウジアラビアとアメリカのズブズブの関係は、やがて世界中の石油の取引がすべてドルで決済されるまでになり、ドルの世界通貨としての圧倒的優位性を確立します。

20世紀から21世紀のアメリカの経済的覇権の圧倒的パワーが、石油を支配する通貨としてのドルなのです。現在のチェコ北部の銀山ヨアヒムスタール（１５１６年に発見）が語源の「ターラー銀貨」（『ケミストリー世界史』P188参照）が時代を駆けめぐり、４４０年ほどたってダラー、すなわちドルとして銀から石油に結びついて世界を支配します。

アメリカは、このモサデク首相の国有化宣言による混乱を千載一遇のチャンスと見て、海外向け諜報機関ＣＩＡ（アメリカ中央情報局）を使って「エイジャックス作戦」に乗り出します。これは、１００万ドルを軍人やギャングにばら撒き、反モサデク運動を扇動して混乱に陥れ、ザヘディ将軍にクーデターを起こさせるというものでした。

クーデターとは、フランス語で「国家への打撃」（「クー」が「打撃」の意、「エター」が「国家」の意）という意味です。クーは打撃（で切る）という意味から、「クーポン」（「切られた紙片」の意）とか「クーペ」（「切られた馬車」の意）などと同じ語源です。

モサデクは逮捕され、パーレビが国王になり、親米政権が打ち立てられます。アメリカのアイゼンハワー大統領はパーレビと行進して友好関係を見せつけました。この事件を契機に、アメリカの石油メジャー5社がイランに入り込み、石油利権を牛耳るようになります。

アメリカの巨大な資本主義が、全地球レベルで圧倒的な軍事力をバックに漏斗《ろうと》のような経済構造をつくりだし、漏斗の水が滴《したた》り落ちるように、アメリカの巨大な多国籍企業の利益として降り注ぐ地球規模のシステムがつくられます。

ＣＩＡはこの勝利に味を占め、クーデターなどの工作で親米政権を打ち立てるビジネスモデルを世界中に輸出します。パーレビ王朝はアメリカの後ろ盾を得ながら、反対する者を秘密警察などに弾圧させ、王朝はオイルマネーで繁栄します。

しかし、その壮大なしっぺ返しが、26年後にアメリカを襲います。イスラム教指導者ホメイニ師による反米運動とイラン革命です。

Column

パーレビ国王の「ランボルギーニ」

スーパーカーの代名詞といわれるイタリアの「ランボルギーニ」は、機械好きで破天荒なフェルッチョ・ランボルギーニがトラクターなどの機械製造業を創業して大ヒットさせ、そのなかで立ち上げた高級車ブランドです。

「ランボルギーニ・ミウラ」（「ミウラ」はスペイン・アンダルシアにある闘牛を育てるミウラ牧場に由来するもので、三浦ではありません）の希少な限定車「ミウラSV」を所有したのが車マニアのパーレビ国王で、この車は、イラン革命後に流出し、ハリウッドの俳優ニコラス・ケイジが所有したこともあります。

1951年6月 世界に広がる石油化学工業──大量消費社会の原動力

●さまざまな分子を徹底活用する石油化学工業

20世紀中盤から世界的に石油化学工業が勃興し、石油化学コンビナートという巨大な工場がその象徴になります。ゴジラやウルトラマンの怪獣が必ず壊しにいくところです。現在では、〝工場萌えブーム〟もあって認知度が上がりました。

私はコンビナートを偏愛しているので、独身のころ、きれいな工場夜景を見に、よく女性を連れていきました。夜景はウケるのですが、「あれが蒸留塔、あっちがクラッキングタワー、炎を出しているのがフレアスタック、こっちはエチレンのタンク……」と悦に入って解説をすると、ほとんどの女子はシラけます。

けれども、一人だけ例外の女子がいました。コンビナートのキラキラした夜景を見て、「これこそが猿から進化した人類が数学、物理、化学を合わせたテクノロジーの集大成や！　あっちのボーボー炎出しているタワー、熱そうやから近くまで見にいくで！」と異常な食いつきで、一晩中、車でコンビナートめぐりをさせられました。それがいまの妻です（笑）。

第２次世界大戦で、連合軍を勝利に導いたのはアメリカの圧倒的な工業力です。大戦を通じてアメリカは、31万機の航空機、８万８０００台の戦車、90万台のトラック、41万門の大砲、27隻の航空母艦、２７７０隻の戦時輸送船などを生産しました。工業力による数の暴力でナチスや日本をボコボコにしたのです。

これら大量の航空機や戦闘車両、輸送トラックに大量のガソリンが必要になり、原油からガソリンをつくる技術が必要になります。**原油の分別蒸留から得られるガソリンでは少なすぎるので、ほかの石油成分から接触分解（クラッキング）という方法で分岐型の炭化水素を多く含む高性能なハイオクタンガソリン（ハイオク）をつくりだす必要がありました**（『ケミストリー世界史』Ｐ502参照）。

接触分解では、石油成分から、ベンゼンやトルエン、亀の甲のような記号の構造式をしたベンゼン誘導体（芳香族化合物）も合成されます。従来、これらの分子は製鉄の際に使うコークス（炭素）の製造において、石炭を加熱して分解する際の副生成物であるコールタールという黒い液体から分離して製造していましたが、ガソリン製造の副産物として大量生産が可能になります。

●●●●●●●●●●●●○●●

芳香族化合物の有名な分子としてトルエンがあります。このトルエンからつくられる分子にTNTという爆薬の分子があります。第1次世界大戦で大量に使われはじめ、この大戦で使われた総量は6万8000トンでした。

それが、第2次世界大戦では、1年当たり136万トンもの量が必要になりました。これだけの量をまかなうには石炭からのコールタールだけでは足りないので、ガソリン製造とセットでトルエンを生産する必要があったのです。

また、石油からハイオクガソリンをつくったときに副産物として発生するエチレンという気体が、いろいろなプラスチックをつくるのに有用な原料になります。石油の分解ではブタンという分子も得られ、合成ゴムの原料になります。

クジラやアンコウは捨てるところがないといわれるほど解体して、さまざまな料理（クジラからは鯨油もとれます）に使われます。同様に、**石油からのガソリン製造にあわせて、さまざまな分子を捨てることなく徹底的に利用しようとするのが石油化学工業です。**

その性格上、工場を分散せずに1カ所に集約して効率化する必要があります。それが石油化学コンビナートです。コンビナートとはロシア語で「結合」を意味し、ソ連で発電所や工場を集約して配置したものの名称です。欧米では「コンプレックス（複合体）」と呼んでいます。

●自動車産業が化学工業発展の原動力

石油化学工業の始まりはアメリカです。

１９２０年にスタンダードオイルがガソリン製造において、大きな分子をちぎって小さなガソリンの分子にする、接触分解で生じる切れ端の端材のようなプロペン（プロピレン）C_3H_6の分子からイソプロピルアルコール（２-プロパノール）$CH_3CH(OH)CH_3$を製造しはじめました。

それまではプロペンは邪魔者として燃やされていましたが、災い転じて福となすで、捨てるものから有用な商品に転換することが可能となりました。

１９２１年、ユニオンカーバイドがウェストヴァージニア州の油田で、石油とともに噴出する天然ガスに含まれるエタンC_2H_6の分子を加熱分解して、水素原子を二つ外すことでエチレンC_2H_4をつくる工場を稼働させました。

この世界初のエチレン製造のための小さな石油化学工場の誕生から30年で、エチレンが文明を支える王者になっていきます。

20世紀のはじめ、エチレンやプロペンなどの石油製品の需要が増大していたのには理由があります。

1913年に始まった「T型フォード」の大量生産による自動車の普及で、自動車用の化学品、冷却水に加える不凍液のエチレングリコール$HOCH_2CH_2OH$や速乾性塗料のニーズが激増していました。

はじめはエンジンの冷却水に水を使っていましたが、寒冷地では凍結して故障が続発しました。そのため、水にエチレングリコールを加えて、氷点下でも凍結しない不凍液が発明されました。

1923年には、アメリカのデュポンがニトロセルロースをもとにしたラッカー塗料を開発しました。ニトロセルロースは綿や木材の成分であるセルロースを硝酸で処理してつくる物質で、セルロイドや無煙火薬などの原料です（くわしくは『ケミストリー世界史』P311参照）。

ラッカー塗料とは、色の成分（顔料）とニトロセルロースを溶剤（シンナー）に溶かしたもので、溶剤が蒸発したあとに顔料と樹脂が塗膜として残ります。

マニキュアも同じで、ニトロセルロースを酢酸エチルに溶かしたものです。酢酸エチルは接着剤の溶剤としても使われていて（その独特の匂いが酢酸エチルの匂いです）、パイナップルやキウイなどのフルーツの香りの成分でもあります。

スプレーで噴射して速く乾くラッカー塗料が自動車塗装に利用され、それまで数日間かかっていた塗装工程が数時間に短縮されます。溶剤の需要が激増して、溶剤になるイソプロピルアルコールがガソリンと一緒に製造できるようになって一石二鳥となりました。

自動車産業の発展が、ガソリンやエンジンオイル、不凍液、窓ガラス、ゴムタイヤ、樹脂などの開発、製造をうながし、化学工業発展の原動力になったのです。

●分子の形を自在に変えて望みの分子をつくる

その後、第2次世界大戦が始まると、アメリカは国策としてガソリンと合成ゴムの大量生産を計画し、石油化学コンビナートが勃興します。石油から航空機用高性能ガソリン（ハイオク）をつくるための化学反応や触媒の探索により、石油化学が着実に力をつけていくのです。

1949年には、接触改質（リフォーミング）という新しい革命的な技術が広がります。おもに石炭の熱分解で得られるコールタールからつくられていた、芳香族といわれるベンゼン、トルエン、キシレンといった分子を石油から大量生産できるようになったのです（『ケミストリー世界史』P542参照）。

石油に含まれる炭化水素の長い鎖状の分子（炭素数6〜8）を、あたかもフランスパンを丸めて大きなドーナッツ状にするような化学反応で形を変えて（まさにリフォームして）、ベンゼン、トルエン、キシレンなどを大量生産する手法です。

触媒を使った画期的な技術の発明によって、石炭を中心にした時代から、石油が中心の時代へと急速に時代が変わっていきます。

熱で分解する反応や触媒を使った化学反応、混合物の分離などの技術が次々に生まれて、**石油に含まれる分子をあたかもブロック玩具を組み替えたり、引き抜いたりするように、自在に分子の形を変えて望みの分子をつくれるようになります。こうして、巨大な石油化学工業へと進化してきたのです。**

そして、今日の自動車が走りまわり、モノが溢れる大量消費社会へと進んでいきました。

●石油コンビナートが各国で次々と誕生

戦後、アメリカの巨大な多国籍石油メジャーが、世界を牛耳ったことはすでにふれました。自国に油田のないイギリスやドイツ、日本（新潟と秋田の小規模油田のみ）は外貨のドルが不足していたので、アメリカ産の高い石油製品を貴重なドルで買うよりも、安い原油をドルで買って自国で精製するほうを選びました。

こうして各国で、石油精製、石油化学を組み合わせた石油化学コンビナートが建設されていきます。アメリカ以外で、石油化学コンビナートの原型ともいうべき石油化学工場がはじめて誕生したのがイギリスです。１９５１年６月、ミドルズブラのティーズ川河口のＩＣＩウィルトン工場が、石油化学の工場として稼働しはじめました。

日本では、１９５５年に、通商産業省（現在の経済産業省）の主導で石油化学コンビナートが計画されました。かつての海軍や陸軍の燃料廠《しょう》（燃料の製造貯蔵設備）などを財閥系化学企業に払い下げたり、埋め立て地をつくって誘致したりして、鹿島、千葉、川崎、四日市、堺、水島、岩国、徳山、大分など、太平洋ベルト地帯に石油化学コンビナートが建設されていったのです。

ＳＦ映画の金字塔といわれる１９８２年公開の映画「ブレードランナー」のオープニングでは、ロサンゼルスの街に炎が吹き出すフレアスタックなどが林立し、さながら石油化学コンビナートのような夜景が演出されています。リドリー・スコット監督は、羽田空港から乗った飛行機のなかで、眼下に広がる川崎浮島町（神奈川県）のコンビナートの夜景を目にしてインスピレーションを得たようです。

映画の巨匠を魅了するほどの壮大な夜景の石油化学コンビナートでは、何をしているのでしょうか。まず、タンカーからの原油を精製して、沸点の違いで、石油ガス、粗製ガソリン（ナフサ）、灯油、重油などに分けます。

ズバ抜けてガソリン（炭素数が5〜11の炭化水素）の需要が大きいので、接触分解で炭素数が多い軽油や重油の成分を触媒とともに加熱して分解し、ナフサをつくり、ガソリンを製造します。

このナフサをさらに分解すると、**エチレン**、**プロピレン**、**ブタンといった石油化学工業の基幹になる原料が得られます**。また、ナフサの接触改質により、枝分かれが多い炭化水素（ハイオクガソリン）、さらにベンゼン、トルエン、キシレンといった芳香

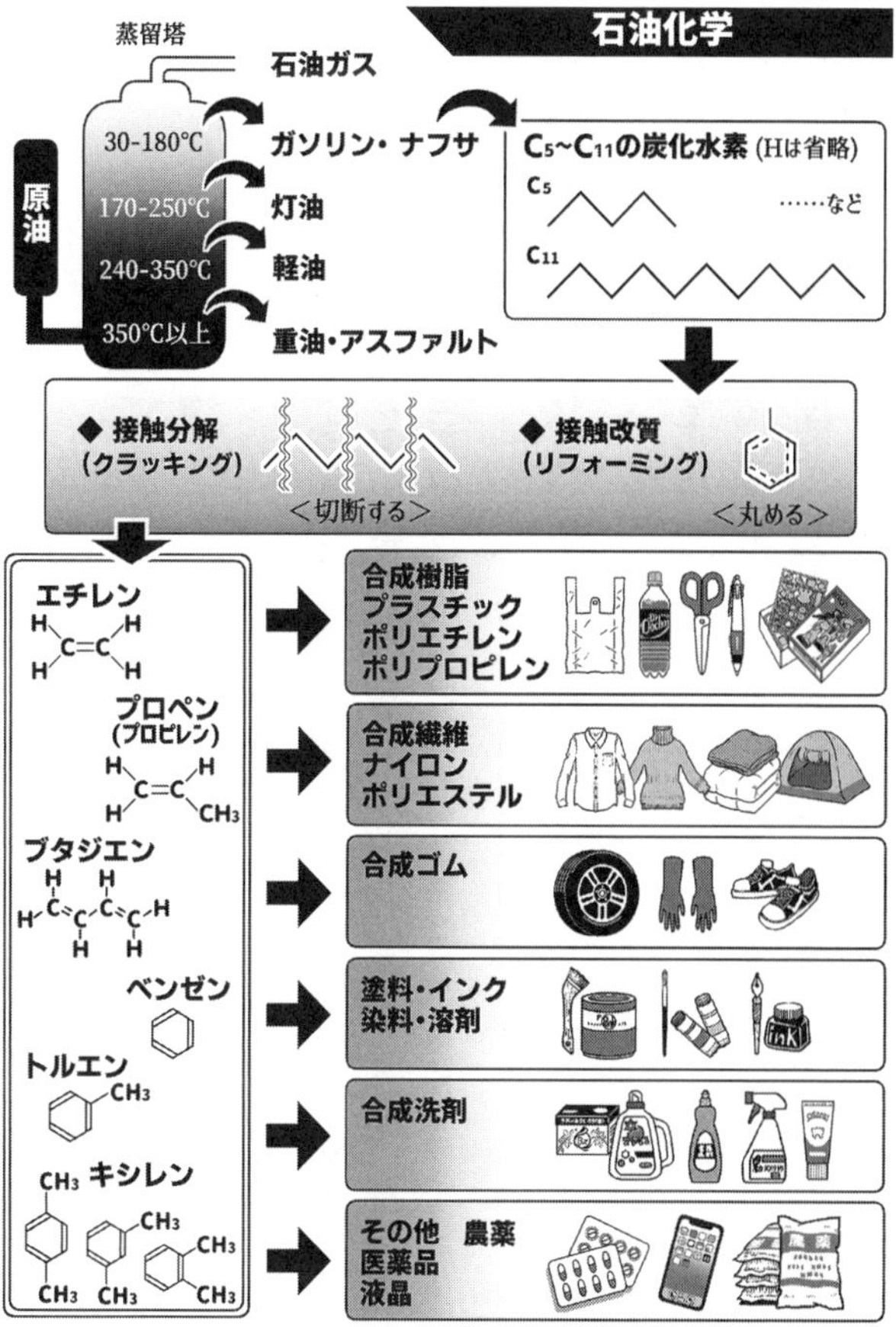
石油化学
蒸留塔
原油
30-180℃
170-250℃
240-350℃
350℃以上
石油ガス
ガソリン・ナフサ
灯油
軽油
重油・アスファルト
C5~C11の炭化水素 (Hは省略)
C5
C11
……など
◆ 接触分解
(クラッキング)
<切断する>
◆ 接触改質
(リフォーミング)
<丸める>
エチレン
プロペン
(プロピレン)
ブタジエン
ベンゼン
トルエン
キシレン
合成樹脂
プラスチック
ポリエチレン
ポリプロピレン
合成繊維
ナイロン
ポリエステル
合成ゴム
塗料・インク
染料・溶剤
合成洗剤
その他　農薬
医薬品
液晶

族化合物を合成します。

これらは可燃性のガソリンを加熱するため、危険な工程になります。そのためコンビナートでは、安全に操業するために膨大な技術力と努力が注がれています。いまや、コンピュータで管理することによって、巨大なコンビナートも数人で管理できます。

エチレン、プロペン、ベンゼン、トルエン、キシレンといった化合物から、さまざまなプラスチック、合成ゴム、医薬品、カラフルな合成染料、洗剤、液晶材料などを合成していく現代の魔法が石油化学コンビナートです(続きはP86)。

1952年11月 アメリカ、水爆を開発――原爆の625倍もの凄《すさ》まじい破壊力

●太陽の核融合反応を応用

ソ連が1949年に原爆開発に成功すると、これに危機感を抱いたアメリカはさらなる究極の新兵器の開発へと邁進《まいしん》していきます。原爆をはるかに超える破壊力のある水爆です。

開発の先頭に立ったのは、物理学者エドワード・テラーでした。スタンリー・キューブリック監督の有名な映画「博士の異常な愛情」は水爆にとり憑《つ》かれたテラーがモデルの話です。

そして、ついに１９５２年11月、南太平洋のエニウェトク環礁で初の水爆実験が成功します。広島の原爆の６２５倍もの破壊力でした。原爆は原子核が分裂するエネルギーを使うのに対して、水爆は核融合という別の原理を使います。水素ガスの燃焼とはまったく違います。

核融合は太陽の表面で起こっている反応で、水素原子の原子核が高温・高圧の状態でぶつかってヘリウムの原子核ができるときに、ほんのわずかですが質量が失われます。この質量が莫大なエネルギーへと変化して放出されるのです。太陽は核融合で１秒間に５億６４００万トンの水素を反応させて、熱や電磁波という莫大なエネルギーを出しているのです。

地球上に生命が誕生し、バクテリアの光合成で酸素が増加し、植物や動物、そして人類へと進化し、貿易風によって大航海時代が生まれ、化石燃料の現代があるのは、太陽の核融合反応が根源です。

古代文明が太陽を崇拝し、私が小学生のころに見ていた特撮テレビドラマ「太陽戦隊サンバルカン」が太陽を推していたのも、本質を突いていたといえます。

●核融合には想像を絶する高温・高圧が必要

核融合の反応には、＋の電気を持つ原子核どうしが電気的な反発を超えて衝突する必要があります。温度は数千万℃、圧力は数千億気圧もの高温・高圧でないと起こりません。

そのため水爆では、原爆の爆発で高温・高圧状態をつくって核融合反応を起こさせます。水爆は核融合材料を加えるほど、無限に破壊力を大きくすることができます。

核融合させる原子核は、太陽が普通の水素原子の原子核（陽子1個）を使っているのに対して、水爆ではもっと起こりやすい水素原子の同位体である重水素（デュウテリウムといわれ、略号はD）と三重水素（トリチウムといわれ、略号はT）を使います。

Dは普通の水素原子の約2倍重い原子で、Tは約3倍重い水素原子です。これら二つの原子核（DとT）が、起爆用原爆（プライマリー）の爆発で生じた高温・高圧状態

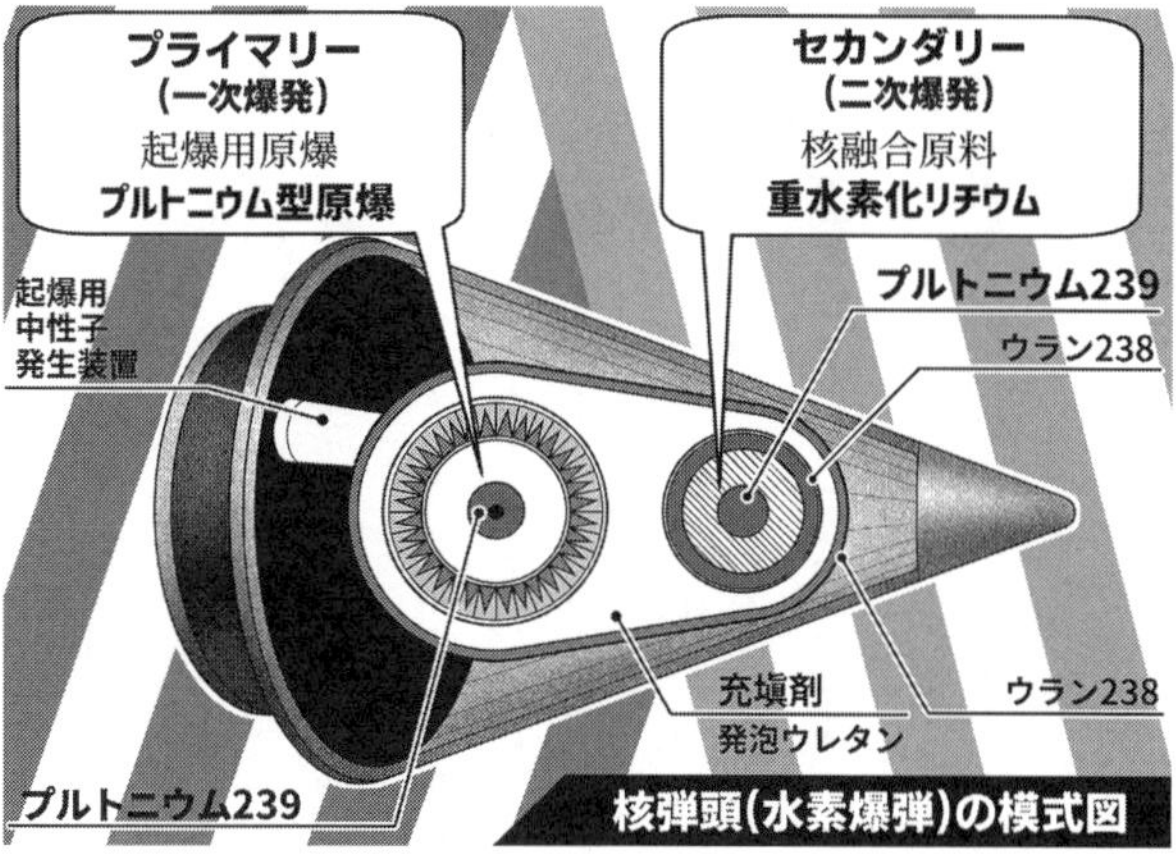

核弾頭(水素爆弾)の模式図

で衝突すると核融合が起こってヘリウム原子核と中性子になり、このとき巨大なエネルギーが発生します。

効率よく核融合させるため、原爆から発生した中性子をセカンダリーの中心のプルトニウム239に当てて核爆発させ、外側と内側のダブルの核爆発で核融合の原料、重水素化リチウム(後述)を圧縮して加熱します。

核融合で生じる高速の中性子は、まわりを囲んでいるウラン238にぶつかって核分裂を起こす(低速の中性子では起こりません)ので、それも原爆になり、そこでもエネルギーが生じます。これらの連チャンコンボで、原爆よりはるかに巨大な爆発が引き起こされます。

三重水素Tは不安定で長期保存ができないため、反応で生じる工夫をしています。核融合用に重水素化リチウムLiDという重水素Dと、リチウムからなる固体を使います。起爆用原爆の爆発で生じる中性子が、重水素化リチウムのリチウム原子に当たって三重水素Tとヘリウムに変換され、このTが重水素Dと核融合します。

話がややこしいので、ざっくり要約すると、「原爆が起爆→重水素化リチウムからDとTが発生→DとTの核融合でエネルギーと中性子が発生して爆発→生じた中性子がまわりのウランを核分裂させ原爆も爆発する」という流れになります。

書くと長いですが、実際のこれら一連の反応は100万分の1秒ほどで起こります。核融合そのものは放射性物質を生じないのでクリーンですが、**水爆では原爆と同じ核分裂反応が起こるので凄まじい放射能汚染が広がります。**

●ソ連も初の水爆実験に成功

スターリンは、アメリカやそのほかの国々にスパイ網を築いて情報収集に力を入れていたので、アメリカが原爆開発や水爆開発に成功したのは筒抜けでした。

1953年8月、ソ連の物理学者アンドレイ・サハロフは、ソ連初の水爆実験に成功した功績で若くしてソ連のスーパースターになり、ソ連の〝水爆の父〟といわれています。最高の勲章が授与され、特権階級の生活があてがわれました。

1961年、ソ連は人類史上最大の破壊力を持つ「ツァーリボンバ」(ツァーリは「皇帝」の意味)という100メガトン級の水爆を開発します。半分のパワーに抑えた投下実験では、広島型原爆の1400倍もの破壊力を見せつけました。

これらの凄まじい破壊力、核実験による住民被害と環境汚染、相次ぐ事故、核兵器生産の危険な労働に従事させられる労働者たち、そういったソ連の現実から、サハロフはやがて核実験禁止を訴えます。民主化を求めてソ連の政権を批判するようになり、1975年にはノーベル平和賞を受賞しました。

その後、ソ連のアフガニスタン侵攻では、政府を正面から批判した罪で当時のブレジネフ書記長の逆鱗《げきりん》にふれて、いっさいの栄誉を剝奪《はくだつ》されて流刑になりました。

●遠洋マグロ漁船、第五福竜丸が被曝

世界のあちこちで核実験が行われて、環境汚染と多数の悲劇が起こりました。1

9 5 4年3月1日には、遠洋漁業のマグロ漁船、第五福竜丸がビキニ環礁（水着のビキニはこのビキニ環礁に由来します）での水爆実験に巻き込まれました。

危険水域外での操業でしたが、放射性物質の灰が大量に降り注ぐなか、第五福竜丸の乗組員23人は灰をかぶりながら脱出の作業を行い、全員が被曝しました。久保山愛吉無線長は苦しみながら約半年後に亡くなっています。

このとき、日本の遠洋漁業の漁船が1 4 2 3隻も被曝しました。日本政府は乗組員の被曝実態を把握していたものの、アメリカには抗議せず、大量の漁船と乗組員の被曝の実態は隠匿されました。

また、遠洋漁業から水揚げされるマグロも被曝の可能性があると大騒ぎになり、「原子マグロ」「原爆マグロ」という名前がつけられ、パニックになります。この被曝事件で核兵器に反対する世論が喚起され、水爆実験の放射能がもとで生まれた怪獣が日本を襲う特撮映画「ゴジラ」が1 9 5 4年に誕生します（続きはP109）。

1953年4月25日 二重らせん構造を発表——生命の設計図を解明

●DNAの分子構造がついに明らかになった

1953年、謎に包まれていた遺伝現象を分子レベルで説明できる遺伝子の本体、デオキシリボ核酸（DNA）の分子構造がついに解明されました。

DNAは鎖状の巨大な分子で、タンパク質の設計図（遺伝情報）です。糖の分子とリン酸の分子が交互につながって長いヒモになっており、それぞれの糖の構造に一つずつ、4種類の塩基といわれる構造が結合しています。

回転ずし店にたとえると、糖の分子とリン酸が交互につながってできたベルトコンベアの部分があり、その上にあるお寿司を載せた皿が塩基です。DNAの塩基はA、T、C、Gの略号で表される4種の構造で、ネタが4種しかないので回転寿司としてはビミョーな店です。

この塩基の略号を並べてタイトルにした映画「GATTACA（ガタカ）」は、遺伝子操作を題材にしたSFサスペンスの名作です。

この2本のヒモが、塩基どうしの結合でジッパーのようにつながって、二重らせんの構造になります。片方の鎖がタンパク質の設計図になっていて、片方の鎖は保護キャップみたいな役割です。

生物はなぜ親に似るのかという疑問を、DNAの構造とともに科学的に解明していく過程は途方もなく長い道のりでした。細胞の核のなかから見つかった酸性物質は「核酸」といわれ（『ケミストリー世界史』P367参照）、核酸の成分はデオキシリボ核酸といわれる分子で、DNAと略されます。遺伝子の実体である染色体は、このDNAが毛糸玉のように巻かれてできたものです。

当時は誰一人として、DNAが遺伝子の本体だと気づきませんでした。多くの科学者は、複雑な遺伝現象の担い手である遺伝子を、複雑な構造が用意できるタンパク質であると信じきっていました。

●DNAの構造を解き明かすレースが始まる

1952年、アメリカのアルフレッド・ハーシーとマーサ・チェイスは、遺伝情報はタンパク質ではなく、核酸のDNAに存在していることを証明しました。

大腸菌などバクテリアに感染するファージ（月着陸船のような形のウイルス）を用いて実験し、ウイルスが感染するときに大腸菌に注入している遺伝子の本体がタンパク質ではなく、DNAだということを、放射性同位体を用いて証明したのです。

遺伝子としてDNAが注入され、それをもとにまたウイルスがバクテリアのなかでつくられるという、まさに**遺伝子の本体はDNA分子だと証明した**のです。科学者たちはDNA分子こそが遺伝子の本体であると気づいて、その立体構造を解明するレースに参加しました。

これに先立つ1949年、コロンビア大学のエルヴィン・シャルガフが、DNAを構成する要素、すなわちアデニン（A）、チミン（T）、シトシン（C）、グアニン（G）の4種の塩基は、生物の種類によらず、アデニンとチミンが同数、シトシンとグアニンも同数含まれていることを発表しました。これはアデニンとチミンがペアになっていて、シトシンとグアニンもペアになっていることを示唆していました。

1951年、DNAの構造を解明することが遺伝子研究の本質だと直感したアメリカの研究者、23歳のジェームズ・ワトソンは、ケンブリッジ大学でイギリスの研究者フランシス・クリックと意気投合して共同研究を始めます。

ロンドン大学キングスカレッジのモーリス・ウィルキンズは、X線構造解析という手法を使って、DNAのなかの原子の並び方、立体構造を解明しようとしていました。彼の研究室にはロザリンド・フランクリンという聡明な女性研究者がいて、

X線の構造解析の専門家としてすでにウイルスの構造解析などで有名でした。

●DNAの構造を決める決定的な写真

原子が規則正しく並んでいる結晶にX線を当てると、回折《かいせつ》という波の性質でX線の進路が変わって、結晶に入ったX線は曲げられて出てきます。この曲げられた角度から逆算すると、もとの結晶中の原子の位置がわかるのです。

結晶の周囲を360度一周しながらX線を当てて、結晶から出てくるX線をフィルムに当てて撮影し、この角度から数学的に処理すると、結晶中の原子の並んでいる座標が求められます。

これを「X線構造解析」と呼び、分子の構造を解析する強力なツールとして20世紀中盤に花形の分野になります。

このX線構造解析を行うためには結晶が必要ですが、DNAは結晶化しにくい分子でした。フランクリンは地道な努力を続け、1952年、DNAのB型という構造の結晶化に成功し、X線を当てて写真を撮りました。

このとき得られたDNAの「写真51番」(次ページ)が、DNAの構造を決めるうえ

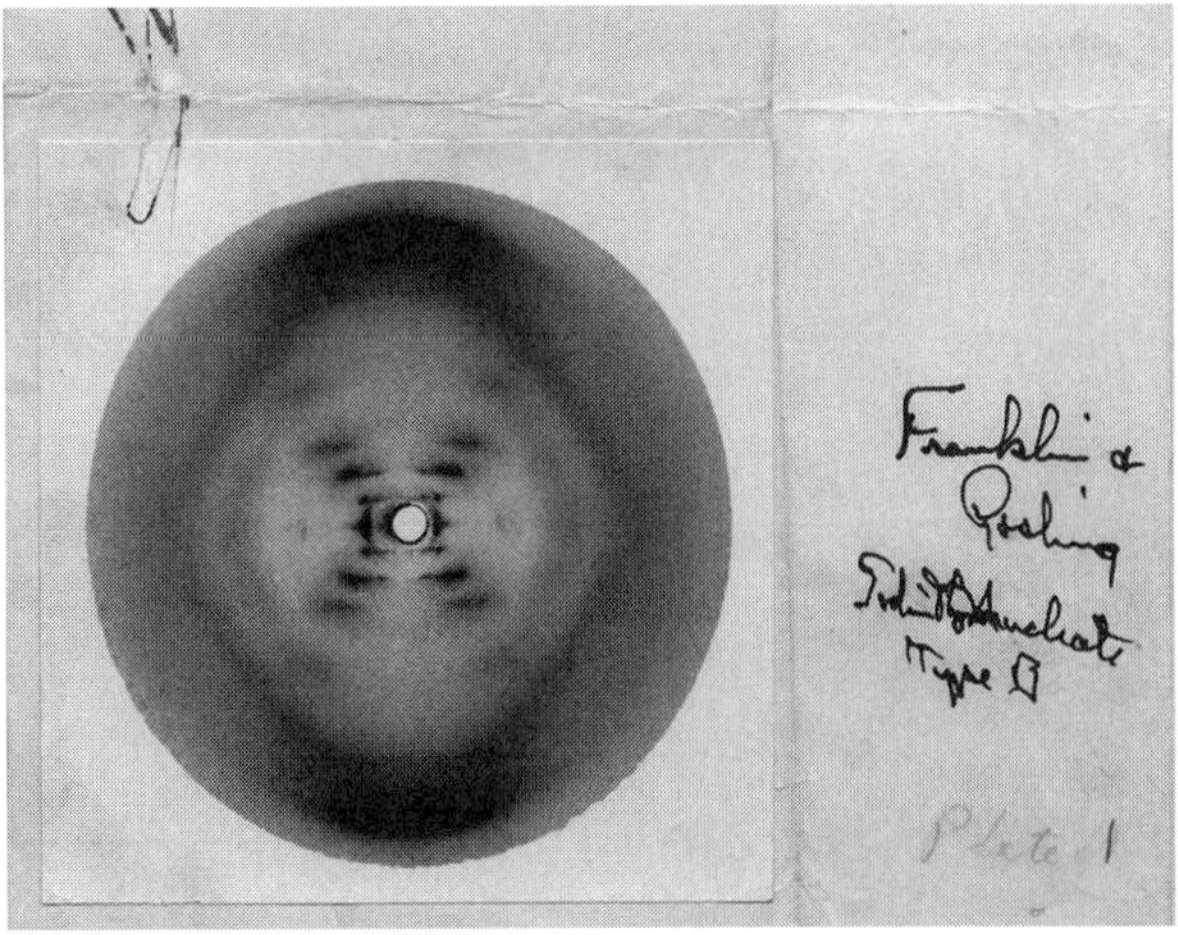

フランクリンが1952年に撮影したB型DNAのX線回折写真（通称「Photo 51」）。DNAが、らせん構造である決定的な証拠になった
（Photo Science／アフロ）

での決定打になります。フランクリンはこの写真を引き出しにしまいこんで、解析を後回しにしていました。

ウィルキンズやワトソンはフランクリンと何かと衝突しており、彼女を〝ダークレディ〟と侮蔑していました。

ある日、ウィルキンズは、彼女の許可なしに「写真51番」の複製をワトソンに見せました。クリックも、「写真51番」を彼女の許可なく、別ルートで勝手に見ていました。いま風にいえば、コンプライアンス違反です。

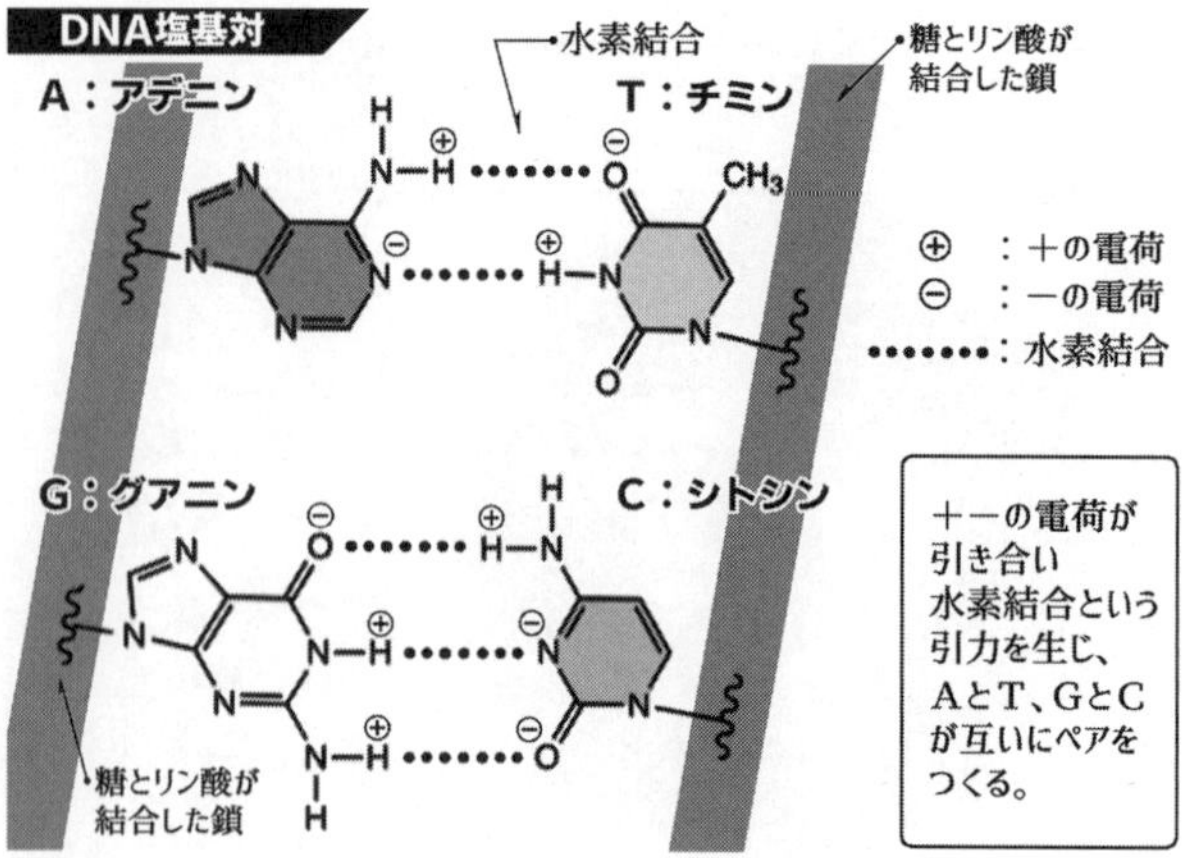

専門家が見れば、「写真51番」に写された×印のような回折像が回転対称な構造を表していて、二重らせん構造を示したものだとわかるのです。

●ついに生命の秘密を解き明かす

ワトソンとクリックは、自分たちでは生物学的な実験や化学的な実験はほとんど行わず、すでに得られている知見から研究しました。彼らが使っていた化学の教科書に載っていた4種の塩基A、T、C、Gの構造式がまちがっている、とアメリカから来た化学者ジェリー・ドナヒューによって指摘されたのが大きな福音でした。

それまで、化学や結晶学の専門家ではな

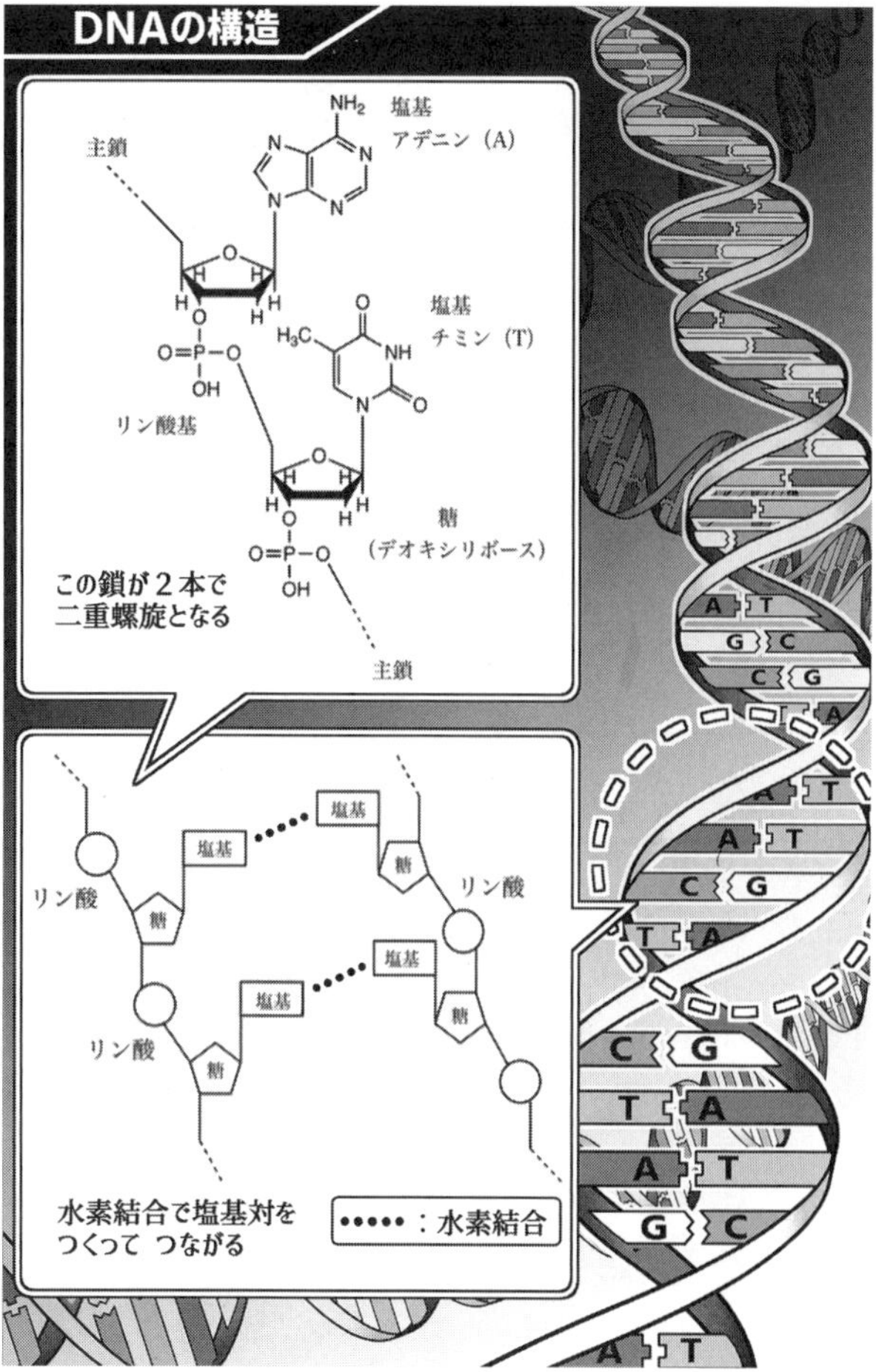
DNAの構造
主鎖
塩基
アデニン（A）
塩基
チミン（T）
リン酸基
糖
（デオキシリボース）
この鎖が2本で
二重螺旋となる
主鎖
塩基
リン酸
糖
水素結合で塩基対を
つくって　つながる
●●●●●：水素結合
A T
G C
C G
T A

い彼らは、教科書に載っている構造式をもとにDNAの構造を考えていましたが、うまくいかなかったのです。

ワトソンは、アデニン（A）とチミン（T）、そしてグアニン（G）とシトシン（C）が対をなして水素結合をつくれることに気づきました。**水素結合というのは、水素原子を介して酸素原子や窒素原子と結合する分子どうしの結合で、分子間の引力としては比較的強い結合です**。

これらの水素結合がすべてほぼ同じ長さになり、AとT、GとCがペアをつくることで、二つの分子の鎖どうしがジッパーのようにつながっていき、ちょうどらせん階段がガッツリ組み合わさったような構造になること、らせん階段の踏み板に当たるところが塩基どうしのペアでできていて、DNA分子は二重らせん構造になることを厚紙の模型で確信し、精密な金属製のモデルを完成しました。

1953年の2月の終わりの日、二人は喜びのあまり、大学のそばのパブ、ザ・イーグルに、「ついに生命の秘密を解き明かしたぞ！」と叫びながら飛び込みました。それからまもなく、科学論文誌「ネイチャー」（1953年4月25日号）に、たった1ページ余りの論文でDNAの構造として二重らせん構造を提案しました。既知の事実

ジェームズ・ワトソン
ノーベル生理学・医学賞受賞（1962年）

フランシス・クリック
ノーベル生理学・医学賞受賞（1962年）

ロザリンド・フランクリン
名誉ホロウィッツ賞受賞（2008年）

と一致して、細胞分裂のときに二重らせんの2本鎖が分かれ、それぞれの鎖の相手の鎖がつくられると、同じものが複製されることも説明できます。

1962年、DNAの立体構造を解明した功績でノーベル生理学・医学賞が、ワトソン、クリック、ウィルキンズの3人に贈られました。

「写真51番」を撮影して、最も貢献したフランクリンは受賞できませんでした。毎日のようにX線に被曝していた彼女は、1958年、卵巣がんのため37歳という若さですでに亡くなっていたのです。

このDNAの美しい立体構造は世界の研究者に衝撃を与え、生命の設計図であるDNAからどうやってタンパク質ができるのかを解明する研究ブームが起こりました。

20世紀後半には、DNAの塩基配列を短時間で解析する方法（サンガー法）やDNAを組み換える方法が発明されました。

●何十億年もかけた進化の偉業

デジタル社会は1と0の二つの数字で記述されますが、生命は4種類の塩基A、T、C、Gで記述され、DNAの横に並んだ三つの塩基がアミノ酸を一つ指定する暗号になります。

この**塩基配列によってアミノ酸の配列が決定され、そのとおりにアミノ酸がつながって、タンパク質の分子、酵素や構造をつくるタンパク質がつくられます。**

DNAは貴重な設計図なので、破損を防ぐため、使うときは塩基配列を写し取ったコピーがつくられます。これをメッセンジャーRNA（mRNA）といいます（頭文字のDとRの違いは糖の違いで、デオキシリボースのDとリボースのRです）。

DNAからmRNAが合成され、細胞内のリボソームというタンパク質を合成する化学工場に運ばれます。この工場に、アミノ酸をつけたトランスファーRNA（tRNA）がアミノ酸を運んできます。

フォークの歯の3本に刺さって並んでいるような三つの塩基と、mRNAの三つ

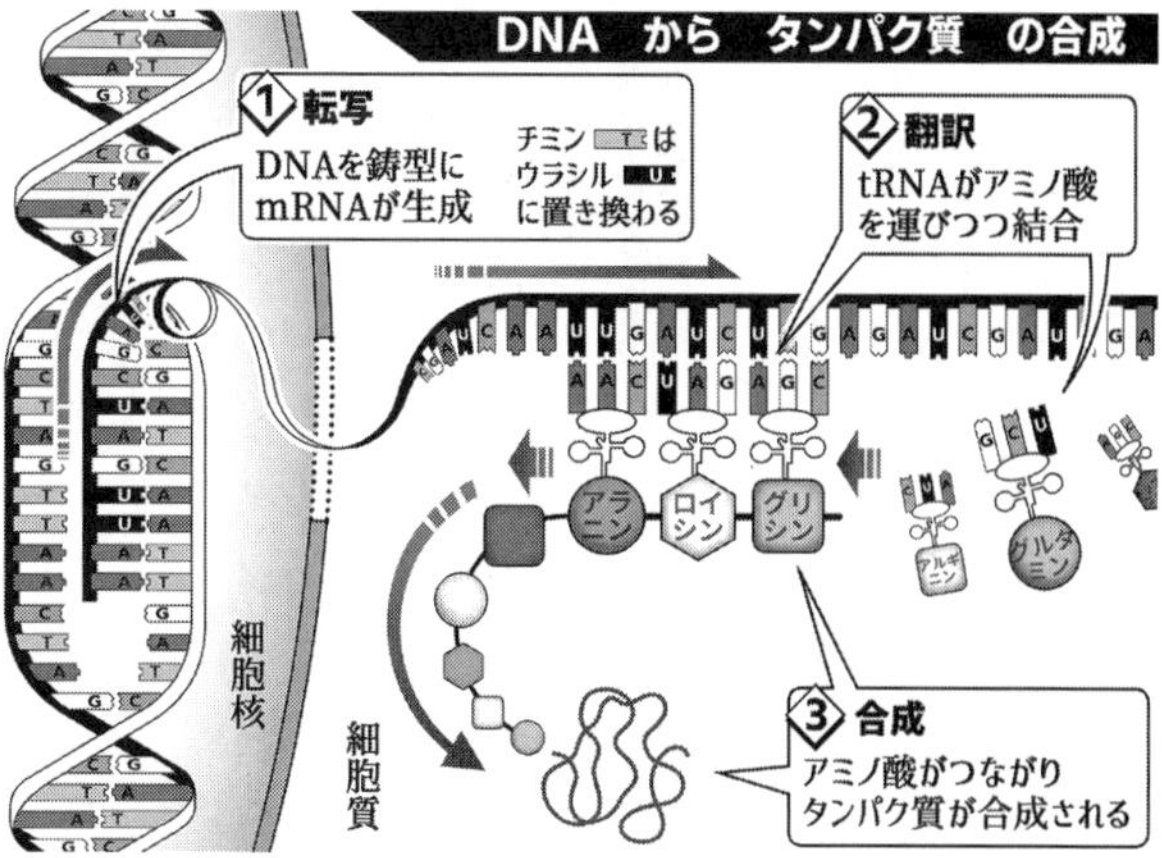
DNA から タンパク質 の合成
①転写
DNAを鋳型にmRNAが生成
チミン T は
ウラシル U
に置き換わる
②翻訳
tRNAがアミノ酸を運びつつ結合
アラニン
ロイシン
グリシン
アルギニン
グルタミン
細胞核
細胞質
③合成
アミノ酸がつながりタンパク質が合成される

並んだ塩基配列がピッタンコに結合すると着地し、横並びにアミノ酸どうしがつなげられると特定のタンパク質ができます。

いわゆる遺伝病は、このDNAの塩基配列に不具合があって、目的の正しいタンパク質がつくられないことが原因です。

文章で説明すると長い過程ですが、150個程度のアミノ酸がつながったタンパク質の分子を1個つくるのに、DNAの読み出しからわずか50秒程度しかかかりません。こういった高速処理を支えるのが、さまざまな酵素なのです。

それぞれの塩基A、T、C、Gをこの略号どおりのアルファベットにたとえると、人間の遺伝子のすべてには32億個近くの文字が並んでいることになります。これは750メガバイトに相当します。これらは2万9000個のタンパク質の設計図になっていて、23本の染色体に分かれて保存されます。

人体の37兆個の細胞それぞれに、この遺伝子のセットが収容されていて、一つの細胞のなかの染色体46本に含まれるDNAを解《ほど》いてつなげると1・8メートルにもなります。このようなシステムを、何十億年もかけた進化でつくりあげた自然の偉業に感嘆せずにはいられません（続きはP237）。

1953年10月 チーグラー触媒の発見——プラスチックの大量生産時代へ

●「サランラップ」が生まれた経緯

100年前と比べて、私たちの生活を劇的に変えた物質は何でしょうか。

それはプラスチックです。青銅器時代や鉄器時代のような分類をすれば、現代はプラスチック時代といえます。プラスチックは都市を包み、人類を宇宙へと打ち上げ、大量消費社会を象徴するアイコンになりました。

第2次世界大戦で金属が兵器の生産に優先されると、その不足した分の素材をプラスチックに求めていく動きが活発になりました。化学工業は合成ゴムやフェノール樹脂などを全力で生産しますが、戦後、これらプラスチックが余ってしまい、新しい消費材の活路を見出《みいだ》していくことになります。

たとえば、どこの家のキッチンにもあるラップがその象徴です。正式名称は、ポリ塩化ビニリデンといいます。アメリカのダウケミカルが生産し、第2次世界大戦のときには、輸送中の新品の機関銃などを海水や潮風などから守る保護フィルムなどに用いられていました。

戦後、需要が激減し、もてあまして困り果てたフィルム製造企業の社員ラドウィックとアイアンズの二人が、フィルムを持って帰ったところ、ラドウィックの妻がレタスなどをきれいにラップしてピクニックに持ってきて、これを見た女性陣のあいだで大変な評判になりました。

この一件をヒントにロール状に巻いたフィルムを開発し、食品用ラップへと新しい活路が見出されたのです。ラドウィックとアイアンズのそれぞれの妻の名前、サラとアンから「サランラップ」と名付けられました。

●プラスチック時代への〝ビッグバン〟

1950年代、世界のプラスチック生産は約200万トンでした。それが1960年代中ごろには12倍以上増えて約2500万トン、さらに1975年には約5000万トンまで増えます。このプラスチックの〝ビックバン〟が起こるきっかけが、1953年にドイツの小さな研究室で起こった偶然の発見でした。

ドイツの名門、マックスプランク研究所の研究員だったカール・チーグラー教授は1950年代初頭、金属と炭素原子が結合した有機金属化合物という物質を研究していました。

あるとき、トリエチルアルミニウムという化合物とエチレンを耐圧容器に入れて反応させたところ、エチレンの分子2個がつながった化合物が得られました。「なぜエチレンがつながったのか」と、チーグラーは不思議に思い、原因を究明すると、容器の洗浄が不十分だったため、前の実験で使ったニッケルの微粉末が付着していたことが原因だとわかりました。

そこで、チーグラーは、ニッケルのような遷移元素（周期表で第3族元素から第11族

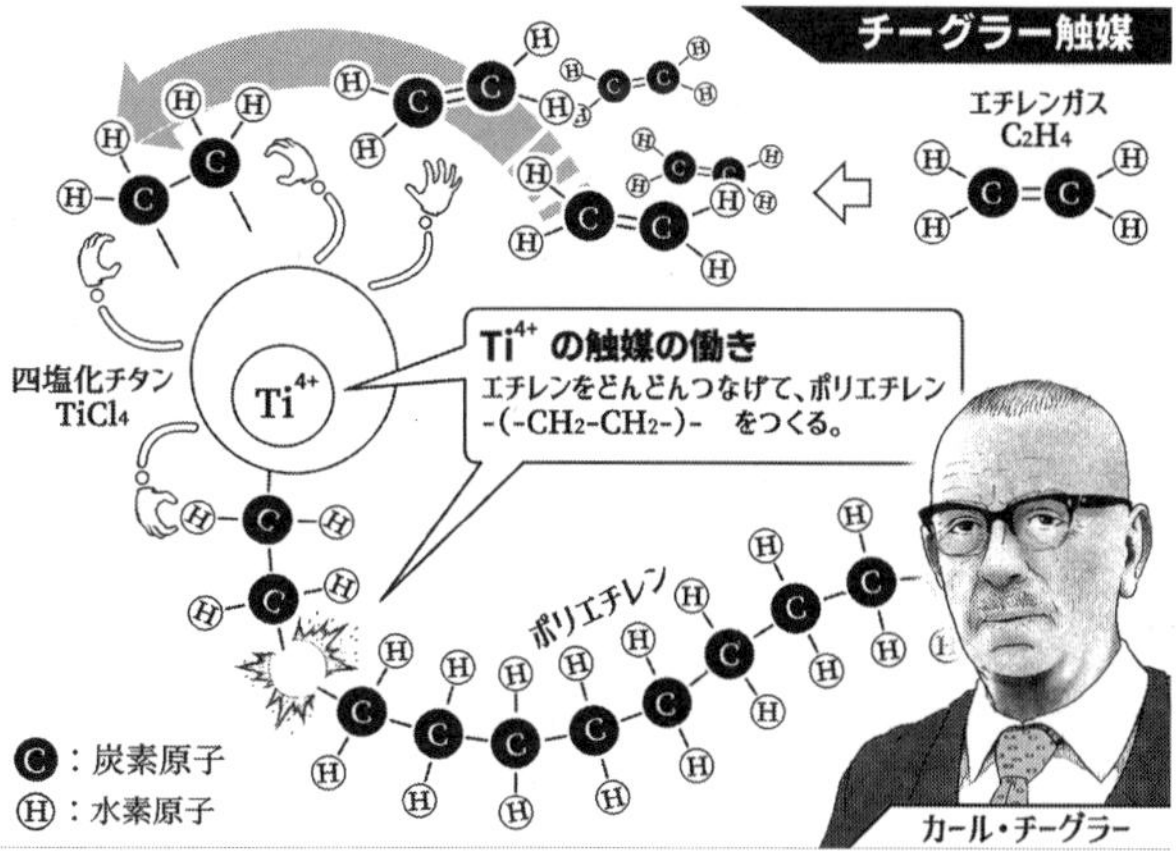

元素の間に存在する元素）といわれるグループの金属や化合物を薬品庫からすべて持ち出し、手当たりしだいに実験しました。

そして、１９５３年10月26日、ジルコニウムという金属の化合物とトリエチルアルミニウムを触媒にすると、何千個ものエチレン分子がつながってポリエチレンという巨大な分子になることを発見したのです。

さらに、四塩化チタン$TiCl_4$とトリエチルアルミニウム$Al(C_2H_5)_3$の組み合わせが最高の触媒になることを発見しました。小さな分子をたくさんつなげる反応を「重合反応」といい、これを促進する触媒を見つけたのです。

それまでは１０００気圧もの高圧でエチ

レンを重合してポリエチレンをつくっていましたが、ついに常圧でも重合反応を簡単に進められる夢のような「チーグラー触媒」を発見しました。

この触媒どうしが反応してチタンの特殊な化合物ができると、チタンのイオンがエチレンの分子を取り込み、エチレンをどんどんつなげて巨大な鎖状の分子にすることができます。

ポリエチレンは第2次世界大戦ではレーダーの素材として一国の運命を握る分子でした（『ケミストリー世界史』P508参照）。その合成は高圧を必要として困難を極め、戦略物資として金塊以上の価値がある物質でした。それがいまやスーパーマーケットのレジ袋やショッピングバッグなどとして大量に使用され、ゴミ問題を起こすほど氾濫しています。

この大量生産を可能にしたのがチーグラー触媒なのです。この触媒の発明は世界中の研究者に衝撃を与えました。まさに現代の魔法であり、〝カール・チーグラーと賢者の石〟のような衝撃でした。

チーグラー触媒が垂涎《すいぜん》の的となり、世界中の研究者がその情報の入手に忙殺されるなか、当時の三井化学工業の社長が1954年、ライセンス料も含めた見学料として、なんと約4億3200万円もの大金を払うことを即決したのです。

●ポリプロピレンの発明

ポリエチレンと並んで、大量に生産されているのがポリプロピレンです。ポリプロピレンは、オフィスや学校で書類収納に使われたり、美術館やアニメのイベントで売られたりするクリアファイルから、自動車のバンパーまで、さまざまなところで使われています。

原料のプロペンは、重合させても糊のようなべとついた変なものにしかならず、ポリプロピレンは実用化できませんでした。

チーグラー触媒が発明されたという情報を、チーグラーと契約していたイタリアの巨大化学企業、モンテカチーニから入手したミラノ工科大学のジュリオ・ナッタ教授は、チーグラー触媒を改良して実験を重ねます。そして、三塩化チタン$TiCl_3$とトリエチルアルミニウムの触媒を用いて、1954年3月にポリプロピレンの重合に成功しました。

ポリエチレンと違ってポリプロピレンは、多数のメチル基$-CH_3$がメインの炭素原子の鎖から突き出していますが、この向きがバラバラ（アタクチック）だと糊のようになってしまうのです。ナッタが発明した触媒は、このメチル基$-CH_3$の向きをそろえたものになり（アイソタクチックポリプロピレン）、分子どうしが結晶化しやすいので優れたプラスチックになるのです。

　モンテカチーニは、ナッタの触媒を用いたポリプロピレン生産の特許を取得して実用化しました。世界中の石油化学の企業の関係者がポリプロピレン生産を自社にも導入しようと、イタリアまで通う〝モンテ参り〟がはやりました。

　チーグラーとナッタの二人は、プラスチック時代を生み出す触媒の発明で1963年のノーベル化学賞を共同受賞します。だが、チーグラーの発明した触媒は四塩化チタン、ナッタの発明した触媒は三塩化チタンと、パンケーキとホットケーキの違いくらいの感じですから、チーグラーは、ナッタの発明は自分の研究の剽窃《ひょうせつ》であると批判を続け、二人は犬猿の仲になりました。

●有機金属化合物が開花

金属原子と炭素原子が直接結合した構造を持つものを有機金属化合物といいます

が、チーグラー触媒の発見でこの分野が大きく開花します。

1980年にはドイツのウォルター・カミンスキーがチーグラー触媒を超える高性能の重合用触媒「カミンスキー触媒」を発見しました。

現代の化学工業では、化学反応を驚異的に加速する触媒の技術が大きく貢献していますが、それらの触媒の多くが遷移元素の金属の有機金属化合物です。**触媒こそ、起こりにくい反応を驚異的に加速して反応させる、まさに現代文明を支える魔法なのです**（続きはP124）。

1954年6月27日　世界初の原発が稼働——石油に頼らない夢の発電のはずだった

●動力や発電用として原子炉が開発

原子核の分裂（核分裂）が莫大なエネルギーを放出することがわかると、原爆とは別に、動力や発電用として原子炉が開発されます。

石炭を燃やして蒸気機関を動かす〝蒸気船〟から、ウラン燃料による発熱で蒸気を生じさせてタービン（羽根）をまわす新しいタイプの〝蒸気船〟と、蒸気でタービンに直結した発電機をまわす発電システムです。

世界ではじめての商用原発は、ソ連の首都、モスクワの南西100キロメートルに位置する科学都市オブニンスクに建設され、1954年6月27日から運転を開始しました。続いて、イギリスのコールダーホールでも、1956年に商用原発が運転を開始します。

ここで、原発の仕組みについて見ておきましょう。

ウラン鉱石から酸化ウラン（イエローケーキ）を精製し、さらに天然のウランのなかに0・7パーセントしか存在しない核燃料になるウラン235という同位体を、燃料にならないウラン238と分離して濃縮していきます。

六フッ化ウランUF_6という気体にすることで、ウラン235とウラン238のわずかな質量の違いにより軽い気体分子と重い気体分子ができますので、そのわずかな重さの差を使って分離します。分離には、ガス拡散法や遠心分離機を使う方法などがあります。このときに不要なゴミとして出るのがウラン238で、**「劣化ウラン」**といいます。

最終的に、**ウラン235を5パーセントくらいに濃縮したウランの酸化物をつくり、**

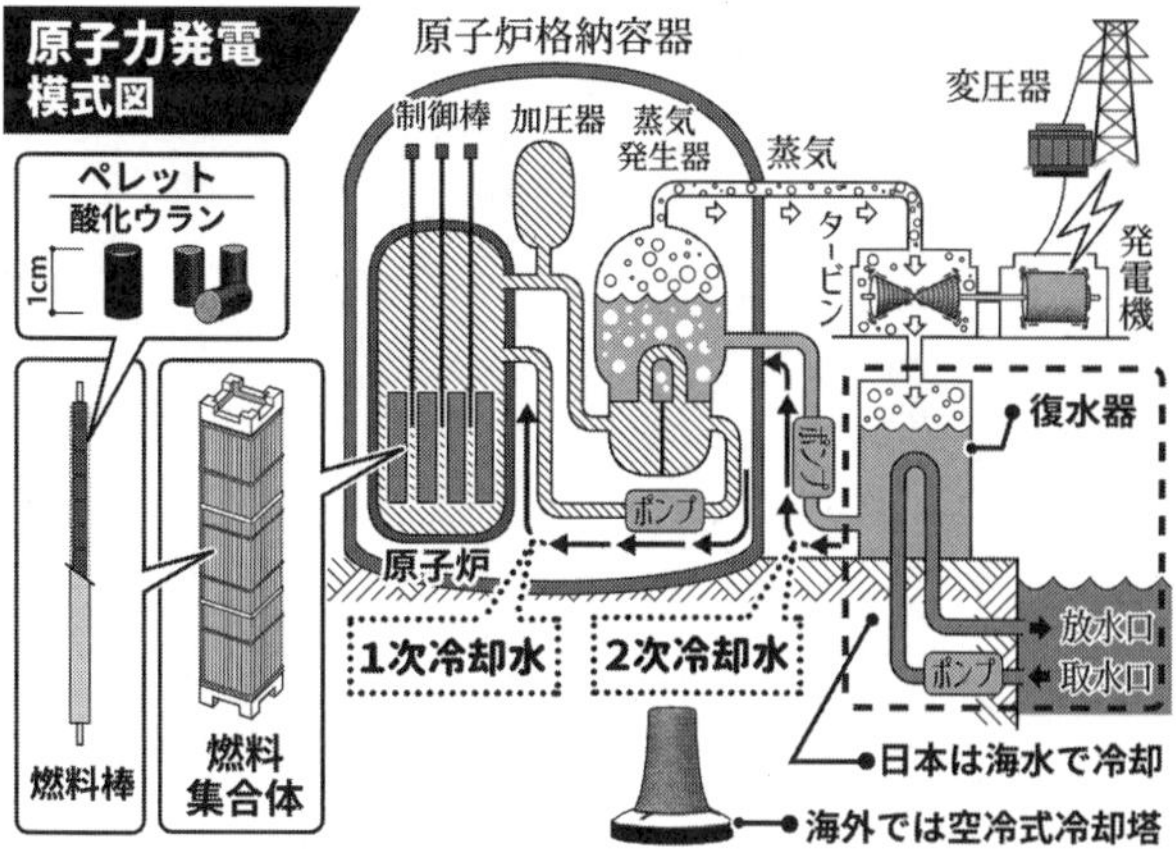

核燃料にします。高さが1センチメートルくらいの円筒（ペレット）に加工して、中性子を吸収しないジルコニウム（Zr）でできたパイプのなかにたくさん装塡して燃料棒にします。このペレット一つひとつが、1トンの石炭に相当するエネルギーを放出します。

原子炉の中心には、この燃料棒を約200本まとめたケースの燃料集合体があり、この集合体をさらに約200〜700個ほど水中に沈めています。

ウラン235の原子核が核分裂でちぎれると、中性子が放出され、飛び出した2個の中性子が別の2個のウラン235の原子核に当たると、また原子核がちぎれて分裂し、中性子2個が放出されます。

これを繰り返して連鎖反応が起こり、大量の熱が放出されます。この熱で水を沸騰させて、高温・高圧の蒸気をつくり、タービンをまわして発電するのが原子力発電です。

スピードの遅い中性子をウラン235の原子核に当てる必要があるので、中性子にブレーキをかける減速材が必要になります。減速材には、黒鉛を使う黒鉛炉と軽水(普通の水)を使う軽水炉があります。現代は軽水炉が主流です。

原子炉の制御には、中性子を吸収する制御棒(ホウ素やカドミウム、ハフニウムなど)を使います。燃料棒のあいだに出し入れできるようにしてあり、抜くと核分裂が持続する臨界に達し、差し込むと中性子を吸収して核分裂は停止します。

●放射性ゴミの処理には膨大なコストがかかる

原発では、燃料であるウランの核分裂でちぎれた原子核が変化して、ヨウ素131やセシウム134、セシウム137などの放射性同位体が発生し、大量の放射性廃棄物のゴミが出ます。

使用済み核燃料はもとのウランの1億倍の放射能になり、これを「高レベル放射性廃棄物」といいます。それ以外の廃液や衣服、機械部品などの放射能があるものは、「低レベル放射性廃棄物」といわれます。

先進国では、これらの廃棄物を効率的に処理する方法を確立しないまま、「石油に頼らない夢の発電だ！」と、オイルショックの悪夢から一挙に建設ブームが起こりました。しかし、やがて大事故がもたらされます。

別のタイプの原子炉に「高速増殖炉」があります。これは燃料にならないウラン238（劣化ウラン）に発電の核分裂で生じる中性子を高速のまま当てて、プルトニウム239に変化させます。プルトニウムは核燃料になるので、発電しながら燃料をつくりだせる錬金術的な装置といえます。

しかし、中性子を高速のまま飛ばすために、ブレーキをかけて減速してしまう水は使えません。原子炉を満たす熱媒体として、液体の金属ナトリウムを使います。ナトリウムは、水とふれると水素を発生して爆発するので大変危険です。

日本では、福井県に高速増殖炉をつくり、「もんじゅ（文殊）」と知恵の菩薩様の名前をつけましたが、たった250日間稼働しただけでトラブルが続発して廃炉になりました。

その後、1兆円以上が注ぎ込まれ、いまでも維持費に毎年約180億円以上が使われています。原子力大国、フランスの高速増殖炉「スーパーフェニックス」も故障などから稼働が停止して、現在は廃炉になり解体作業中です。

原発は、近視眼的に運転コストだけを見れば安いかもしれませんが、放射性廃棄物の処理、建設から解体までのコストや環境負荷、災害や戦争のリスクを考えれば、膨大なコストがかかります。『列子』の「朝三暮四」という故事を思い出さずにはいられません（続きはP262）。

1956年5月1日 水俣で奇病発生——化学工業の暴力

●企業城下町がもたらした悲劇

20世紀の化学産業の巨大化によって人びとが物質的な豊かさを享受するようになったのとは裏腹に、世界中で化学によりとてつもない暴力、「公害」が生み出されました。その頂点ともいえるのが「水俣病」です。

山に囲まれ、古くから海の恵みを人びとに与えてきた、青く澄んだ美しい九州の八代海《やつしろかい》、別名、不知火海《しらぬいかい》。その不知火海に面した熊本県水俣市の水俣湾には、巨大な化学工場がありました。戦前から水力発電を利用するアンモニア合成で発展した、新日本窒素肥料（現在のチッソ）の工場です。

この会社の前身は、戦前に現在の北朝鮮にも進出して、当時、世界最大級だった水豊《スープン》ダム（日本が戦前に鴨緑江《おうりょくこう》に建設したダム）の電力をもとに、石炭や石灰石を原料にした化学コンビナートを操業していました。

水俣は多くの日本の地方都市がそうであるように、企業城下町として元工場長が市長になるなど、町と企業が一体化していました。構造的には、そびえ立つお城のエラいお殿様とズブズブの側近が住み、城下のつつましい農民を支配していた封建時代と変わりません。

余談ですが、日本の政治や会社、コミュニティなどさまざまな組織に巣食った持病のようなこの封建的システムを、〝バカ殿様〟によって笑い飛ばしてくれた偉大なコメディアンが志村けん様です。

戦後の日本の高度経済成長を支えるべく、政府と自治体、企業が一丸となって化学工業での大増産が叫ばれた時代、水俣の人は多くがチッソの工場で働き、この工場を地元の誇りにしていました。

●患者の確認から12年もひた隠しにされた

1950年前後から、水俣湾周辺で魚が死んで浮上し、漁村では猫が次々と奇怪な行動をとって死ぬ奇病がはやりだします。1954年8月1日には、「熊本日日新聞」に「多数の猫が狂い死に」という初の新聞報道が出ました。

地元民にも神経症状が出て、死亡者まで出るようになりました。神経症状が悪化して脳性麻痺になり、寝たきりになってやせ細って死んでいくのです。

1956年5月1日、水俣保健所は水俣工場附属病院の細川一《はじめ》病院長から脳性麻痺の患者が入院したという報告を受け、原因不明の中枢神経の奇病発生を確認しました。この日が、水俣病が公式に確認された日となりました。

1959年7月22日、熊本大学医学部水俣奇病医学研究班が、「中枢神経の障害は有機水銀が原因だ」と発表しました。

さらに、約3カ月後には、細川病院長が工場排水を猫に摂取させて実験したところ、猫が水俣病と同じ症状を発症し、工場排水が原因であると突きとめました。ですが、工場は公表させませんでした（猫400号実験）。

被害は拡大する一方で、脳性麻痺で亡くなる人や、生まれつき脳性麻痺（胎児性水俣病）の子供も増えました。チッソは、排水を水俣湾に流す流路から、別の放水路を建設して八代海に流したため、広範囲にわたって被害が拡大したのです。

その後、伝染病と疑われたり、化学工業会や大学教授などから爆薬説やアミン中毒説などさまざまなデマが流されました。1960年代になると、有機水銀化合物のメチル水銀が原因だと特定され、これが工場排水に含まれていることが突きとめられましたが、チッソは一貫して否定しつづけました。国とチッソに対する遺族や患者の怒りの抗議行動や、裁判が始まります。

1965年には、新潟県・阿賀野川流域でも、同じ症状の患者が多発していることがわかりました。阿賀野川上流の鹿瀬《かのせ》には、同じ工程を扱う昭和電工（現在のレゾナック）の化学工場がありました。ですが、昭和電工は農薬汚染であると責任を回避し、有機水銀説を唱える学者を攻撃する御用学者も出てきました。

この事件は、企業による隠蔽や御用学者によるデマ、政府の企業擁護と無策など、日

本の社会的な病巣、ダメさのオンパレード、見本市でした。

1968年5月、水俣工場はメチル水銀を生み出す設備の稼働を中止します。それからおよそ4カ月後、水俣病は工場排水が原因の有機水銀中毒であるとの政府見解が発表されました。

患者がはじめて公式に確認されてから、12年も排水が流されつづけたのです。認定された患者は、熊本県1791人、鹿児島県493人、新潟県716人（2022年12月末現在、新潟は11月）です。

●水俣病発生のメカニズム

チッソは水力発電からスタートし、電気化学の分野に進出し、肥料の工場として、塩化カリウムKClと硫酸H_2SO_4を反応させて硫酸カリウムK_2SO_4と塩化水素HClをつくっていました。

また、石炭と石灰石という安価な材料（当時、九州には多数の炭鉱と石灰石鉱山が操業していました）を使って、電気炉という高温の炉でカルシウムカーバイドCaC_2をつくり、これに水を反応させるとアセチレンC_2H_2が発生します。

水俣病

◆水俣病発生の化学工業

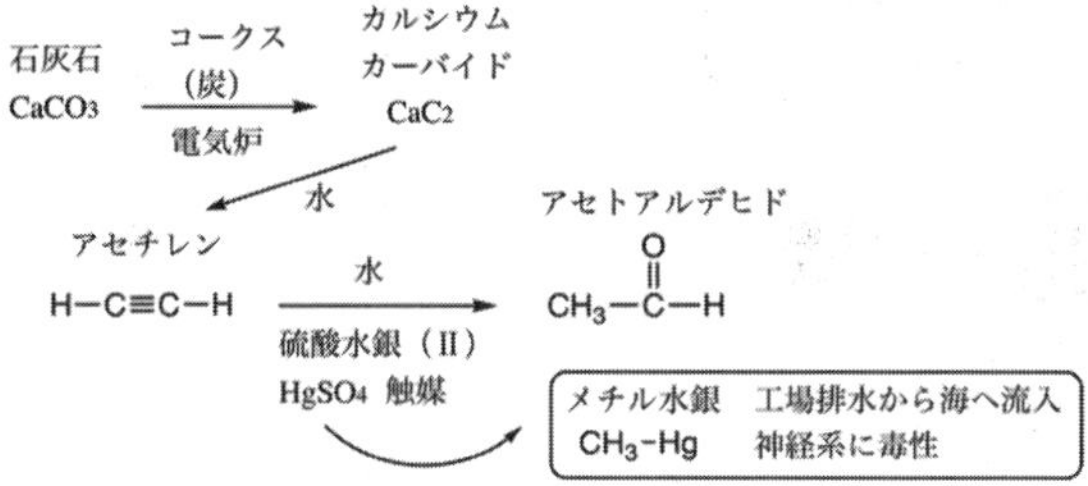

◆ヘキスト・ワッカー法（石油化学工業）

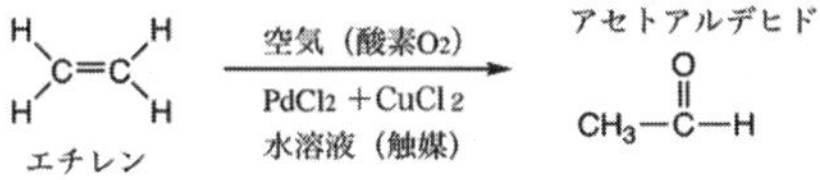

アセチレンと塩化水素が反応して塩化ビニルという化合物がつくられ、塩化ビニルからポリ塩化ビニルというプラスチックが製造できます。グレーの色の水道管のパイプや、ビニール製おもちゃなどに使われます。

また、アセチレンガスを硫酸水銀$HgSO_4$という触媒を溶かした水溶液に加えると、アセトアルデヒドCH_3CHOが発生します。これを「アセチレン水和法」と呼びます。

この工程で、有機水銀といわれるメチル水銀CH_3Hgという副産物が生じます。ただ、日本の工業試験所では、すでに１９４４年に、有機水銀が生じることが確認されていました。

このメチル水銀を工場排水に含んだまま、無処理で排水を海に流しつづけ、海底のヘドロに堆積し、プランクトンから魚介類へと高濃度に蓄積され（生物濃縮）、それらを食べた猫や人間に、視力や聴力、運動野を萎縮させる脳性麻痺を起こしたのです。

アセトアルデヒドは工業では基幹となる原料で、酸化して酢酸をつくり、アセチレンと反応させると酢酸ビニルという物質ができます。酢酸ビニルからは、ポリ酢酸ビニルという接着剤の成分が得られます。また、ビニロンという繊維の原料にもなります。

1959年には、エチレンを空気で酸化して、アセトアルデヒドにする方法がドイツのヘキストとワッカーで発明され、瞬く間に世界の潮流になりました。

ユージン・スミス
死後、基金によりユージン・スミス賞が設けられた

近年、ジョニー・デップ主演の映画「MINAMATA―ミナマタ―」、そしてドキュメンタリー映画の泰斗、原一男監督の「水俣曼荼羅《まんだら》」が公開されました。

「MINAMATA」は、水俣病を撮りつづけた写真家ユージン・スミスを題材にした映画です。「水俣曼荼羅」は、アメリカの映画監督マイケル・ムーアにも影響を与えた、原監督のライフワークともいえる水俣病を追ったドキュメンタリー映画です。

アマゾン川流域などでは、いまだに水銀汚染が続いています。

1957年10月1日 サリドマイド発売——世界中で薬害が引き起こされた

●世界で約1万人の胎児が被害を受ける

1957年10月1日、当時、西ドイツの製薬メーカー、ヘミー・グリュネンタールが商品名「コンテルガン」という薬を発売しました。睡眠薬や鎮静剤、妊婦のつわりの防止になるという薬効を謳っており、世界40カ国以上で使用されました。成分はサリドマイドといわれる分子です。

1961年、西ドイツの小児科医ウィドゥキント・レンツ博士は、この薬を使用した妊婦の新生児に「フォコメリア（あざらし肢症）」という四肢の発達障害があることを突きとめます。レンツ博士は、「薬が催奇性を持つ」と警告し、製薬メーカーに販売停止と回収を求めました。

同年11月に、西ドイツでは３０００人以上の被害者を出して回収となりました。しかし、それまでに世界中で薬害を引き起こしたのです。

日本の厚生省（現在の厚生労働省）は、レンツ博士の警告は科学的根拠に乏しいとして無視しました。そして、１９６２年9月まで大日本製薬（現在の住友ファーマ）によるサリドマイド製剤の販売が続けられ、新生児３００人以上に被害をもたらしたのです。

アメリカでは、ＦＤＡ（アメリカ食品医薬品局）の審査官フランシス・ケルシーが、「長期の安全性に関するデータが確立していない」と不備を指摘して、製薬メーカーの圧力をはね退け、認可しませんでした。ジョン・Ｆ・ケネディ大統領（当時）は、アメリカ国民を守る防波堤となった彼女の使命感と誠実さを讃え、大統領勲章を贈りました。

●重要な鏡像関係

サリドマイドの分子には、立体構造として、互いに鏡像の関係になる異なる二つの分子があります（鏡像異性体といいます）。このような鏡像体が別のものになる現象

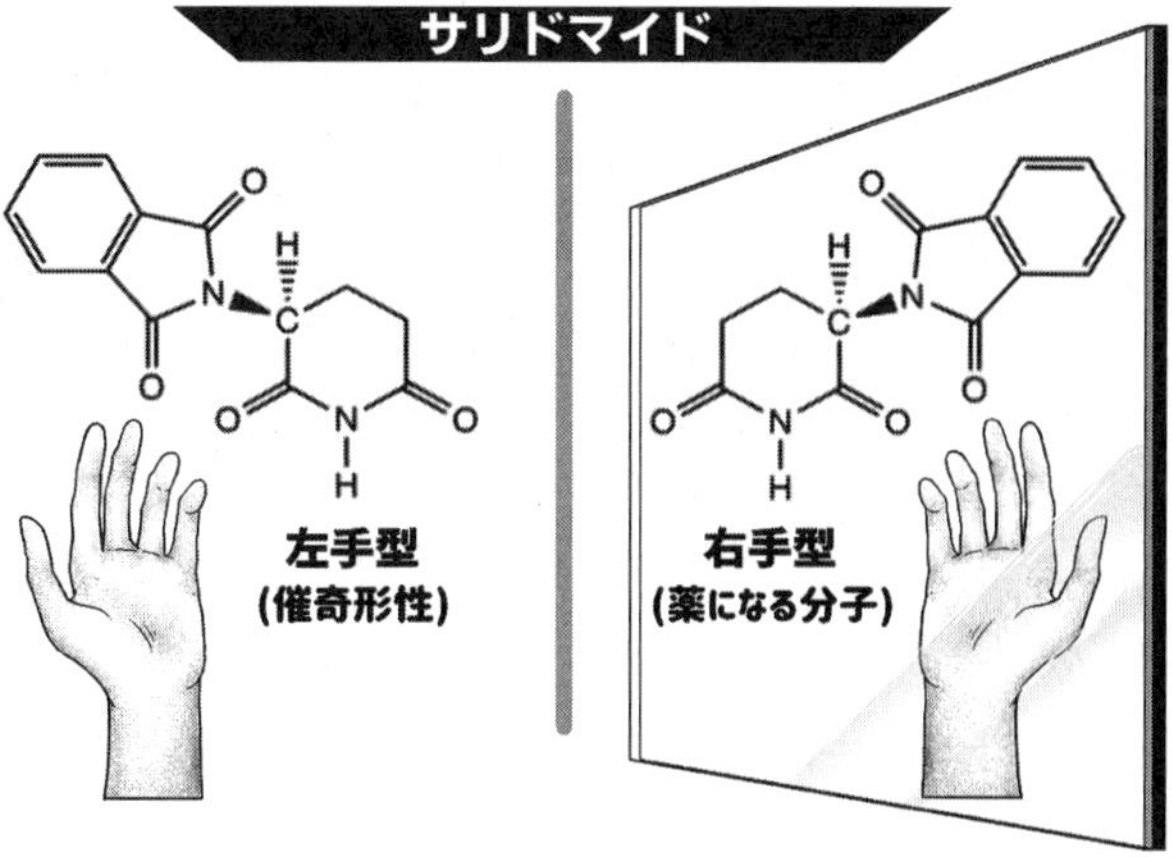

のことをキラリティ（カイラリティ）といい、ギリシャ語の「カイラ」（「手」の意）からきた言葉です（カイロプラクティックは「手でやる」という意味）。

私たちの右手と左手が互いに鏡像体で別のものになるのと同じ現象で、非対称な物体は、鏡に映った像がもとの物体とは別の立体構造になります。**生命体はこのような鏡像の分子の片方だけを合成し、また認識して利用しています。**

右手が左手用の手袋にはきちんと入らず、右手用の手袋にしかフィットしないのと同じで、分子と、結合する受容体も片方用に統一されているのです。薬の分子では、片方が薬になり、片方が毒になるというようなことも起こります。

ですから、人工で合成する際は、いかに鏡像体の片方だけを取り出すか、あるいは片方だけを合成できるかが重要で、医薬品や香料などを合成する際、いちばん重要な課題になります。有用な片方の分子だけを合成する画期的な触媒を発明した名古屋大学の野依良治《のよりりょうじ》教授は、２００１年にノーベル化学賞を受賞しました。

サリドマイドでは、催眠薬の役割をするのは右手型のほうで、左手型には催奇性があります。長いあいだ、この左手型の分子が四肢の発達障害を引き起こすのかは不明でしたが、左手型の分子が引き金になって、四肢の発達に重要な役割をするタンパク質を分解してしまうことが最近の研究でわかりました。

私たちの細胞のなかでの化学反応は、非常に精巧で複雑な組み合わせなので、**一つの分子が引き金となって、とてつもなく大きな影響をおよぼしていくのです**。近年、サリドマイドは、ハンセン病の皮膚疾患や多発性骨髄腫(骨髄の細胞ががん化する疾患)などの特定の病気の治療用に厳重な指導のもとで使われるようになりました。

膨大な医薬品が使われる現代、人間に奉仕するはずの医薬品が巨大製薬産業のもとで、営利追求に追従する状況も生み出されています。こういった状態を聖書の最終戦争「ハルマゲドン」になぞらえて、「ファルマゲドン」と呼ぶ人もいます。

医薬品の薬害は多く繰り返されてきました。それを監視する力、化学的な知識の力が社会には必要なのです（続きはP164）。

1957年10月4日 スプートニクショック――アメリカ本土がソ連の射程に入った

●ソ連に先を越されてNASAを設立

１９５７年10月４日、ソ連が宇宙に人工衛星を打ち上げました。スプートニク（ロシア語で「衛星」の意）というビーチボールくらいの大きさの人工衛星で、アルミニウムに少量のマグネシウム、チタンを加えた合金の球形容器に、発振器（電子回路を用いて交流信号を発生するもの）と電池を内蔵したシンプルなものでした。

打ち上げたロケットは、R-7といわれるソ連の大型ロケットです。このロケットは、世界初のICBM（大陸間弾道ミサイル）として実用化されたものです。「大陸間」の名前のとおり、射程が８８００キロメートルあり、ソ連領内から核弾頭を搭載して発射し、直接、アメリカの都市をねらうことができます。

世界初の人工衛星の打ち上げが成功したということは、ソ連が長距離のＩＣＢＭを完成させたということなのです。これにショックを受けたのはアメリカでした。国土が広いだけのお寒い国の共産主義者たちが、先に宇宙に進出したからではなく、アメリカ本土がソ連の核兵器の射程に入ったからです。

アメリカは蜂の巣をつついたようになり、ソ連を追い抜くべく、科学技術、理系の大学の研究予算や奨学金などの充実をはかります。そして、宇宙工学や電子工学などの先端技術に莫大な資金をつぎこみます。有名なＮＡＳＡ（アメリカ航空宇宙局）もこのときに設立されました。

巨大なプロジェクトを、政府主導の軍民一体で進めていくのは第２次世界大戦からのアメリカのお家芸で、新しい科学プロジェクトを進めます。軍事用の最先端技術を研究する科学者を統合する国防高等研究計画局を設置し、大統領と国防長官の直轄の組織にしました。

現在はＤＡＲＰＡ《ダーパ》という組織として、情報化テクノロジーや兵器開発の最先端を牽引する兵器開発の中枢の組織になっています。

●〝宇宙工学の父〟はロシア人

ソ連のスプートニクの打ち上げは、ロシア人コンスタンチン・ツィオルコフスキーの生誕100周年の記念事業でもありました。彼は〝宇宙工学の父〟といわれ、病気で耳が不自由になりながらも、独学で数学や物理学を学んで一人で宇宙工学を始めた人です。

極貧のなかで学校にも行けず、図書館に通って独学で数学や物理を学び、数学教師をやりながらさまざまな実験を行いました。1903年に書いた論文のタイトルは「今日の不可能は、明日可能になる」で、液体水素と酸素のロケットの設計図や宇宙ステーション、地上と宇宙を結ぶ軌道エレベーター、スペースコロニーなどを提案していました。

ツィオルコフスキーは、「**地球は人類のゆりかごである。しかし、いつまでもゆりかごにとどまってはいないだろう**」という言葉を残し、あとに続く宇宙をめざす人びとを鼓舞しました。

ところで、宇宙ロケットの推進では、ロケットは空気がない真空の宇宙空間を進むので、燃料を燃焼する際、酸素のかわりに酸化剤という物質が必要になります。

酸化剤とは電子のキャッチャーで、電子を奪い取る物質であり、強引に電子を奪い取る強盗のイメージです。

電子のピッチャーは還元剤といわれます。ガソリンが燃焼するとき、空気の酸素が酸化剤で、ガソリンの分子（飽和炭化水素といわれる炭素と水素の化合物）は還元剤です。

これらの酸化還元反応（電子のキャッチボール）が、いわゆる燃焼反応になります。R－7ロケットの燃料はケロシン（灯油）で、酸化剤は液体酸素でした。液体酸素は発射直前に何時間もかけて注入しなくてはならず、反撃時に瞬時に打ち上げる必要があるICBMには不向きのシステムでした。

●しのぎを削る米ソのロケット開発

話を1945年のドイツの敗戦後にもどしましょう。

バルト海に面したペーネミュンデに、廃墟と化した広大な研究施設がありました。ここは、かつてドイツの弾道ミサイルや各種ミサイルの研究開発が行われていました。所長はヴェルナー・フォン・ブラウンで、〝宇宙ロケットの父〟と称された人です（『ケミストリー世界史』P556参照）。

セルゲイ・コロリョフ
レーニン賞受賞（1971年）

研究所は連合軍の空爆によって、あちこちが廃墟と化していました。重要な実験データや弾道ミサイル「V2号」などの部品は、ブラウンらがアメリカ軍への投降をめざす逃避行で持ち出されていました。

この施設にソ連の調査団が押し寄せます。リーダーは38歳の男で、名前はセルゲイ・コロリョフといい、ソ連のロケット開発の責任者です。若いころ、同僚の密告による冤罪《えんざい》でシベリアの強制収容所生活を余儀なくされ、身も心もボロボロにされましたが、ふたたび技術将校として復活したのです。彼を売った密告者ヴァレンチン・グルシュコも、なんとロケットエンジンの設計者になっていました。

コロリョフは、ソ連に連れてこられたドイツ人研究者たちの先進的なロケットやミサイルの技術を吸収し、ドイツ人とともに開発を進めます。**20世紀中盤の米ソ冷戦のミサイル競争は、ドイツの技術が二手に分かれ、アメリカのブラウンのチームvsソ連のコロリョフのチームの戦いだったのです。**

コロリョフのチームは、弾道ミサイル、スカッド、さらに初のＩＣＢＭ、R-7などを開発しました。R-7は、のちにソ連の代表的な宇宙ロケット「ボストーク(ロシア語で「極東」の意)」や「ソユーズ(ロシア語で「(ソビエト)連邦」の意)」に発展していきます。

●ソ連を躍進させた開発独裁

ソ連は、第1次世界大戦さなかの1917年、暴発したロシア革命で誕生した国家です。読み書きにも不自由していた農民が人口の大多数を占める巨大な発展途上国が、いきなり社会主義国家を歩みはじめました。

社会主義というのは、発達した資本主義が進化してできる社会制度です。たとえば、銀行が肥大化すると、TVドラマ「半沢直樹」(TBSテレビ)のように、ダークサイドでやりたい放題になってしまい(事実、バブル期の不良債権でめちゃくちゃになり、公的資金が費やされました)、私企業に莫大な税金を投入して救うくらいなら、「いっそ国民の管理下に置こう。国有化だ!」という発想をつきつめたものです。

社会主義が成立するのは、資本主義を突きつめて卒業してからなのです。若いころ、やんちゃを極めたお兄さんが加齢して経験を積み、カッコいいバーのマスターになったみたいな成熟感が必要です。

ところがソ連は、ロマノフ王朝体制への社会不満が〝ビッグバン〟のように暴発したロシア(10月)革命で誕生し、保育園児がいきなりIT企業の最高経営責任者になってしまうような、アニメ「ボス・ベイビー」もビックリの状況になってしまったのです。

当の指導者レーニンが、その本末転倒状態をいちばん痛感し、「国民が経営者のように銭勘定や政治的センスにも自立して、頭を使わなきゃあかんで!」と資本主義化を導入しますが、その矢先に早逝《そうせい》します。暴力で国家権力を破壊しつくすことが革命ではありません。奴隷のような**国民が、自分たちで知的にも経済的にも自立していくプロセスこそが本当の革命です**。

ところが、割り込みで権力を継いだスターリンが、「ばかな奴ばっかりの発展途上国なんで、チマチマ決めていたら埒《らち》があかん! 全部、おれの独裁で決めたるわ!」とイキって、発展途上国にありがちなワンマン独裁政権になってしまいます。

こういう政治形態を「開発独裁」といい、インドネシアのスハルトとか、北朝鮮、世襲制のワンマン経営の中小企業まで、全部同じような形態です。ワンマン社長のほうが命令が届きやすく、チマチマした仕事が速くまわります。ソ連の躍進の原動力は、まさに「開発独裁」という政治形態にあったのです。

私は予備校講師として長らく大学受験生に接してきましたが、これは個人にも当てはまる気がします。

親が、独裁的に子供に「勉強しろ！」と押しつける方法で中学、高校の受験などはクリアできても、より主体性が求められる大学受験や大学での勉強、社会人でつぶれてしまう人が少なからずいるのです。

「開発独裁」は効率的に見えますが、それは矛盾を先延ばしにしただけの見せかけの効率です。本人が自分で悟りながら自立して歩むというプロセス、**一見すると遠まわりですが、経験知を会得しながら自立していくことが、長い目で見れば、じつはいちばん効率的**だと思います。

まさに、「急がばまわれ」という格言のとおりです。

ソ連もアメリカに対抗するために、必死に先を急ぎすぎて、必然的に崩壊に向かいます。昨今の近視眼的な「コスパ（コストパフォーマンス）至上主義」や「タイパ（タイムパフォーマンス）至上主義」にも同じ匂いを感じます。

１９５９年、アメリカとソ連は少しだけ歩み寄り、フルシチョフは歴代のソ連の指導者のなかではじめてアメリカを訪問しました。

スプートニクショックもあって、最初、アメリカ国民は、「共産主義のボスが来た！」と露骨に恐怖と警戒心を持っていました。ですが、フルシチョフは人間性をアピールし、テレビに出演すればジョークを連発して、一躍、メディアの寵児《ちようじ》になったのです。

ソーセージ工場見学で、アメリカではソーセージがベルトコンベアで大量生産されているとアピールされれば、「わがソ連ではミサイルがソーセージのように大量につくられている」などといったジョークを連発して、人懐っこい好々爺《こうこうや》という印象を与えたのです（続きはＰ134）。

1958年7月　集積回路の発明——ＩＴ革命への胎動

●火の利用に匹敵する大きな飛躍

昔はテレビは段ボール箱くらいの大きさでしたが、いまでは小さなスマートフォンでいくらでも動画が見られるようになりました。これは電子回路を極限まで小さくできる技術によるものです。電子回路を極限まで小さくしたのが、インテグレーテッドサーキット（集積回路、略してIC）です。

集積回路はパソコンなどコンピュータはもちろんのこと、飲み物を冷やしたり、ご飯を炊いたり、自動車や電車を走らせたり、駅の改札でタッチしたり、バースデイカードでお祝いの曲を流したり、生活のあらゆるところに使われています。現代の私たちの生活は集積回路なしにはありえません。

では、集積回路とはどんなものなのでしょうか。

たとえるなら、焼肉も食べたい、シーフードと海老マヨも食べたい、チーズも味わいたい、あと、締めにはナンかピザのような炭水化物も食べたい、という人がいるとしましょう。焼肉屋とシーフードの店と中華料理店とチーズの店とピザの店、それぞれの有名店をハシゴしてまわっていたら、丸1日かかり、交通費もかなりの額になるかもしれません。

そこで、発想を変えて、ピザの上を四つの区画にして、それぞれに焼肉をのせる部分、シーフードをのせる部分、シーフードと海老マヨをのせる部分、チーズをのせる部分のクワトロ仕様にすれば、10分で食べられるようになりますね。

同じ発想で、シリコン（ケイ素）をベースにして、超ミクロの微細部分に区切って局所的に添加物を染み込ませ、**n**型と**p**型の接合をつくりこめばダイオードやトランジスタができます。

部分的にシリコンを酸化して二酸化ケイ素にすると絶縁層ができ、金属を蒸着（金属の試料を蒸発させて気化して堆積すること）して配線すれば、極小のスペースに巨大な電子回路をつくることができます。これが集積回路です。

こういった**シリコンからできる小さな部品が、火の利用と同じような大きな飛躍を人類にもたらしました。**この革命的な技術を発明したのは、二人のアメリカ人でした。

●世界初の集積回路でノーベル賞受賞

集積回路が発明される前は、プリント基板（『ケミストリー世界史』P520参照）といわれるプラスチックの樹脂に銅の配線を印刷するようにつくりこみ、そこに抵抗器やコンデンサー、トランジスタ（以前は真空管）などをハンダ付けして電子回路を組み立てていました。

アメリカのテキサス・インスツルメンツに転職してきたジャック・キルビーは、新入りだったので、夏休みをもらえずただ一人、実験室で実験をしていました。軍の要求で、ミサイルに載せる電子回路のコンパクト化をめざしていました。

スプートニクショックで、ソ連に対抗する軍事技術、とくに宇宙開発やミサイルなどの分野にアメリカ軍から研究資金がばら撒かれていたので、電子工学関連の企業は活気づいていました。

約10年前に発明されたトランジスタを、シリコンを材料にしてつくり、それをほかのコンデンサーなどとプリント基板に配線していくのは手間がかかる作業でした。もっと簡単につくれないかと考え抜いた末に、1958年7月24日、あるアイデアが浮かびました。

シリコンをベース材にして、そこに素子をつくりこんで一体化させるという世紀の発明になるアイデアです。キルビーは図のような世界最初の集積回路をつくり、特許をとりました。

これを見て、「小学生の工作のようだ！」と笑ってはいけませんよ。

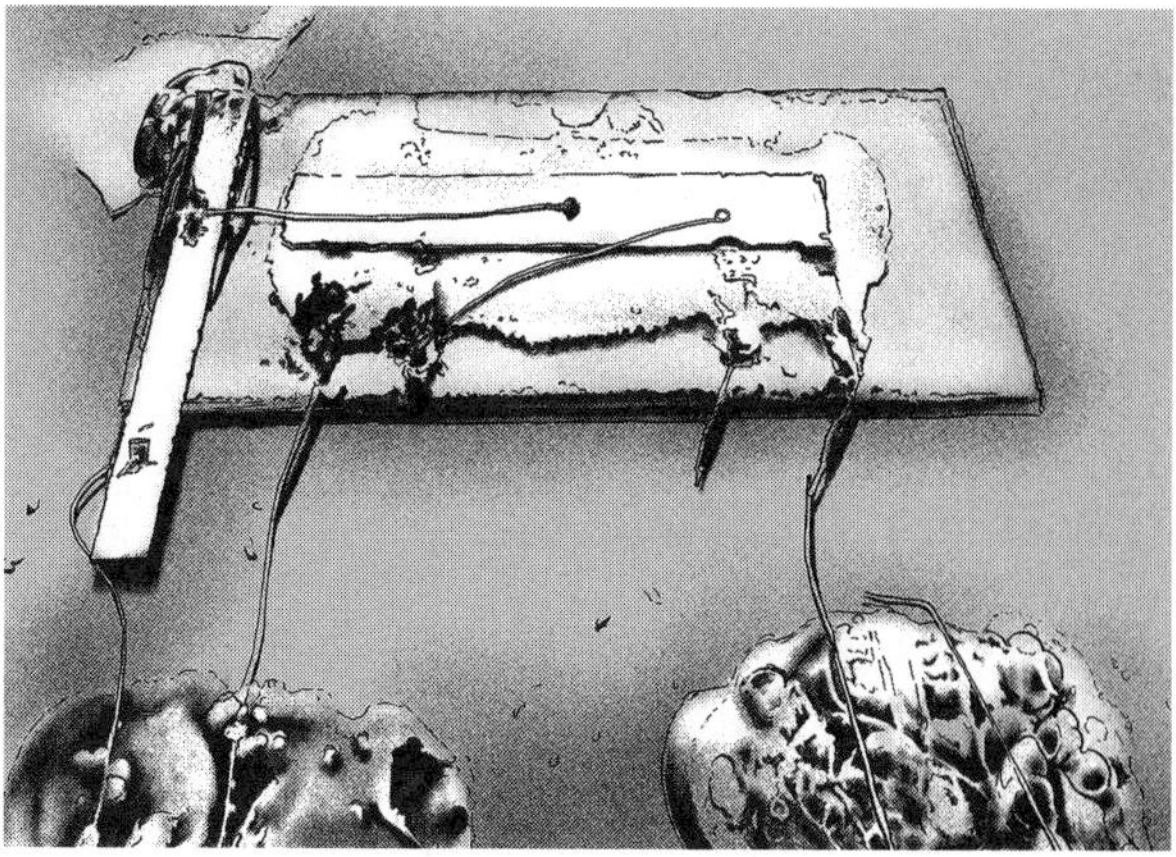

小さなガラクタのように見えますが、現代のITテクノロジーはこの発明から始まったのです。手づくり感の溢れる小さなモノですが、人類が歩みだした大きな一歩なのです。

キルビーは、この発明がもとで2000年のノーベル物理学賞を受賞します。ですが、この集積回路はまだ配線をワイヤーで行うなど、見た目はいまの集積回路とはほど遠いものでした。

現代の集積回路に通じる究極の集積回路、シリコンの基盤に配線も含めてすべての回路がつくりこまれているタイプのものは、もう一人の化学者ロバート・ノイスによって発明されます。

ノイスはもともとショックレー（P31参照）が創業した半導体の会社で研究していましたが、同僚と反乱を起こし、フェアチャイルドという新しい会社を起業していました。

ノイスは、キルビーの発明の欠点であるワイヤーでの配線をなくし、シリコンの表面を酸化して二酸化ケイ素の絶縁層にして（絶縁しないで金属の配線をシリコンに直接つけると、めちゃくちゃになります）、その上に金属の配線を表面に描き込んでいくという手法で〝全部載せ〟を発案します。

こうして、現代風のＩＣチップを誕生させました。このようなオールインワンのものを「モノリシックＩＣ」といい、ギリシャ語の「モノ」（「1」の意）と「リソス」（「石」の意。リチウムとかリソグラフィも同じ）が語源です。

しかし、キルビーとほぼ同時期に特許を申請したため、先取権をめぐり泥仕合となります。ノイスの発明のほうが現代のものですが、キルビーのほうが実際に先に現物をつくっていたのです。

●特許で支配するアメリカ

キルビーの特許は集積回路の原理にあたるものですから、1980〜90年代の日米貿易摩擦の時代（日本からの自動車や半導体などの輸出でアメリカの産業が大打撃を受けていた時代）、半導体メーカーの東芝や富士通などがテキサス・インスツルメンツから特許侵害だと訴えられ、泥沼の戦争になります。日本企業側は数千億円の権利料を払いました。

ノイスはのちに有名な集積回路の企業、現代でもコンピュータの頭脳部を独占している大企業の創業者となりました。その会社の名前はインテルです。テキサス・インスツルメンツ、インテルなど集積回路の会社が、サンフランシスコのシリコンバレーを大きく発展させていくのです。

シリコンバレーは、まず半導体などのハードにより爆発的に発展し、そのあとにマイクロソフトやアップルなどのパソコン関連、やがてアドビ、ツイッター、グーグルなどのソフトウェアやインターネットの情報産業がビッグバンのように急成長し、20世紀後半〜21世紀のＩＴ時代の中心地となります。

歴史のなかでそれぞれの時代の象徴として栄えたビザンチンやイスファハーン、フィレンツェ、ロンドンなどのように、20世紀後半からはシリコンバレーが世界を牽引する象徴として栄えるのです（続きはＰ148）。

1958年7月　フロート法の開発――平板ガラスの大量生産が可能になった

●板ガラスの製造の難しさ

世界を大きく変えた物質の一つがガラスです（『ケミストリー世界史』Ｐ61参照）。中国や日本ではガラスは知られながらもその利用は限られましたが、ヨーロッパではガラスをステンドグラスからヴェネツィアンガラス、ガレのキノコ風のランプと、その質感自体を芸術にまで昇華させました。

世界を変えたガラス製品の頂点は、顕微鏡と望遠鏡です。これらが科学のルネッサンスをヨーロッパに起こし、自然科学を発達させたのです。

ガラスは地味な素材ですが、摩天楼のような高層建築でガラス越しに都市の夜景が楽しめるのも、寒い日にやわらかい陽の光を浴びながらこの本を読むことができるのも、窓ガラスのおかげです。

板ガラスの製造は非常に手間がかかるものでした。宙吹《ちゅうぶ》きといって、長い鉄パイプの先に熱して柔らかくなったガラスをつけ、口で吹いて風船のように膨らませ、そのロール状のガラスを切断して平べったく伸ばしていたのです。

1851年のロンドン万国博覧会のクリスタルパレス（水晶宮）は、鉄骨とガラスでできた透明建築で人びとを驚嘆させました。このとき、30万枚ものガラス板が宙吹き法でつくられました。

20世紀初頭からは、溶かしたガラスを垂直に引き上げ、ローラーで伸ばして板ガラスを製造する方法が現れますが、均一な厚みができませんでした。

●現代の生活はフロート法のおかげ

イギリスのガラス製造業ピルキントンは、1950年代に新しい窓ガラスの連続大量生産の技術開発に7年の歳月と40億円をかけ、1958年7月、画期的なフロート法を開発しました。

技師のアラステア・ピルキントンが、皿洗いをしているときに水に浮かぶ油を見てひらめいたことが発明につながったのです。

フロート法では、溶かした金属スズの液体の上に1600℃で溶けたガラスを載せて、液体スズをゆっくりと流し、上のガラスを重力で均一な厚みに整えます。冷えて固まったガラスは引っ張られて連続した流れをつくり、裁断すると板ガラスになります。連続した流れなので、工場のラインは数百メートル～1キロメートルにもなります。

このフロート法により、さまざまな厚さの高品質の平板ガラスを大量生産できるようになり、ガラスで囲まれた生活を可能にしました。建物や自動車、液晶モニターなど、いろいろなガラス製品が身のまわりに利用されています(続きはP129)。

第3章 1960年代

東西冷戦は進化していきます。核兵器（水爆）の運搬手段がその象徴です。

1950年代では長距離爆撃機でしたが、1960年代にはロケットや**ICBM**になり、潜水艦から**ICBM**を発射する**原子力潜水艦**（戦略原潜）が登場します。互いに双方の大都市や工業地帯を確実に破壊できる水爆搭載のミサイルでにらみ合っています。

どんな時代？

核兵器を増やすことが戦争の抑止力につながるという正当化がなされて、地球上の全人類を何度も絶滅できるほどの、途方もない量の核兵器が生産されるようになります。

チャップリンの名画「独裁者」のなかで、理髪用の椅子に腰掛けたチョビ髭の独裁者と独裁者ナパロニが椅子の高さを競い合うシーンと同じです。

1961年には東西冷戦の象徴、ベルリンの壁が築かれました。ベルリンは170

1年からプロイセン王国の首都となり、ドイツの中心でした。第2次世界大戦後、東西ドイツの分裂で東ドイツの首都でしたが、半分は西ベルリンといわれて西ドイツ領、つまり西ドイツの孤立した飛び地でした。西ベルリンは地雷原と壁で完全に囲まれ、孤立します。

1962年には、キューバをめぐってアメリカとソ連が鋭く対立し、第3次世界大戦勃発の危機、一触即発の状態になります。東西冷戦の真っ只中で、アフリカ、中東、アジアなどで米ソの代理戦争が起こりました。その象徴がベトナム戦争です。

ソ連の共産主義が、アジアにドミノ倒しのように広がる（ドミノ理論）のを阻止するという大義名分で、親米政権の南ベトナムに大量のアメリカ軍を派遣して、反政府ゲリラとの泥沼の戦争になります。

アメリカとソ連が軍事開発競争を繰り広げるなか、人類は宇宙へと旅立ちます。ソ連の**ガガーリン**による初の有人宇宙飛行、やがてアメリカの宇宙飛行士が月へと到達します。**15世紀のコロンブスの大航海時代から技術を進化させ、新たなる大航海時代、宇宙時代がやってきます。**

アメリカの軍事、宇宙開発は、**集積回路**などの電子工学の発達をうながし、コンピュータも進化していきます。**アポロ計画**では、アメリカで生産された**集積回路**の60パーセントが使われました。

IBMは**アポロ計画**以上のお金をかけて、1964年、IBMシステム／360という初の汎用コンピュータを開発し、商用コンピュータとして一挙に普及します。

1960年 アフリカの年——資源をめぐる米ソの代理戦争

●アフリカの混乱の象徴、コンゴ

アフリカは、イギリス、フランス、ドイツ、ベルギーなどヨーロッパ列強諸国の植民地として、長いあいだ収奪されてきました。

地図を見ると、直線的な国境が多いことがわかります。これは1884年にドイツのビスマルク首相が呼びかけた「アフリカ分割に関するベルリン会議」で、ヨーロッパの帝国主義列強が、民族や歴史を無視して、都合のいいように国境を勝手に線引きして定めたためです。

「分割して支配せよ」というのは古代ローマ帝国の統治術で、フランス国王ルイ11

世の格言です。一つの民族を強制的に分断し、互いに対立させるのが支配の王道であるという意味です。今日に続くアフリカ諸国の内戦は、これが原因の一つです。

1960年はアフリカの年といわれ、ヨーロッパの植民地だった国々が次々と独立しましたが、独立したての国には混乱がつきもので、戦争と内乱が続くようになります。事実、めちゃくちゃな独裁者が多数誕生しました。ウガンダのアミン、ジンバブエのムガベ、中央アフリカのボカサなど、枚挙にいとまがありません。

こういった**独裁国家を支えたのは、資源の利権をねらう先進国の巨大企業のマネーであり、軍事的には国連の常任理事国であるアメリカ、ロシア、イギリス、フランスなどが生産する兵器です**。

アフリカの混乱の象徴が、アフリカ大陸の中央に位置するコンゴです。コンゴは19世紀にベルギーのレオポルド2世の私的な領土にされ（『ケミストリー世界史』P387参照）、ゴムやダイヤモンド、象牙、カカオなどが搾取されていました。地下資源の宝庫で、南部（カタンガ州）にはカッパーベルトといわれる銅山があり、さらにコバルトを産出する巨大な鉱山がありました。

銅は10円硬貨でおなじみの金属です。電気の伝導性がほかの金属より優れているので、電線や配線など電子機器に大量に使われます。亜鉛と混ぜた合金が黄銅（ブラス）で、ブラスバンド部のブラス、真鍮《しんちゅう》といわれる金属です。楽器やアクセサリー、模型の精密パーツなどに使われます。スズと混ぜた合金は青銅（ブロンズ）で、古くは青銅器時代にさかのぼる素材です。

コバルトは、コバルトブルーの名前があるように、青色の顔料として有名です。コバルトブルーの成分は、酸化アルミニウムと酸化コバルトの化合物です。

コバルトは現代文明にとって欠かせない元素で、現代ではリチウムイオン電池の材料としてスマートフォンやノートパソコン、電気自動車に不可欠の元素です。強力な磁石や耐熱性合金、切削用機械の硬い合金、化学工業の触媒などに使われます。ゴムタイヤをつくるときに、鉄のワイヤーとゴムを接着しますが、互いが表面ではじいて接着しません。ですが、コバルト石鹸《せっけん》という物質を混ぜておくと強く結合します。

●見えない元素が大きく社会を動かす

さて、鉱物資源の豊富なコンゴを牛耳っていたのが、ベルギーとイギリスの金融資本がつくったユニオン・ミニエールです。鉱山だけではなく、工場や鉄道、警備兵までも所有して〝帝国〟を築いていました。

コンゴは天然のウラン鉱石も豊富で、広島と長崎に凄惨な被害をもたらした「リトルボーイ」と「ファットマン」のウランの原料（「ファットマン」のプルトニウムもウランから製造しています）にもコンゴ産の鉱石が多く使われました。

1960年6月30日、ベルギーからコンゴが独立して、初代首相にパトリス・ルムンバが就任しました。しかし、鉱物資源の豊かな南部のカタンガ州をなんとしても手放したくないユニオン・ミニエールは、同州の分離・独立を画策します。

そして、カタンガの政治家モイーズ・チョンベがベルギー軍の後ろ盾を得て、カタンガ国の独立を宣言し、大統領に就任しました。

さらに、コンゴ全土で、ベルギー人に対する現地黒人兵の反乱などが続いたことから、1960年7月、ベルギーは軍を送って介入し、コンゴ動乱が勃発しました。

こうしたなか、コンゴに国連軍が派遣されますが、ルムンバ政権への支援が積極的でなかったため、ルムンバ首相はソ連に援助を求め、ソ連は兵器と軍事顧問団を派遣しました。政府軍と、ベルギー軍や反政府勢力とのあいだで戦闘が繰り広げられ、凄惨な虐殺事件も発生しました。

ルムンバ首相は、親米派のジョセフ・カサブブ大統領と対立し、同年9月にルムンバの側近で軍の参謀総長だったモブツ・セセ・セコが、アメリカの支援を受けてクーデターを起こします。

モブツはルムンバを逮捕し、カタンガ国のチョンベ大統領に引き渡しました。CIAに支援されたベルギー軍関係者の介入により、ルムンバは処刑されます。この混乱をおさめるため、国連の事務総長ダグ・ハマーショルドが飛行機で現地に乗り込もうとしましたが、着陸直前に謎の墜落事故で亡くなりました。

その後、国連とアメリカが積極的にコンゴに介入し、国連の平和維持軍の投入により、ついにカタンガ国は壊滅しました。

一方、旧ルムンバ派や、社会主義者らが集結したシンバ（スワヒリ語で「ライオン」の意）という反乱軍勢力が台頭してきたため、アメリカはCIAを使って白人傭兵部隊を投入します。傭兵部隊は、シンバの支配地域を奪回すると略奪や性的暴行を働き、多数の戦争犯罪に手を染めました。

この混乱のあと、1965年、二度目のクーデターにより、モブツは軍事独裁政権を誕生させます。コンゴのユニオン・ミニエールは国有化され、コンゴはザイールと名前を変えました。

コンゴ動乱は米ソの冷戦のさなか、まさに代理戦争の様相を呈していました。それは資源が絡んでいたからです。とくに、ウランは、米ソ冷戦の主力兵器である核兵器の大量生産に欠かせない元素でした。**見えない元素が大きく社会を動かして操っているのです**（続きはＰ210）。

1960年5月1日 Ｕ‐２撃墜事件――高高度での米ソの対決

●東西冷戦下での決死の写真偵察

1960年、当時のテクノロジーの集大成ともいうべき、アメリカの高高度偵察機ロッキードＵ‐２がソ連領内で撃墜され、雪解けムードであった米ソの冷戦がふたたび緊張状態に発展する事態になりました。

前著『ケミストリー世界史』で写真技術の発達を描きましたが、高解像度の写真を求めて人類が写真技術の改良を続けてきたのは、結婚式や七五三の写真をきれい

に撮るためではありません。航空機からの精密な偵察に必要だったからです。そのためには高性能なカメラ（レンズ）とフィルムが必要だったのです。

「鉄のカーテンで閉ざされている」とチャーチル首相に言わせたソ連と東ヨーロッパ諸国の内情を知るべく、アメリカはカメラをつけた気球を遠くソ連領内に飛ばして撮影していました。

そのため、高高度から写真を撮るスパイ偵察機の開発が、１９５３年から始まっていました。ロッキード（現在のロッキード・マーチン）の極秘の製作工房〝スカンクワークス〟といわれる部門で設計されたのが**U-2**です。

Uは「汎用」を意味する「Utility」の頭文字で、表向きは気象観測機を装っていましたが、CIAが運用する究極のスパイ機でした。高度2万メートルの成層圏といわれる高度を亜音速（時速800キロメートルくらい）で飛び、連続して写真を撮影する偵察機です。

この高度になると空気が薄く、気温もマイナス60℃くらいになるので特殊な機体、燃料が必要になります。機体は、軽量化を徹底的に追求して華奢《きやしや》なアルミニウム合金製となり、空気が薄いので揚力を稼ぐために巨大な面積の長い翼を持っていました。また、太陽光がキラキラと反射しないよう黒く塗装されました。

ほぼ宇宙空間ともいえるような高空で使われるため、使われる部品も特殊なものになります。たとえば、機体のあちこちに使われるゴム製の密閉材も、高高度ではオゾン濃度が高く、その強い酸化力によってダメージを受けます。

ですから、石油からつくる合成ゴムではなく、ケイ素と酸素の化合物であるシリコーンゴムという耐寒性、耐久性に優れた特殊なゴムを用いました。

燃料も、マイナス60℃という低い温度でも不純物が析出しないようなジェット燃料（精製された灯油）を使い、貯蔵中に空気によって酸化されて変化しないよう、酸化を防止する添加剤（デュポン製）が加えられていました。

高高度では、燃料タンクからの配管で燃料が凍結したり、不純物が析出して装置を詰まらせたりするおそれがあるため、燃料自体の性能が非常に重要になるのです。

この極秘スパイ機U-2の極秘テストや訓練が行われたのが、ネバダ州の砂漠地帯グルームレイクの飛行場です。ここは今日、「エリア51」と呼ばれ、世界中のUFO（未確認飛行物体）愛好家の聖地になっています。

UFO騒動の一つは、初期のU-2が、無塗装の銀色一色で太陽光を反射して飛行しているのをUFOと見まちがえたことが真相のようです。なにせ極秘の機体ですから、空軍も関係者も、「それはUFOじゃなくて、最高機密のCIAのU-2だ」などと新聞やテレビで反論できません。

1956年から、このU-2スパイ偵察機を使って、東ヨーロッパやソ連領空、中国などの偵察が始まりました。

●地対空ミサイルの脅威

1960年5月1日の早朝、パキスタンのペシャワル基地で、ベテランパイロットのフランシス・ゲーリー・パワーズは、宇宙服のような飛行服を身につけて、U-2の360号機に乗り込みました。パワーズの偵察目的は、配備されはじめていたソ連の新型爆撃機や大陸間弾道ミサイルの生産工場、実験施設などの写真撮影です。

この機体は1年前、厚木基地に所属していましたが、燃料切れからイベント中の藤沢の民間グライダー飛行場に不時着し、謎のジェット機騒動を日本に巻き起こした機体でした。

謎のアメリカの飛行機の度重なる領空侵犯に、ソ連のフルシチョフ書記長は激怒し、この日も早朝にレーダーでU-2を捕捉したという報告が入ると、全力で撃墜するよう国防相に檄を飛ばします。

ソ連の大きな祝祭日であるメーデーの日に侵入してくること自体が挑発行為でした。ソ連国民の知らない水面下で、空軍基地や防空施設は緊急発進などで蜂の巣をつついたような状態になりました。

U-2に対して、最大高度2万7000メートルまで迎撃できる地対空ミサイルSA-2「ガイドライン」（ソ連名はS-75）が4発（14発という説もあります）も発射されました。ベトナム戦争でも猛威をふるったミサイルで、ドイツ軍が第2次世界大戦末

ミサイルの液体推進剤の典型例

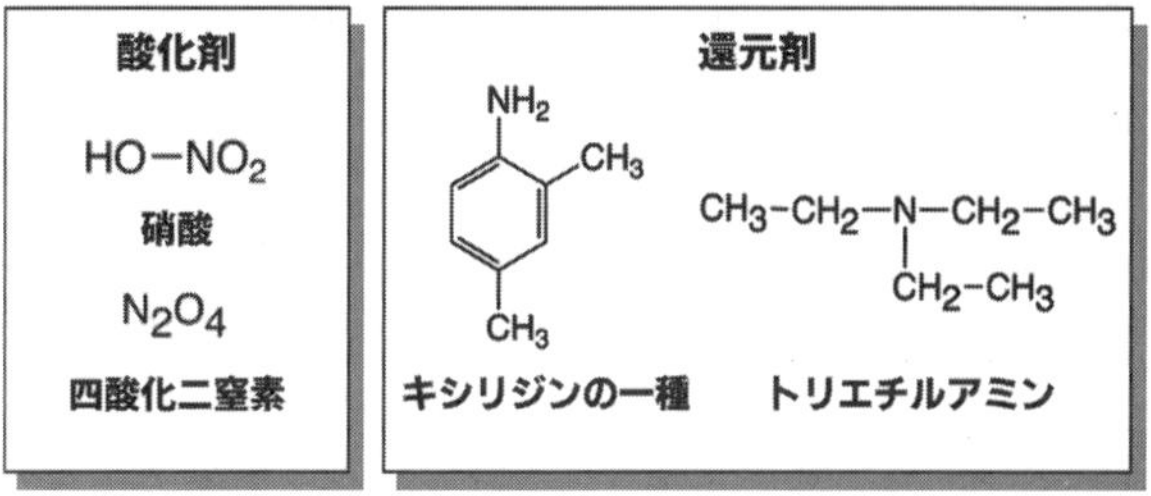

期に開発したヴァッサーファル（ドイツ語で「滝」の意）地対空ミサイルを発展させた兵器です。

ガイドラインの1段目のロケットは固体推進剤、2段目のロケットはかつてのドイツ軍が実用化した液体の推進剤を使っていました。酸化剤は赤煙硝酸（硝酸HNO_3に四酸化二窒素N_2O_4を溶かしたもの）、還元剤はトンカ250（トンカはトンカ豆に由来しますというニックネームの物質で、自動車メーカーで有名なBMWが開発したものです。これはキシリジンとトリエチルアミンという物質の混合物でした。これら酸化剤と還元剤は、互いにふれるだけで自己着火し、ロケットエンジンを簡略化することができます。このような燃料を「自己着火性推進剤」といいます（P174参照）。

地上からのレーダーに誘導されたミサイルは、U‐2の近くで爆発し、パワーズの機体は垂直尾翼が吹き飛ばされて主翼も折れ、コントロール不能になりました。彼は九死に一生を得てパラシュートで脱出しましたが、KGB（ソ連国家保安委員会）に拘束されます。

パワーズは、裁判で禁錮10年を言い渡されます。ですが、当時、アメリカが拘束していたソ連の大物スパイとの交換のため、撃墜から1年9カ月後に釈放され、東西ベルリンを結ぶ橋でスパイと交換されました。

この物語は「ブリッジ・オブ・スパイ」という映画にもなり、冷戦下の東ドイツと西ドイツの緊張感がひしひしと伝わってきます。

この事件以降、U-2よりさらに高高度を音速の3倍以上で飛行する究極のスパイ偵察機ロッキードSR-71の開発と、人工衛星から撮影可能なスパイ衛星の開発という二つの方向に進んでいきます（続きはP155）。

1960年5月11日　ピル（経口避妊薬）の登場——女性の社会参加を推進

●避妊や中絶は国家の敵

古来、子宝を授かるための熱烈な信仰がありましたが、一方で望まない妊娠を防ぐための民間療法も伝承されました。封建領主などの横暴から身を守るための闘いが、女性たちによって続けられたのです。

南北アメリカの奴隷の人びとは黄胡蝶《おうごちょう》の種子を、日本では鬼灯《ほおずき》を中絶薬として利用していました。黄胡蝶の持つ中絶の効果はヨーロッパにも知られていきますが、近代の富国強兵、多産を奨励する国策とは相いれず、その知識も抹殺されました。避妊や中絶は国家の敵だったのです。いまなおカトリックでは中絶も禁止されています。

アメリカの女性社会活動家マーガレット・サンガーは、1910年代から女性解放、貧困の防止から避妊を説いて産児制限運動を始めた人です。当時は避妊具や避妊の啓蒙は重罪で、猥褻《わいせつ》な運動だとたびたび逮捕されました。

1960年、サンガーが望んでいた女性解放の革命を起こす分子が、ついに登場します。それがピル（経口避妊薬）です。封建的な男性優位社会を破壊し、女性の社会参加を推進する分子が現れたのです。

●小さな変化が大きな変化を引き起こす

私たちの**体内で、分子レベルでの会話を担うのがホルモンの分子です**。ギリシャ語の「ホルマオ」（「呼びさます」という意）が語源です。ちなみに、焼肉屋さんのホルモンは「放るもん」（諸説あり）で、意味がぜんぜん違います。

ホルモンの分子は、微量が体内で合成されて血液や体液中に放出され、さまざまな

ステロイド類

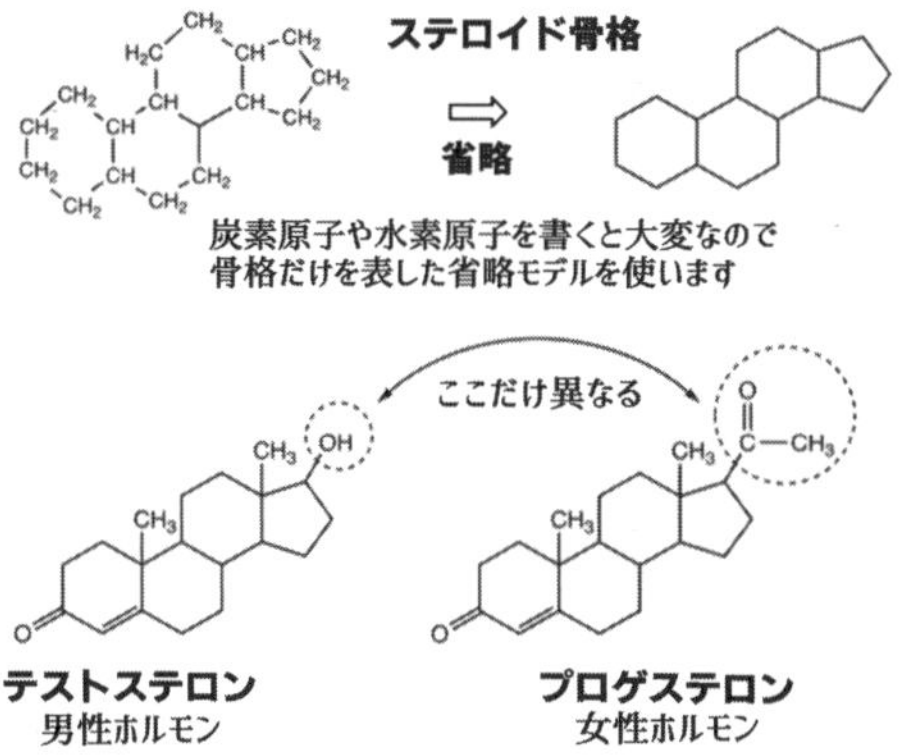

生体反応の引き金になります。アミノ酸がつながったペプチドの分子や、アドレナリンなどの小さい分子、複雑な構造のステロイド類の分子などがあります。

ホルモンは100万分の1グラムくらいの微量で劇的に効果が発現するので、生体内では微量しか存在しません。ですから分離して発見することが難しく、20世紀になってやっと研究が開花した分野です。

たとえば、男性ホルモンの一種であるテストステロンをたった5ミリグラム（耳かき1杯分くらい）単離するために、原料として雄牛の睾丸《こうがん》（ラテン語で「テスティス」）が1トンも必要だったのです。

1930年代に、人の体の代謝や恒常

性、性の分化などをつかさどるホルモンが盛んに研究されはじめ、ステロイド類という分子が脚光を浴びました。この背景には、ロックフェラー財団など社会の支配層が、治安のよい社会をつくるため、性格や衝動を生体内の分子で解明しようという意図がありました。

健康診断などでおなじみのコレステロールがステロイド類の一種で、食品の脂肪などから合成されます。ステロイド類とは、ステロイド骨格といわれる共通の炭素原子のフレームを持ち、それが修飾された分子のグループです。

コレステロールは、ギリシャ語の「コレ」(「胆汁」の意)と「ステレオス」(「固体」の意)が語源で、胆石から発見されたのが由来です。ステレオタイプ(固定観念)やステレオスピーカー(立体音響装置)も、この「ステレオス」が語源です。

性に関するホルモンの多くはステロイド類です。男性と女性に分化させるのは性ホルモンです。男性ホルモンのテストステロンと女性ホルモンのプロゲステロンでは、原子が数個分違うだけです。

小さな変化が大きな変化を引き起こすというケミストリーの世界観を、具現化したような分子なのです。

●経口避妊薬がついに誕生

女性ホルモンのプロゲステロンの分子が体内に一定量以上存在すると、「妊娠している」というシグナルを発します。この間、卵子が子宮に排卵されないので妊娠できなくなります。

このプロゲステロンを経口で体内に摂取できれば避妊薬となり、月経も止まります。摂取をやめれば、妊娠できる状態にもどります。つまり、避妊薬に応用できるのです。ステロイド類の医薬品のネックは、分子の構造が立体的に複雑で大量生産できないことです。

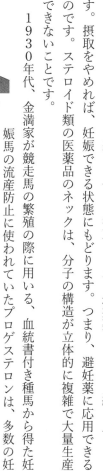

１９３０年代、金満家が競走馬の繁殖の際に用いる、血統書付き種馬から得た妊娠馬の流産防止に使われていたプロゲステロンは、多数の妊娠馬の尿から回収してつくられ、１グラムが１０００ドル以上、車が２台も買える値段でした。

ラッセル・マーカー

ブレイクスルーをもたらしたのは、ペンシルヴェニア州立大学の風変わりな化学者ラッセル・マーカーです。権威や常識にとらわれない非凡な研究者でした。

彼はプロゲステロンの安価な合成法を開発します。植物がつくるサポゲニンという、糖とステロイド類が連結した分子を分解することでステロイド類を大量に得る手法と、それをもとにプロゲステロンを合成する方法を発明しました。

原料のサポゲニンを豊富に含むヤム芋を求めて、メキシコの奥地まで一人で放浪し、ついに発見します。大学を辞めてメキシコに移住し、ヤム芋からプロゲステロンを製造する企業、シンテックスを１９４４年に起業しました。

「自分の発明は万人のためのものだ」という信念を持つマーカーは、特許で儲けようとする共同経営者とたびたび衝突します。そして、シンテックスと袂《たもと》を分かち、化学研究にも広がる拝金主義に嫌気がさして隠遁生活に入ります。

マーカーが去ったあと、シンテックスで研究員をしていたカール・ジェラッシは、プロゲステロンの構造を改良し、同じ作用を持ちながら肝臓で分解されにくく、経口投与が可能な分子、ノルエチンドロン（ノルエチステロン）を１９５１年に発明します。また、製薬企業サールのフランク・コルトンは、体内でノルエチンドロンに変化するノルエチノドレルを開発しました。

女性ホルモン と 避妊薬

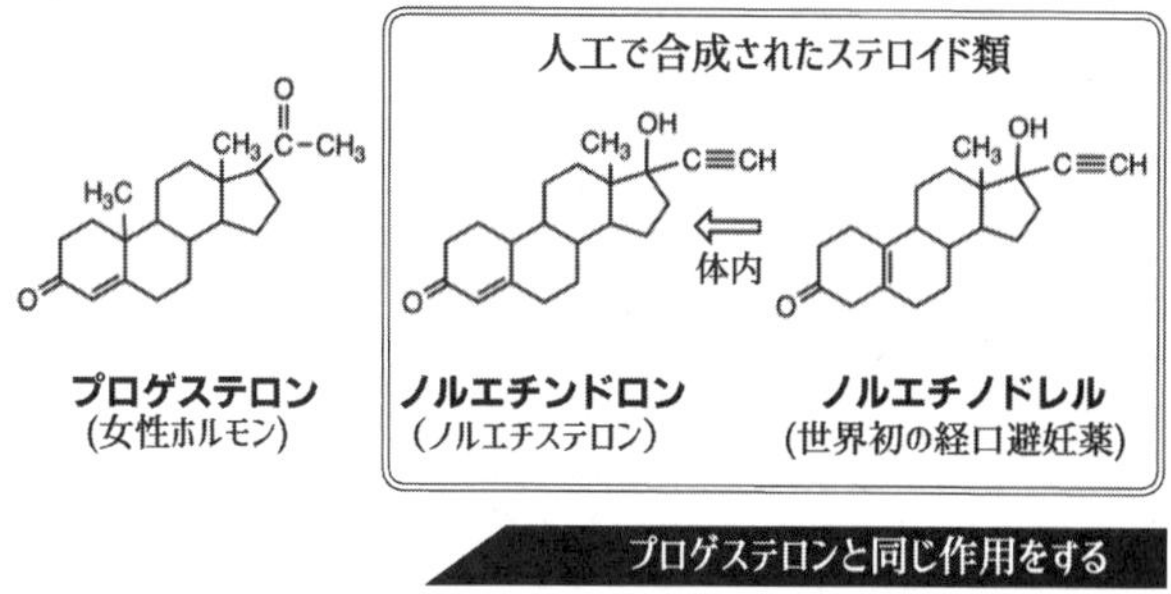

以前からサンガーと知り合って経口避妊薬の開発をうながされていた不妊治療専門のグレゴリー・ピンカス博士は、ノルエチノドレル薬を動物実験し、プエルトリコで臨床試験を行い、経口避妊薬になることが実証されました。

副作用で異常出血があることが懸念されましたが、ノルエチノドレルと一緒に微量のエストロゲン(女性ホルモン)を加えると副作用の異常出血がなくなることが発見され、これらを成分として経口避妊薬が実用化されました。

●避妊に使えるという噂はすぐに広がった

サールはこれらの成分を「エノヴィド」という商標で月経不順の治療薬としてFDAに申請し、1957年に認可されました。アメリカでは避妊薬を禁止している州が多いので、薬効に避妊薬とは書けませんでしたが、避妊薬として使える噂はすぐに広まります。

1960年5月11日、「エノヴィド」は避妊薬として追加承認されました。女性が避妊薬で妊娠をコントロールできるようになり、長いあいだおかれていた出産する装置のような扱い、封建的な隷属関係が破壊されて、女性の社会進出が加速します。

医師や弁護士、研究者、ジェット戦闘機や宇宙船の操縦士、政治家、首相、オリンピックのメダリストなど、あらゆる分野に女性が進出していき、社会が変わっていきます。その原動力は、なによりも女性解放運動家の人たちの大きな志と運動であり、化学者が生み出した小さな分子だったのです（続きはP177）。

1960年8月6日 レーザーが実用化——光エレクトロニクスの新しい分野を拓く

●レーザー実用化の前夜

現代の生活を陰で支えているものの一つがレーザー光線です。レーザーは、興奮した電子が放つ光です。ロックコンサートの演出では電子が興奮して光を放ち、その光で人びとも興奮します。

スーパーマーケットのレジでバーコードにかざしたり、CDやDVDを読み込んだり、手術で腫瘍を焼いたり、脱毛したりする際にも使われます。

レーザーの原理は、アインシュタインが20世紀のはじめに解明していましたが、実現するまでに半世紀が必要でした。その間、SF小説や映画などで強烈なエネルギーの光線を宇宙人が使って人間を蒸発させたり、UFOを撃墜したりして人びとの妄想をかき立てました。

アメリカのチャールズ・タウンズ博士は、ベル研究所でレーダーに使うマイクロ波（波長が数センチメートルの電磁波でレーダーや電子レンジに使います）の研究を行い、その後、コロンビア大学でマイクロ波を用いた化学分析を研究していました。

アンモニアのガスにエネルギーを与えて分子をいっせいに興奮させ、興奮した分子から決まった波長のマイクロ波を発生させることに成功し、「メーザー」と名付けます。映画「ゴジラ」に出てくるメーサー砲はここからきています。

タウンズ博士はマイクロ波だけでなく、波長を変えて赤色などの可視光線を放出させる方向性を理論的に示し、1964年のノーベル物理学賞を受賞しました。

１９５９年には、大学生ゴードン・グールドが装置を考案し、「放射の誘導放出による光増幅」の頭文字から「LASER（レーザー）」と名付けます。

アメリカの大富豪ハワード・ヒューズ（映画「アビエイター」でレオナルド・ディカプリオが演じている主人公）が経営するヒューズ研究所で軍事研究をしていたセオドア・メイマンは、ルビーの結晶を使ってレーザー光線をつくりだすことに成功し、１９６０年８月６日、科学雑誌「ネイチャー」に発表しました。

ルビーの結晶中のクロムイオンCr^{3+}にフラッシュの光を当てて、興奮させてつくりだしたピンク色のレーザー光線でした。

●半導体レーザーが一気に普及

原子に光を当ててエネルギーを加えつづけ、たくさんの原子を興奮状態（励起状態）にします。興奮した原子がもとの状態にもどるときに、決まった波長の光（電磁波）を放出します。

この光が、周囲にある同じ興奮状態の原子に当たって刺激すると、その原子も同じ波長の光を出してもとの状態にもどります。これを連続して行わせれば、波長が

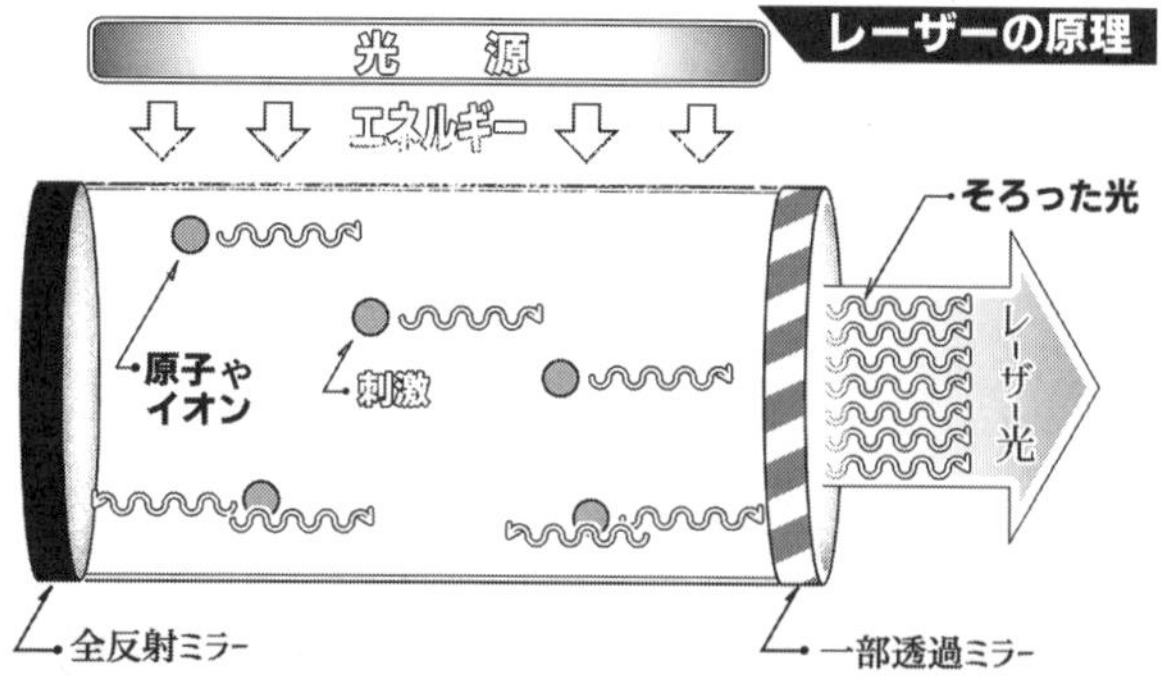

興奮した原子などの粒子が、決まった波長の光を放出する。
この光で周囲の興奮した原子も刺激されて、同じ光を放出し、
鏡の間を往復してそろった光となって、強いビームになる。

定まった光をどんどん放出できます。

たとえると、怪しい商品の実演販売で、興奮した聴衆に〝サクラ〟の人が、「おれは買う！」と言って1万円を払うと、まわりの人もいっせいに1万円を出してお札が乱舞する感じです。

さらに、装置の両サイドに光の波長の半分の整数倍の距離で離したミラーを向かい合わせにつけて、片方は完全に反射する鏡、もう片方は透過率が数パーセントだけの鏡（サングラスみたいなガラス）にすると、光はこの鏡のあいだを往復するあいだに整えられて増幅されます。

すべての光の波の山と谷がそろった状態になることを、専門的には「位相がそろう」

といい、位相をそろえる装置のことを共振器といいます。

ヴァイオリンやギターでは、穴が開いた胴の空洞部分で弦から伝わる空気の振動がより増幅されます。音波では、この増幅、共振のことを「共鳴」といい、共鳴器が胴です。

レーザーでは、共振器で増幅された光のビームがミラーを透過して外に出ていき、レーザー光線となるのです。この共振器がないものが発光ダイオード（LED）に相当し、**半導体レーザーとLEDは兄弟のような関係です**。

話が長くなりましたが、レーザーはたとえると、たくさんの子供が興奮して暴れまわっている保育園で、先生がオルガンのリズムを与えつづけて子供たちを整え、真っすぐに一列にして行進させるような感じです。

レーザーは非常に細い光のビームを一点に集中させることができるので、最初に外科手術に応用されました。1961年には、網膜の腫瘍の手術に使われました。

その後、二酸化炭素を用いたガスレーザーという強力なものや、イットリウム、アルミニウム、ガーネットの結晶の頭文字をとったYAGレーザー、そして半導体レーザーが実用化されます。最近のテレビ番組にたくさん出ているのは赤色の〝カ

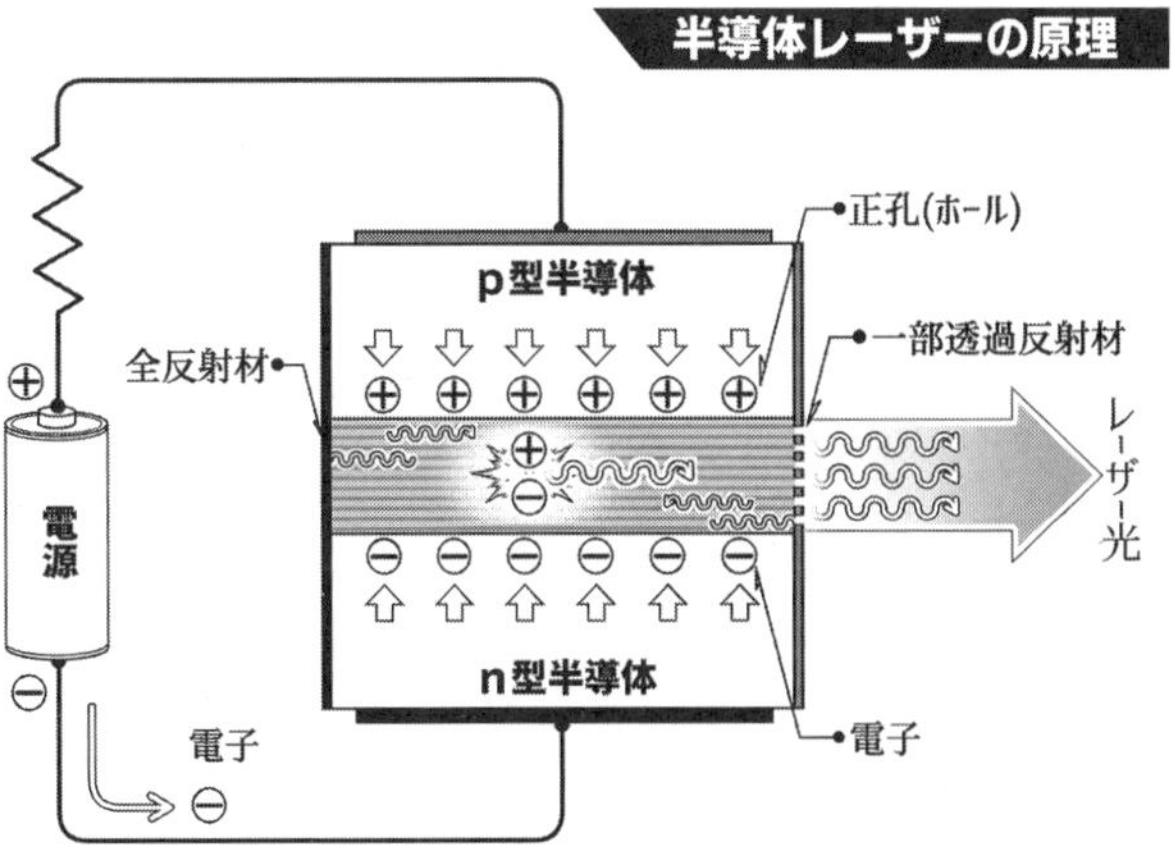

ズレーザー〃さんです(笑)。

半導体レーザーはn型とp型の半導体を使いますが、ケイ素ではなく化合物の半導体を使います。材質によって発生する光の波長が変わります。

1962年に発明された最初の半導体レーザーは、ガリウムヒ素GaAsの半導体を利用していました。2種類の化合物の半導体と共振器の役割をする層からなるシンプルな構造で、n型のなかを流れる電子とp型のなかを流れる正孔がぶつかったときに発生する光を増幅させます。

低温でしか発光できませんでしたが、構造に工夫をして常温でも発光できるようになると、小型化、低コストの大量生産が可能になり、半導体レーザーが一気に普及します。

●世界を大きく変えたレーザー

1970年代、レーザーは世界を大きく変えていきます。レーザー誘導の**スマート爆弾**（スマートは「賢い」の意）で、ピンポイントの目標を破壊できるようになりました（P216参照）。

1974年には、商業に革命がもたらされます。レーザーの銃を当てて怪獣や宇宙人を倒すのではなく、バーコードを読み取るのです。商品管理も含めて、レジが誰でもできるようになりました。わが家の子供たちはセルフレジでいつもやりたがって、バーコードリーダーをとりあい、必ずケンカになります。

レーザーによって光エレクトロニクスという新しい分野が切り開かれました。光ファイバーによる大規模な通信、CDやDVDのような記録技術や医療技術も大きく発展していきます。**20世紀は電子の時代でしたが、21世紀は光の時代になるでしょう。**

1978年にはレーザーディスクが、翌年にはCDが現れました。CDが音楽74分の記録時間の容量になったのは、クラシック界の帝王、指揮者ヘルベルト・フォン・カラヤンが、「ベートーヴェンの『交響曲９番』（いわゆる第九）が収録できるように」と言ったことがきっかけでした。

ＣＤやレーザーディスク、ＤＶＤの発明により、ビデオデッキでＶＨＳテープのポリエステルのフィルムテープがぐちゃぐちゃに絡んで映画が見られなくなった時代が終わりを告げます（笑）。

１９８０年代、広くレーザーが生活に普及していく一方で、このレーザーを使ったとてつもないものが計画されます。それはアメリカ・ハリウッドの元俳優出身の大統領が発表した「ＳＤＩ（戦略防衛構想）」というものです。大統領はこの計画の演説を、当時、大ヒットした有名な映画の台詞を使って締めくくりました。

「フォースと共にあらんことを」（続きはＰ193）。

1960年11月　ミサイル搭載原潜を実戦配備――人類史上最強の兵器

●原子炉と潜水艦は最高のマッチング

原子炉が実用化すると、動力用としても注目されます（これを動力炉といいます）。発生した熱で水を沸かし、水蒸気にしてタービン（風車のような羽根）をまわします。原子力船が研究され、原子力空母などが登場し、原子力の航空機も検討されました。

原子炉と潜水艦は最高のマッチングです。原子炉は空気がいらないので潜りつづけ、海水を沸騰させて水をつくり、原子炉で発電した電気で水を電気分解すると乗員用の酸素もつくれます。


潜水艦の高い隠密行動性と、射程が長くて超絶な破壊力の核弾頭を装着した弾道ミサイルの組み合わせは、人類史上最強の兵器といってもいいでしょう。


潜水艦は、南北戦争ではじめて戦果をあげました。1864年2月、南軍が手動でクランクをまわす人力の「ハンリー」という潜水艦で北軍の軍艦を攻撃し、樽に火薬をつめた水雷を運んで起爆して撃沈しました。ハンリーも沈没し、8人のクルーは全滅しました。

その後、潜水艦はフランスで進化し、その技術を導入して発展させたドイツの潜水艦「Uボート」が、二つの世界大戦では猛威をふるいました。

第2次世界大戦末期、「Uボート」でミサイル収容コンテナを曳航《えいこう》して、イギリスやアメリカの沿岸でこの容器から弾道ミサイル「V2号」を発射する計画が進んでいました。戦後、アメリカとソ連がこの計画に飛びついて発展させ、ついに巨大な原潜で実現します。

１９５５年、ソ連が核弾頭付き弾道ミサイルを発射できる世界初の潜水艦を開発しましたが、通常動力の潜水艦なので、ある程度の浮上が必要でした。通常動力のディーゼルエンジンでは空気が必要なので、シュノーケルという吸排気装置を海中から海上へと伸ばして航行する必要があります（シュノーケルも、ドイツ軍がUボートで実用化した装置です）。

アメリカは、ドイツの「V1号」飛行爆弾（巡航ミサイルの始祖）を発展させた無人のジェット機のような核弾頭巡航ミサイル「レギュラス」と、それを積む潜水艦を建造していました。だが、これにはミサイルが1～4発くらいしか積めず、発射の際は浮上して作業をするため秘匿性がなく、切り札とはいえない代物でした。

たとえるなら、太平洋戦争で日本海軍が建造した、攻撃機を3機搭載し、アメリカ本土やパナマ運河攻撃用の大型潜水空母（伊４００型）を改良した程度のものでした。その後、動力に空気を必要としない原子炉を採用して長時間潜航し、そのまま弾道ミサイルを発射できる潜水艦へと急速に進化していきます。

●高性能な潜水艦を可能にした材料の化学

潜水艦から発射される弾道ミサイルはＳＬＢＭ（Submarine Launched Ballistic Missile）といわれます。アメリカはソ連に対抗して、より強力な弾道ミサイル原潜「ジョージ・ワシントン」を１９６０年11月に実戦配備しました。

船体を垂直に貫いたように据え付けられた多数のミサイル発射管から、圧搾空気の力でミサイルを発射し、海上に出た瞬間にロケットエンジンに着火して打ち上げます。海中から不意打ちができ、相手からの核攻撃があっても生存性が高いため、究極の切り札になるのです。

ミサイルは常時、発射できる即応性が求められ、固体の推進剤を用いたロケットが使われます。酸化剤は過塩素酸イオンClO_4^-、燃料はアンモニウムイオンNH_4^+とアルミニウムです。固体燃料のロケットやミサイルの発射で白い煙が立つのは、燃焼で生じる酸化アルミニウムの白い結晶です。

その後、アメリカとソ連の開発競争が続き、１９８０年代にアメリカは、オハイオ級という24基もの弾道ミサイルを発射できる巨大潜水艦を配備します。対するソ連

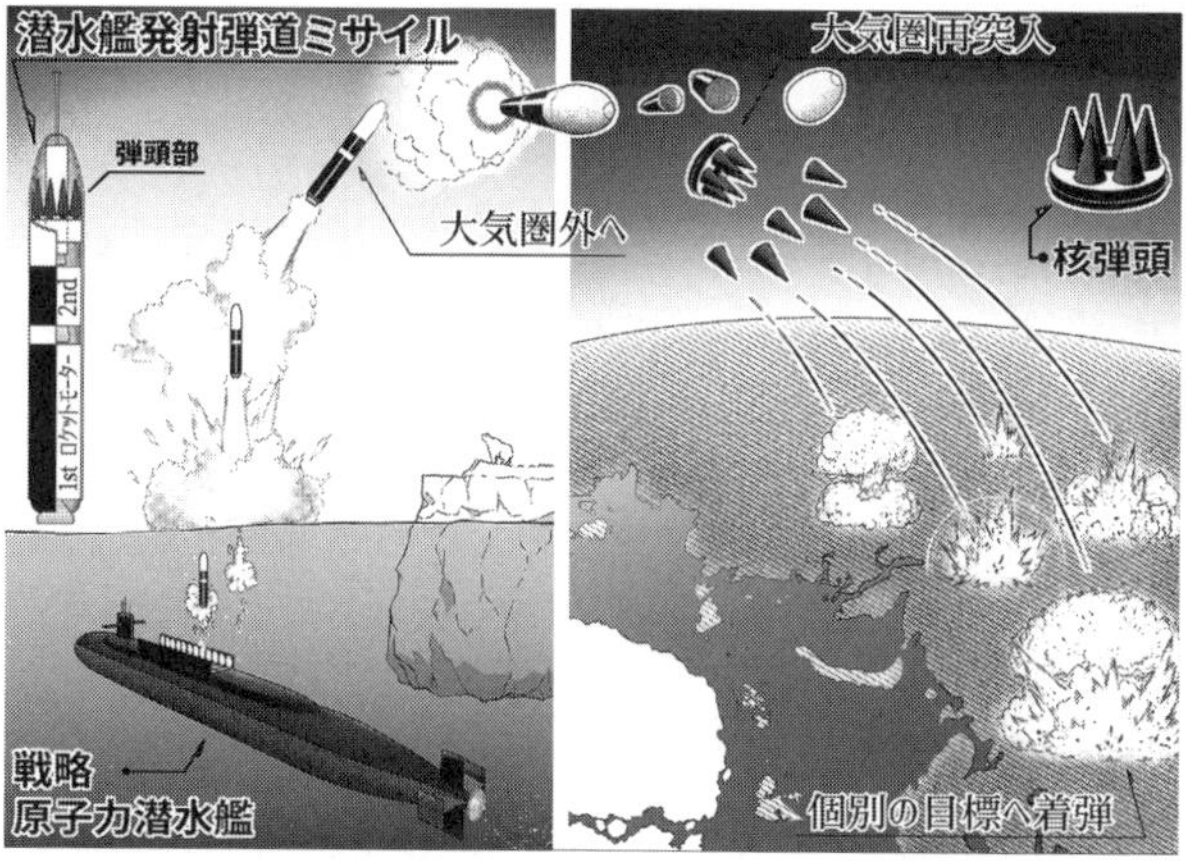

は、タイフーン級という弾道ミサイル20基を発射できる巨大潜水艦（自衛隊のイージス艦より大きい）を配備しました。

このソ連の潜水艦をモチーフにして、艦長の反乱を映画化したのが「レッド・オクトーバーを追え！」（トム・クランシーの小説『レッド・オクトーバーを追え』が原作）です。

それぞれの弾道ミサイル単体は射程1万キロメートル以上で、大気圏突入時に水爆の子弾頭が8～12基に分かれて別々の目標をねらえます。弾頭一つ当たり12基のMIRV《マーヴ》（多目標誘導突入体）弾頭で計算すると、オハイオ級の場合は24基×12＝288発の核弾頭を発射できます。

1発の威力はそれぞれ、広島に投下され

た原爆の30倍近くもあるので、潜水艦1隻で288カ所の都市を完全破壊できる、とてつもない兵器です。このような潜水艦を「戦略原潜」と呼び、敵の軍艦や潜水艦を攻撃する「攻撃型原潜」と区別しています。

安全保障上、仮想敵国の戦略原潜を、平時からいかに見つけて追跡しておくかが重要になります。攻撃型原潜でつねに尾行する必要があるのです。

これらの**高性能な潜水艦を可能にしたのが材料の化学です**。海水という腐食性の高い環境で活動するわけですから、鉄だと錆《さ》びついてしまいます。最高機密なので組成まではわかりませんが、耐腐食性が高く、強度の高い高価なチタンの合金などがふんだんに使われているといわれています。

チタンは耐腐食性が高く、海水でも錆びない金属がつくれます。また、潜水深度が大きいと巨大な水圧がかかるので、船体には高い強度が必要になります。

1961年4月12日 ガガーリン、初の宇宙旅行——「地球は青かった」

●人類初の宇宙旅行は108分間

1961年、ついに人類は宇宙へと旅立ちました。それまでは犬や猿をテストとして宇宙に送っていましたが、機は熟したとばかりに、1960年代はじめ、ソ連とアメリカが初の有人宇宙飛行の先陣を競いました。

アメリカでは軍人から7人の宇宙飛行士が選ばれますが、そのいきさつは映画「ライトスタッフ」に描かれています。ソ連では、ユーリー・ガガーリンという軍人らのグループが選抜されました。

先手をとったのはソ連です。1961年4月12日、コロリョフ（P113参照）が設計した「ボストーク1号」で、酸化剤の液体酸素と燃料（灯油）のものすごい化学エネルギーの上に乗って、ガガーリンは有名な言葉「パイエーハリ！（さあ行こう！）」と叫んでバイコヌール宇宙基地から宇宙へと旅立ちました。

一人乗りの小さな宇宙船「ボストーク」は地球周回軌道に到達し、打ち上げから108分間の人類初の宇宙旅行を体験します。大気圏突入の際、瀕死の危機を迎えながらも帰還し、フルシチョフ書記長に出迎えられました。

ガガーリンの「地球は青かった」という名言は世界に知られました。盛大に祝賀パレードが行われ、ソ連の国威発揚は頂点に達したのです。

ガガーリンによる初の有人宇宙飛行の成功を受けて、アメリカのケネディ大統領は1961年5月の議会で、「10年以内に人間を月に着陸させ、安全に地球に帰還させる」として、「簡単だからではなく困難だからだ」と有名な演説をしました。

●現代文明を支える巨人、チタン

宇宙空間では、ロケットに搭載される宇宙船は、真空、太陽からの放射線、激しい温度差など、過酷な環境にさらされます。また、激しい振動を受けるので、強度が要求されます。素材に要求されるレベルは、自動車などとは別次元のものです。

金属のチタンは、鋼より強く、軽量なので、宇宙用の魅力的な素材です。チタンの原料鉱石である酸化チタンTiO_2は、海岸の砂にも混じっているようなありふれた鉱石で、チタンは埋蔵量が大きい元素です。

しかし、鉱石から金属のチタンとして取り出す（精錬する）のに手間がかかること、金属チタンの加工や溶接に高度な技術が必要なことから敬遠されてきました。航空宇宙産業や軍事用など、コストに糸目をつけない分野で花を咲かせることになります。

ボーイングB777には約58トン、世界最大のエアバスA380には約77トンものチタンが使われています。ジェットエンジンの高温に耐える部品もチタン合金です。チタンは、ギリシャ神話のタイタン（巨人）から命名された元素ですが、まさに現代文明を支える巨人なのです。

また、スペインのビルバオにあるグッゲンハイム美術館（アメリカのグッゲンハイム美術館の分館）は、チタン合金でできた独特の外観で人気を集めています。

酸化チタンは白い絵の具や日焼け止めに使われますが、アポロ計画の「サターンV型」ロケットなどの白色塗料にも使われました。白色は太陽光線を反射して高い断熱性があります。

酸化チタンは、紫外線が当たると、電子を出して正孔を生じる半導体の性質があります。この正孔が汚れの有機物を酸化して分解するため、汚れ防止のコーティング剤などにも利用されています。

酸化チタンをコーティングすると、表面で水が広がって水滴にならないことから、曇り止めとしても利用されています。

ガガーリンの宇宙旅行から4カ月後、東西冷戦の象徴たる事件が起こります。

1961年8月13日、当時、東ドイツのなかに孤島のように存在した、かつてのドイツの首都ベルリン（西ドイツの西ベルリンと東ドイツの東ベルリンに分かれていました）の西ドイツに属する西ベルリンを取り囲むように、高い壁（ベルリンの壁）が突如つくられたのです。東ドイツから西ドイツへ逃げられないようにするためです。

これを機に、米ソ冷戦は激しくなっていきます（続きはP171）。

1961年8月10日 恐怖の枯葉作戦の開始——最も毒性の強い人工物、ダイオキシン

●ホー・チ・ミンの類まれな先見性

ベトナムは、長くフランスの植民地でした。ですが、第2次世界大戦でドイツ軍がフランスを占領し、傀儡《かいらい》政権ができると、漁夫の利を得ようと日本軍がフランス領インドシナ（ベトナム、ラオス、カンボジア）に進駐します。アメリカは激怒し、日米開戦は必至の流れとなりました。

大戦末期、日本の意向で阮朝《げんちょう》のベトナム帝国が復活します。でも、日本が降伏した直後、阮朝は倒され、1945年9月、ハノイでインドシナ共産党のホー・チ・

ミンを元首とするベトナム民主共和国の建国が宣言され、フランスとの戦争になります。

ベトナム軍が、決戦の地、ディエン・ビエン・フーでフランス植民地軍を倒し、1954年7月にジュネーブで停戦が話し合われました。その結果、ベトナムは北緯17度線で南北に分割し、1956年に南北統一の選挙を行うこととされました。

ホー・チ・ミンは、アメリカの介入で統一選挙は反古《ほご》にされ、必ず南北に分断されると予見していました。そのため、やがてつくられるであろう南ベトナムの親米傀儡政権の中枢に入り込むべく、たくさんの秘密党員を南に送り込みました。

さらに、北から南への食料、武器弾薬、物資の補給路であるホーチミン・ルート（総延長2万キロメートル）、周辺の野戦病院、それに沿った石油パイプラインを建設します。貧しい農業国だったベトナムが、巨大なアメリカを撃退したのは、このような先見性です。「彼《か》れを知り己《おの》れを知らば、百戦して殆《あや》うからず」という孫子の兵法を具体化したのがホー・チ・ミンです。

1955年、アメリカの支援を受けたゴ・ディン・ジェムが南ベトナムをベトナム共和国として独立させ、共産主義勢力や仏教徒を弾圧しました。それに対し、学生や農民、労働者は、南ベトナム解放民族戦線（アメリカは「ベトコン」の蔑称で呼びました）を結成して、反米、反政府のゲリラ戦を展開します。

アメリカは1965年から南ベトナムにアメリカ軍を派遣して軍事介入し、ゲリラとの全面戦争になります。ですが、南ベトナムの山岳、農村地帯で、アメリカ軍と地元の農民のゲリラとの戦闘だったので、圧倒的な航空戦力をもってしても点と線しか確保できずに泥沼化しました。

そこで、戦局を打開すべく、新兵器を投入します。

●枯葉剤がもたらした恐るべき被害の数々

生活基盤である農村の田畑や森林を除草剤で破壊する作戦は、すでに第2次世界大戦でアメリカ軍が日本の稲作地帯を壊滅させる目的で計画されていました。1950年には、イギリス軍がマレーシアで共産主義勢力を攻撃するのに実行していました。

当時、アメリカのメリーランド州フォートデトリック（生物兵器の開発研究センター）では、化学企業とともに除草剤のテストが行われていました。日中戦争の終戦時、

中国東北地方（満洲国）のハルビン郊外に展開していた日本軍の生物兵器の極秘研究部隊、７３１部隊が、このフォートデトリック（当時はキャンプデトリック）に膨大なデータとノウハウを提供するかわりに、司令官の石井四郎軍医中将以下の部隊関係者を戦争犯罪人にしないように裏で取引をしていました。７３１部隊では、中国人やロシア人の捕虜、民間人なども人体実験の犠牲となっています。

モンサントやダウケミカルなどは、除草剤として、２、４－ジクロロフェノキシ酢酸（2、4－D）、２、４、５－トリクロロフェノキシ酢酸（2、4、5－T）を生産します。アメリカ軍は「ランチハンド（牧場の草刈人）

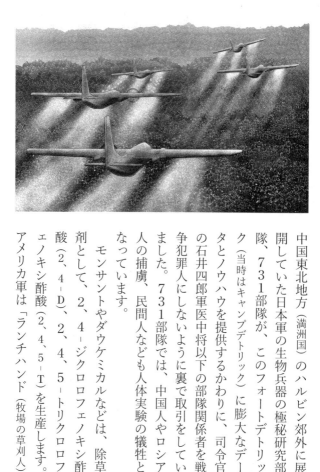

枯葉剤に含まれていた物質

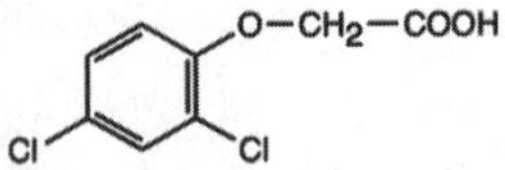

2,4–D（除草剤）

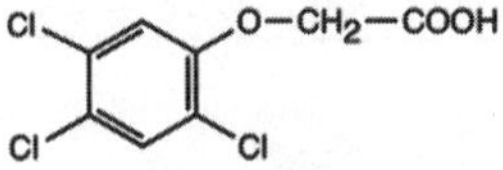

2,4,5–T（除草剤）

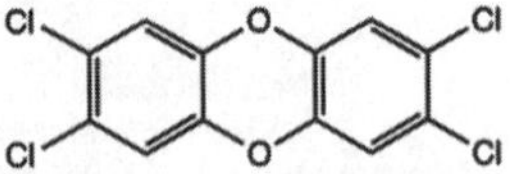

毒性の高いダイオキシン類の1つ TCDD

作戦」を1961年8月10日に開始し、10年間にわたって遂行して、これらの除草剤（枯葉剤）を航空機から南ベトナムの農村地帯に7000万リットル以上も散布したのです。これらの除草剤には、製造時の副産物として、ダイオキシン類のなかでも最も発がん性、催奇性がある分子、2、3、7、8－テトラクロロジベンゾ－1、4－ジオキシン（TCDD）が含まれていました。

枯葉剤が散布された地域では、出産時の胎児の先天性異常、肢体の不自由な胎児が10万人以上の規模で発生したといわれています（正確な数字は、戦争中の被害もあり追跡不能です）。

また、現地で地上の戦闘中に枯葉剤にさ

らされたアメリカ軍兵士たちが、終戦後に帰国したあと、がんなどの健康被害や胎児の先天性異常などが大問題となり、4万人以上の元兵士が訴訟を起こしています。

1962年9月27日『沈黙の春』の衝撃――環境保護の重要性を人類に訴える

●食物連鎖で濃縮が進み、自然を破壊する

いまでこそエコロジーや環境保護が盛んに叫ばれていますが、このような環境問題に世界が目を向けるきっかけになったのは一冊の本です。1962年9月27日、アメリカの生物学者レイチェル・カーソンが執筆した雑誌「ニューヨーカー」の連載記事を単行本にした『沈黙の春』が出版され、世界に衝撃を与えました。

レイチェル・カーソン

人類にとって福音ともいうべき強力な殺虫剤、ガイギーのDDT（ジクロロジフェニルトリクロロエタン。『ケミストリー世界史』P547参照）をはじめ、BHC（ベンゼンヘキサクロリド）などが、小さい生物からそれを捕食する大きな生物へと「食物連鎖」するなかで蓄積されていく過程（生物濃縮）と、その結果、とて

DDTの分子

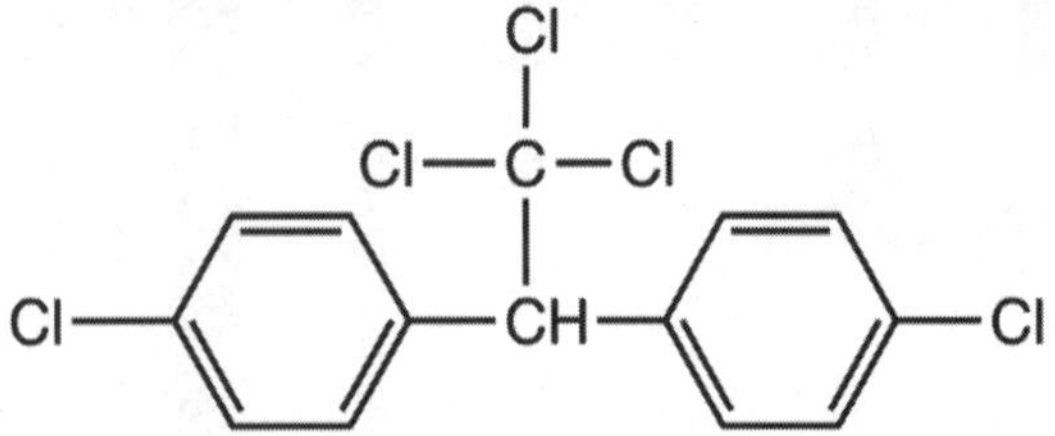

ジクロロ ジフェニル トリクロロ エタン（DDT）は
害虫を駆除する殺虫剤(農薬)として過剰に利用され
環境破壊を引き起こした

つもない自然破壊が進行している実態を明らかにしたのです。

同書は、利便性だけを求める農薬（殺虫剤）の過剰な使用に対して、警告を発しています。

●生物の脂肪にいつまでも残留するDDT

『沈黙の春』が世界中で発刊されて読まれているあいだにも、ベトナムではアメリカ軍機からおびただしい量の枯葉剤が撒かれていたのです。

DDT、BHCなどの炭素と水素の化合物に塩素原子が結合した有機塩素系化合物の多くは、油、脂肪などに溶けて自然界に入り込みやすいのです。

電気コードのような構造をした神経線維の

絶縁体にあたる脂質のなかに入り込み、神経伝達を邪魔することで毒性が表れ、殺虫剤として働きます。ですが、安定な構造のＤＤＴの分子は生物の脂肪などに残留し、濃縮されていくのです。

この本によって、農薬などの化学物質の大量生産、大量使用に対する評価試験と規制が行われるようになり、まさに環境保護の重要性を人類に知らせ、世界を変えた本になりました。

カーソンはがんと闘いながら執筆を続け、出版後も反対論者との論争を行っていましたが、１９６４年に亡くなりました（続きはＰ197）。

1962年10月 キューバ危機——米ソ対立が招いた核戦争の危機

●カストロとゲバラの社会主義路線

１９６２年10月14日、ソ連の政府幹部のスパイの情報をもとにアメリカが飛ばしていたU-2偵察機が撮った写真は、世界の歴史を変えた一枚です。フロリダ半島の目と鼻の先にあるキューバに、ソ連製の核弾頭搭載の弾道ミサイルが配備され、発射基地が急造されていたのです。

　キューバでは、アメリカのユナイテッドフルーツ（現在のチキータ）など巨大な多国籍企業が大農園を経営し、サトウキビやバナナの農園で現地の住民を酷使していました。1日14時間労働、平均寿命は50代前半というような苛酷な労働環境でした。

　親米政権のバティスタ大統領は、秘密警察などを使って反対派を容赦なく弾圧していました。1954年、弁護士フィデル・カストロは反バティスタの闘争を開始し、武装蜂起を画策しますが失敗します。

　カストロはメキシコで同志を集め、医学部を卒業して放浪していたアルゼンチンのチェ・ゲバラらとともに、バティスタ政権打倒の運動を展開します。独立の志士82人がボート1隻に乗り込んで（乗りすぎです）キューバをめざしますが、上陸後に反撃にあい、30人ほどになりました。

　カストロとゲバラは、シエラマエストラ山脈の苛酷なジャングルでゲリラ戦を展開し、支持者を集めていきました。「父ちゃんの仇、バティスタ軍を壊滅させたい！」と集ってくる少年たちにゲバラは読み書きを教えます。

「アルファベットなんかいいから、機関銃の操作を教えてくれ！」

とはやる子供たちに、

「読み書きこそが最大の武器だ。将来、また悪い奴が権力を握ったとき、君たちで考えて判断する力こそが武器なんだ」

と教育の大切さを説きました。

1959年、貧農を味方につけて膨れあがった革命軍は、首都、ハバナを解放します。カストロは当初、ご近所のアメリカに対して友好的な態度で臨みましたが、アメリカはキューバにおける既得権益を破壊したカストロを敵と見なし、無視します。そして、亡命キューバ人をCIAが組織化して軍隊にし、カストロ打倒のキューバ上陸作戦を決行しましたが大惨敗に終わります（ピッグス湾事件）。

カストロはソ連に接近して、社会主義路線を強めていきます。フルシチョフから援助を取り付けたカストロに対して、ソ連は「アナディル作戦」で援助物資に偽装して核弾頭を装備した弾道ミサイルをキューバに送り込もうとします。

●アメリカ東海岸の主要都市が射程内

配備されていた核ミサイルはSS-4（NATO名は「サンダル」）です。SS-4「サンダル」は射程1800キロメートルの弾道ミサイルで、キューバからアメリカ東海岸の主要都市を射程内におさめていました。

推進剤は、酸化剤が抑制赤煙硝酸（P140参照）、燃料がケロシン（灯油）＋非対称ジメチルヒドラジン$H_2N-N(CH_3)_2$という物質です。赤煙硝酸は酸化力が強いので、還元剤と混ぜると点火装置なしに着火する自己着火性推進剤になります。

「抑制」とついているのは、容器などへの腐食性が高いので、フッ化水素HFなど、腐食を抑制する物質を加えたものを意味します。フッ化水素は腐食性が高い物質ですが、なぜか赤煙硝酸中では腐食を抑制する働きがあることが、アメリカでもソ連でも発見されていました。

テレビや映画などで華々しく発射されるミサイルやロケットですが、その用途に合わせ、最適化した推進剤や燃料を膨大な薬品リストから探すのは化学者の仕事なのです。

たとえば、高空の低温領域を飛翔する際に、融点（凝固点）が高い液体では低温で固まってしまい、ロケット燃料にはなりません。また、排ガスが目立つものでは、ミサイルの航跡自体がすぐに見つかってしまいます。

●核戦争の寸前まで事態は悪化

10月22日夜、核戦争を煽《あお》る軍部と、国民の安全保障のあいだで苦難するケネディ大統領は、国民に向けたテレビ放送を行ってキューバの実態を説明し、ミサイルを阻止するため、軍によりキューバ周辺の海上封鎖を行うことを表明します。

10月24日から海上封鎖が始まると、アメリカとソ連は一触即発の状態になりました。

10月27日、爆雷を投下してソ連の潜水艦に投降を呼びかけるアメリカの軍艦に対して、潜水艦の艦長は搭載していた核魚雷（核弾頭つきの魚雷）の発射態勢に入り、核戦争の寸前まで事態が悪化します。

ですが、機転のきく副艦長が、「これは攻撃ではなく呼びかけだ」と艦長をたしなめて核戦争は避けられました。

また、沖縄のアメリカ軍基地でも、核弾頭装備の大型ミサイル「メイスB」4発に発射命令が下ります。発射準備中に機転のきく司令官が、不審に思って発射命令を再確認させたところ、誤報だと判明し、あわや核弾頭を発射する寸前で核戦争の危機を回避しました。

どんな究極兵器があっても、結局、最後は人間が判断するのです。21世紀のいま、人間に代わってＡＩ（人工知能）がどう判断するのか、その答えはまだ未知数です。

第３次世界大戦勃発の寸前にまでなっていましたが、ソ連のフルシチョフとケネディ大統領の水面下の駆け引きで、アメリカがキューバに侵攻しないこと、アメリカがトルコに配備している核ミサイルを撤去することを条件に、フルシチョフがミサイルの撤去を約束して危機は回避されました。これを機に、アメリカとソ連両首脳が直接、電話ができる「ホットライン」が開設されました（続きはＰ181）。

Column

ソ連製兵器の呼称

ソ連は秘密主義なので、ソ連が崩壊するまで、西側諸国にはソ連製兵器の正式名称すらわからず、西側諸国間で通用するＮＡＴＯの「コード名」という暗号名がつけられてきました。

大陸間弾道ミサイルなどの頭文字のＳＳは、地上（Surface）から地上目標に撃つ地対地ミサイルの記号です。地対空ミサイルはSA（AはAir）、空対空ミサイルはAA、空対地ミサイルはASなどです。

また、名称は地対地ミサイルの場合、Sで始まる英単語をあてています。SS-1はスカッド、SS-23はスパイダーなどです。戦闘機はF（フルクラムやフランカー）、爆撃機はB（バジャーやバックファイヤ）です。

最近では、ロシア軍の正式名称とニックネームが報道されるようになりました。

1968年10月 メキシコシティ五輪開催――東ドイツが国家ぐるみでドーピング

●秘密警察国家、東ドイツの暴走

高純度のケイ素原子にリン、ヒ素、インジウムなどの不純物元素を添加すること（これを「ドーピング」といいます）によって半導体をつくり、LSI（大規模集積回路）や半導体メモリの時代が到来したころ、オリンピックでも別の意味での「ドーピング」（「ドープ」〈クスリ〉などを使ってアスリートの能力を向上させること）が始まっていました。

1968年10月、東京五輪の次に開催されたメキシコシティ五輪では、メダル獲得に躍進した東ドイツが国家ぐるみのドーピングをしていました。はじめて東西ドイツが分かれて参加した大会で、東ドイツは自分たちの優位性を世界に見せつけるためのプロパガンダに躍起でした。

東ドイツと西ドイツはそれぞれ、1949年に建国されました。国土は西ドイツが東ドイツの約2・3倍、人口は西ドイツが約4倍と西ドイツが圧倒し、延べ200万人もの東ドイツの人びとが経済成長の著しい西ドイツへと脱出していました。

東ドイツは人口が1600万人の小さな国家で、このあと崩壊まで40年間、東西冷戦の最前線で秘密警察国家として暴走していきます。

●人体実験で使い捨てにされた選手たち

男性ホルモンのテストステロンは筋肉を増強する作用があることから、体内の代謝でテストステロンの構造に変化する分子や、テストステロンの合成を増大させる分子はドーピング剤として使うことができます。

医師マンフレッド・ヒョップナー率いるスポーツ医学の専門チームは、オリンピック出場選手はもちろんのこと、将来有望な若い10代の選手に対しても、ビタミン剤などとだましてドーピングをしていました。

たとえば、女子の選手に対して、男性ホルモンに類似した化合物を投薬すると劇的な効果が表れました。女子砲丸投げの選手の場合、1日2錠の投薬を開始して11週間続けると、10メートルも記録が伸びたのです。

そして、メキシコシティ五輪では、金メダル9個、銀メダル9個、銅メダル7個で、メダル総数では日本と同じ25個、世界4位に躍進しました。

この国家ぐるみのドーピング（国家計画14・25）で、東ドイツは1972年のミュンヘン五輪では、金メダル20個、1976年のモントリオール大会では40個と、金メダル獲得数がソ連に次いで世界第2位になります。

1974年、IOC（国際オリンピック委員会）は東ドイツが用いた薬物を禁止します。ですが、ヒョップナーたちは、IOCの認可を得たドーピング検査施設までつくり、最新の検査技術を入手し、IOCの裏をかいてドーピングを隠蔽する新技術を開発していきます。

たとえば、IOCが新しい検査として導入した手法が、テストステロンとその代謝生成物の血中濃度の比を測定する方法だとしましょう。テストステロンをドーピングしていると、この濃度比はテストステロンだけ異常に高まります。

そこで、ヒョップナーたちは、テストステロンの代謝物を注射して、濃度比を正常な範囲にすることで検査をすり抜けていたのです。

ステロイド類は副作用が強いので、東ドイツの選手たちは現役時代から副作用に悩まされていました。心臓発作や脳梗塞のリスク、肝臓障害、皮膚の吹き出物、脱毛など、さまざまな影響が出ます。女子選手では体が男性化して、性転換をせざるをえない人もいました。

多くの元選手たちが、現在でも副作用に苦しめられています。地球規模のスポーツの祭典で、**国家が個人を国威発揚の道具、人体実験の実験体として使い捨てにした黒い歴史といえる**でしょう。

Column

もう一つのメキシコシティ五輪物語

1968年のメキシコシティ五輪で200メートル陸上の金、銅メダルをとった二人の黒人選手トミー・スミスとジョン・カーロスは、表彰台で黒い手袋をした手を上げて、黒人礼賛のパフォーマンスを示しました。

この年の4月、黒人解放運動の指導者キング牧師が暗殺され、黒人解放運動の気運が高まっていました。銀メダルをとったオーストラリアの白人選手ピーター・ノーマンも、彼らに同調しました。

二人の黒人選手は、オリンピックに政治を持ち込んだとしてオリンピックから永久追放され、ノーマンも帰国後は冷遇され、日陰に追いやられましたが、彼らの行動は黒人解放運動に希望を与えました。

1969年7月20日　人類、月に到達――月旅行に世界が熱狂

●人類史に残る頂点の一つ

古くから人類は夜の闇を照らす月を見上げてロマンにひたり、日本人はかぐや姫の物語や和歌をつくってきました。ガガーリンの有人宇宙旅行から8年、ついに人

類は巨大なロケットで月へと向かいました。

宇宙から客観的に見れば、地球それ自体が発射台とともに時速約1700キロメートル以上でまわっており、そこからロケットを打ち上げて38万キロメートル離れた月面にある目標地点から7・4キロメートルだけずれた場所に着陸したということは、奇跡に近いのです。

名作映画「2001年宇宙の旅」のように、類人猿から進化して、数学、物理、化学といった科学と工学を突き詰めてなしえた芸術であり、人類史に残る頂点の一つが月の探検でしょう。

初期の人類が、**危ないからといって火を消していたら、ここまで到達できなかった**のです。体当たりで困難に挑んできた人類の挑戦の総決算でした。かつて、ジュール・ベルヌの小説『月世界旅行』や、フリッツ・ラング監督の映画「月世界の女」で、月への旅行を夢見た人たちのロマンと努力が実現したのです。

●月へ向かってアポロ11号を打ち上げ

1969年7月16日、多くの人が見守るなか、ニール・アームストロング船長、マイケル・コリンズ飛行士、バズ・オルドリン飛行士の3人が乗る「アポロ11号」を載せた「サターンV型」ロケットは、1秒間に13トンの推進剤を同じ質量の燃焼ガスにエンジンで変えて、大音響と地響きとともに月へと向かいました。

ミッションすべてがあらゆる想定のもとに計算しつくされていましたが、予期せぬ事態に備えて、ニクソン大統領は未帰還の際の弔辞を用意していたといいます。ある意味、国家の威信をかけた壮大なギャンブルだったのです。

有人月着陸飛行のアポロ計画（1966〜72年）は、現在の邦貨にして約12兆円以上が注ぎ込まれた、途方もない国家プロジェクトでした。打ち上げ用ロケットは人類史上最大級の「サターンV型」で、製造にはボーイング、ダグラス、ノースアメリカン、IBMといった名だたる軍需企業が参加していました。

「サターンV型」の長さは110メートル、30階建てのタワーマンションくらいで、ほとんどが燃料です。3段のユニットからなり、酸化剤は液体酸素で、燃料は最下層の1段目がケロシン、2段目と3段目は液体水素です。月まで43トンの荷物を運ぶことができます。

地上と宇宙船のシステムには当時の最先端のコンピュータが投入され、アメリカ

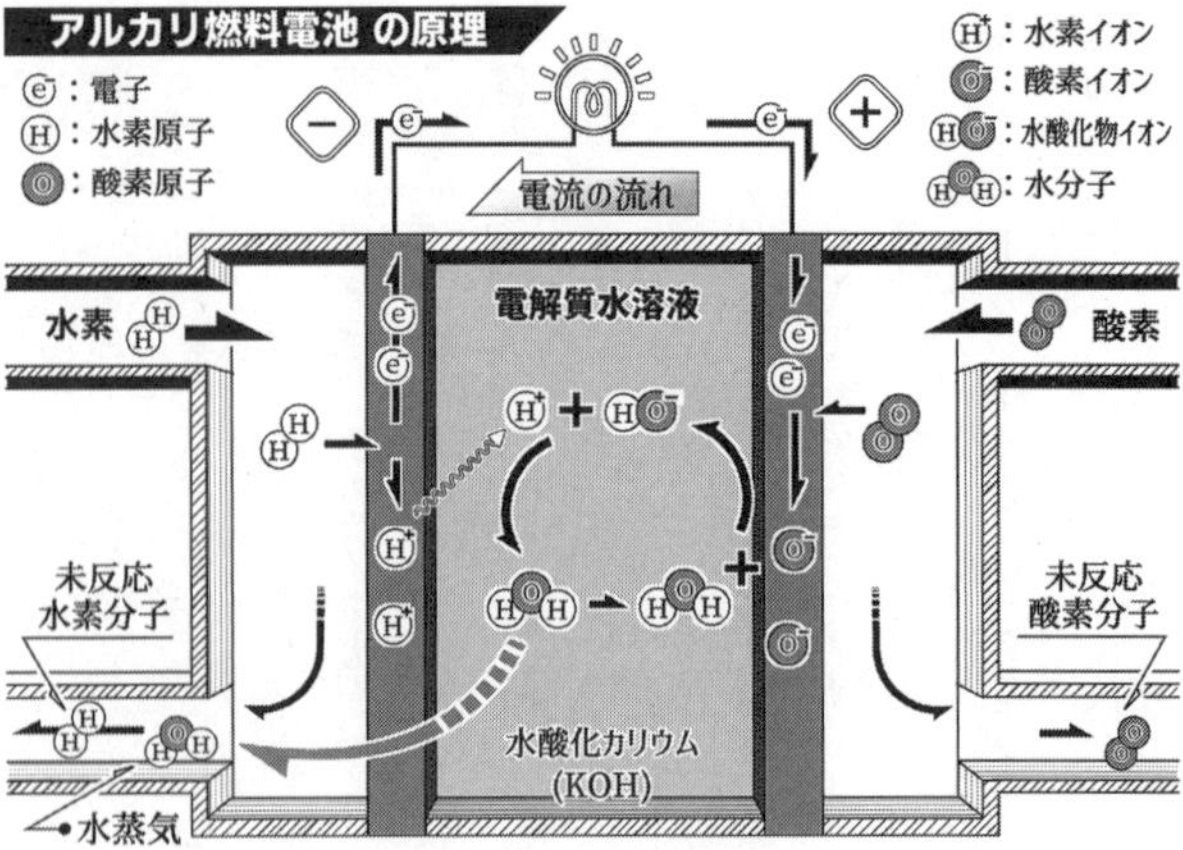

の集積回路の60パーセントが使われました。アポロ搭載のコンピュータは、重さが32キログラムもありましたが、現在の「iPhone」のほうが処理速度は数千倍、メモリ容量は約８００万倍です。ポケットに入っているスマートフォンと比べると、当時の最先端のコンピュータですら、おもちゃの電子ゲームみたいなものです。

　コンピュータや通信、照明などの電力を供給する装置には、宇宙船の推進剤の燃料、水素と酸素を使う燃料電池が採用されました。

　燃料電池は、イギリスのウィリアム・グローブという法律家兼科学者が、１８３９年に「気体ヴォルタ電池」という名前で発明した電池です。水素と酸素を別々に電極で反応させて電子の流れを取り出すもので、一種の発電機のような装置です。

オーストリア出身の化学者カール・コルディッシュは、「ペーパークリップ作戦」（ナチス政権下の優秀な科学者をアメリカへ連れてくる作戦）でアメリカに誘われ、車搭載用の実用的な燃料電池を開発し、〝燃料電池自動車の父〟と呼ばれます。

1952年、イギリスのフランシス・トーマス・ベーコン（「知は力なり」の格言で有名な17世紀の哲学者フランシス・ベーコンの子孫）は、水素と酸素にアルカリ溶液を組み合わせた燃料電池を開発しました。

これが改良され、アポロ司令船に搭載されます。

燃料電池は、1965年、アメリカのジェミニ宇宙船ではじめて採用され、それ以降の宇宙船にも搭載されました。電池全体では水素が燃焼して水になるだけの反応なので、生じる水は宇宙飛行士の飲み水として利用できます。純粋なH_2Oのため、ミネラル成分などはなく、おいしくはないようです。

近年、燃料電池を使った自動車や家庭用燃料電池が登場してきていますが、アポロの月面着陸から40年以上も普及してこなかった理由の一つに、極板に使う白金などの触媒のコストが高いことがあげられます。

●月面にひるがえった星条旗

地球を飛び立ち、月の周回軌道に入った「アポロ11号」は司令船にコリンズ飛行士を残し、アームストロング船長とオルドリン飛行士の二人が月着陸船「イーグル」で月面への着地に向かいます。着陸船はアルミニウム合金製で、表面には金箔《きんぱく》のようなサーマルブランケット（外部からの熱を遮断するもの）がつけられていました。

人工衛星や宇宙船の表面にある金箔のような物質が、サーマルブランケットです。デュポン製のポリイミド（商標名は「カプトン」）という極低温《きょくていおん》（絶対零度にきわめて近い低温）から高温まで伸び縮みしない、耐熱性のプラスチックのフィルムとアルミニウム箔を交互に重ねた金色の保護材です。

ちなみに、巷に溢れる本のなかに、「宇宙船には金箔が貼ってある」というような記述をしているものがありますが、まちがいです。宇宙船は、金沢の伝統工芸品である金箔蒔絵《まきえ》ではありません（笑）。

宇宙には空気がないので、昼と夜、あるいは太陽側と裏側では過酷な温度差にさらされます。月の表面では、昼は110℃、夜はマイナス170℃にもなるため、内部を温度変化から守る保温機能付き下着みたいなものが必要です。そのため、アポロ計画を支える新素材として、ポリイミド、ポリベンズイミダゾールなど、さまざまな驚異的な高性能プラスチックが開発、実用化されました。

1969年7月20日、ベトナムのジャングルや泥沼で戦っている55万人のアメリカ兵の生死よりも、月面に立つ二人のアメリカ人に注目が集まります。着陸船は月面に向かって、音速の7倍くらいの速さで降下していきました。

高まる緊張のなか、コンピュータにトラブルが発生して最悪の事態となります。ですが、フライトソフトウェアのプログラム責任者マーガレット・ハミルトンが、過負荷な場合にリセットできる回復用プログラムを組み込んでいたおかげでことなきをえます。

着陸用の噴射ロケットの燃料がつきるタイムリミット寸前で、着陸に成功しました。地球を飛び立ってから約103時間がたっていました。

アームストロング船長はテフロン製の外皮の宇宙服をまとって、着陸船から伸ばされた9段の階段を、サイオコール製のシリコーンゴムの靴底を踏みしめながらゆっくりと降りていきました。

そして、アームストロング船長が月面に降り立ち、生中継を見ている6億人に向けて有名なフレーズを発しました。

「一人の人間にとっては小さな一歩にすぎないが、人類にとっては巨大な飛躍だ」

ナイロン製の星条旗が、マクヘンリー要塞の戦い（『ケミストリー世界史』P284参照）から155年たって、月にも翻ったのです。

地上では、一人の男が万感の思いで見守っていました。少年時代から月への旅行の夢とロケットにとり憑かれ、人生を捧げた男フォン・ブラウンです。

彼は大学生のとき、タクシー運転手のアルバイト中に客として乗せた、ドイツのロケット兵器の責任者ドルンベルガー大尉たちの話に割り込んで軍にスカウトされます。その後、ヒトラーの親衛隊に入隊。戦後は、アメリカでロケット開発に邁進し、夢を実現させたのです。

アームストロング船長らは、月面での岩石のサンプル採集や地球からの測距用のレーザー光反射板の設置などの作業を行うと、「イーグル」を離陸させ、コリンズの司令船とドッキングしました。3人は合流して一路、地球をめざします。

地球を飛び立って194時間、帰還船が切り離され、その14分後、大気圏に突入しました。

●大気圏突入の技術

宇宙船でいちばん重要なのは、地球に落ちてくる大気圏突入です。音速の約32倍という超高速で地球に向かって落ちてくる帰還船（「アポロチョコレート」はこの形から）は、進路前方にある空気を瞬間的に激しく圧縮することで発熱します（断熱圧縮）。

私が小学生のとき、東京・晴海で開催された「宇宙博」でアポロ帰還船を目にしましたが、その表面は焼け焦げていました。このなかに3人の宇宙飛行士が乗って天空から落ちてきたのかと思うと、目頭が熱くなりました。

その後、テレビで見たアニメ「機動戦士ガンダム」で、大気圏突入時に「量産型ザク」（有人操縦式の人型機動兵器）が断熱圧縮の高温にさらされ、真っ赤に燃えながら落ちていくシーンでアポロ帰還船がフラッシュバックし、目に見えない素材の重要性を知りました。

私は高校時代、暗記ばかりの化学が大嫌いになり、成績もビリになりましたが、こういった物質、素材の偉大性にふれる原体験が、化学講師になり、この本を書くにいたる私の人生の出発点のような気がします。

アポロの帰還船では、「アブレーション（溶融防熱）」という技術が採用されました。大気圏突入時に最も熱が発生する面の、最も外側にフェノール樹脂（『ケミストリー世界史』P436参照）というプラスチックの樹脂をベースにした物質を、数センチメートルの厚さで貼り付けておきます。

大気圏突入時の数十秒だけは3000度以上の高温にさらされますが、この樹脂が熱で分解しながらガスを発生させ、このガスが表面を覆って熱を遮断する効果を発揮します。

帰還カプセルは、大気圏突入後、14分で中部太平洋にパラシュートで着水しました。3人の宇宙飛行士は無事に帰還し、人類初の月旅行に世界が熱狂しました（続きはP202）。

人間が想像できるものは、いつか必ず誰かが実現できる――**ジュール・ベルヌ**

第4章 1970年代

1970年4月、アメリカ軍がベトナム戦争を拡大してカンボジアなどに侵攻しますが、1971年、第2次世界大戦後からのベトナムに関する政策の極秘文書**「ペンタゴンペーパーズ」**が新聞で暴露されました。

どんな時代？

歴代の大統領の嘘が明るみに出ると、「若者を戦場に送るな！」と全米で反戦運動が激化しました。1975年、アメリカが撤退し、その後、ベトナム戦争が終わりました。ベトナム戦争の影響でアジアは大きく揺さぶられます。

カンボジアはアメリカ軍の空爆で国土が荒廃して王朝が倒れ、クーデターなどによる混乱のあと、過激な共産主義者ポル・ポトが政権を握ると異常な支配が行われました。強制移住や知識人の処刑などから始まり、洗脳した少年兵を使って恐怖支配を行い、200万人にのぼるといわれる大虐殺が行われます。

アメリカとソ連は依然として冷戦を続け、世界中で代理戦争が起こります。**第4次中東戦争ではオイルショックが引き起こされ、第2次世界大戦後の先進国の成長神話に陰りが生じます。**

アメリカは石油を安定的に確保するため、イランとサウジアラビアの親米政権に空前の規模の武器輸出を行います。イランのパーレビ国王には、ほかの同盟国にも売らない新鋭戦闘機**F-14**（映画「トップガン」の旧作に出てくる戦闘機）を売却します。

しかし、イランの親米政権はイスラムへの回帰を唱えるイラン革命によって倒され、**第2次オイルショック**が起こり、中東は不安定化します。

アメリカのベトナム戦争、アポロ計画など、東西冷戦に関する莫大な投資による技術革新は**集積回路**を小型化して、指先ほどの**プロセッサ**が登場し、ひと昔前は大きな部屋くらいだったコンピュータが、開発競争により小型化、高性能化していきます。マニアが個人で部品を集めて組み立てていたものが、誰でも扱えるパソコンへと進化していきました。1975年にはマイクロソフトが、1976年にはアップルが創業します。

かつての資本主義の象徴だった自動車産業に代わって、**コンピュータ産業**が台頭してくる時代の前夜となりました。

1970年 光ファイバーの実用化——インターネット時代到来の兆し

●光は全反射を繰り返して通り道を進む

光（可視光やラジオ波などの電磁波）の屈折を利用した光ファイバーが実用化され、高速光通信、インターネット時代が胎動します。光が秒速約30万キロメートル、1秒で地球を7周半するのは有名ですが、これは真空でのスピードです。物質のなかを通過するときはスピードが落ちます。このスピードの違いが、屈折という現象を起こします。

コップに入れた水のなかのストローが曲がって見える現象が屈折で、水中からガラスを通って外へ出る光の進路が折れ曲がることで、ストローが曲がったように見えるのです。蜃気楼《しんきろう》も、温かい空気と冷たい空気の密度の違いで起こる光の屈折が原因です。

水中（高い屈折率）から出て空気（低い屈折率）に入るような逆の場面では、入射の角

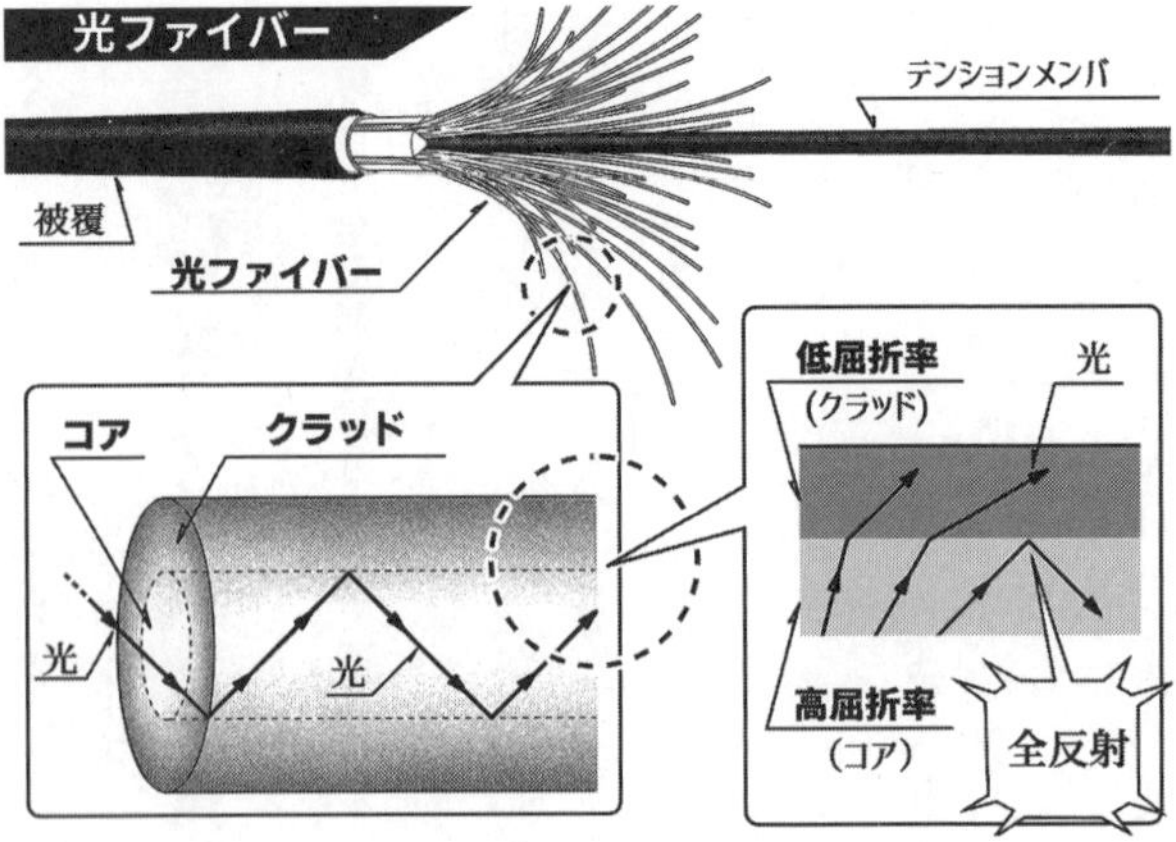

度によっては、全反射といって光は鏡のように完全に反射されます。

ゲルマニウムやリンの酸化物を添加した石英ガラスSiO_2や、ポリメタクリル酸メチル（アクリル樹脂）でつくった透明な繊維を芯にして（光の通り道でコアといいます）、そのまわり（クラッドといいます）を低い屈折率のもの（フッ素を添加した石英ガラスやフッ素樹脂）で覆うと、光が全反射を繰り返して進んでいきます。これが光ファイバーの原理です。

光を搬送し、束にすれば、先端から入った光を伝えて遠くで見られるので、胃カメラのような内視鏡がつくれます。生きている人の胃をはじめて観察した内視鏡は、曲げることができない金属の管で、剣を呑み込む曲芸師の口から突っ込んで使われました（1868年）。まさに拷問です。

機関銃の内部を点検する器具にヒントを得た、かつての零戦の技師のアイデアなどを盛り込んで、オリンパス光学工業（現在のオリンパス）が胃のなかを撮影する小型カメラを開発しました。現代では、柔軟な光ファイバーの内視鏡を使って、ライブで食道や胃を観察したり、開腹せずに腹腔鏡手術ができたりします。

私もはじめて胃カメラ検査をしたとき、モニターで見て、ちくわのような構造の体の内側を見られたことにめちゃくちゃ感動しました、余裕のあるうちは（笑）。その後、激しい管の動きに吐き気を催して泣かされました。

●膨大な情報を高速でやりとりできる

1966年、ＩＴＴ（インターナショナル・テレフォン・アンド・テレグラフ）傘下のイギリスの研究所のチャールズ・カオ博士は、高純度のガラスで光の損失を抑えて光通信ができることを証明し、論文で発表しました。

1970年、この光ファイバーを実用化したのが、アメリカのコーニングです。コーニングはガラス製造で成長した会社で、キッチンや化学実験室で使われる耐熱性ガラス「パイレックス」を実用化しました。１９３４年には、ケイ素を使ったシリコーンという、樹脂やゴム、オイルなどになる物質を発明し、素材に大きな革命を起こします。

なお、シリコン（ケイ素）とシリコーン（ケイ素と酸素を主体とした高分子）はまったく違う物質で、「プラトン」と「プラトーン」（有名なアメリカ映画。軍隊では「小隊」のこと）くらい違います。

豊胸手術で入れるのは、シリコーンのゴム状の樹脂です。胸にシリコンを入れると、映画「ターミネーター3」で出てくる女性型T-Xになってしまいます（笑）。化学はこういう細かい違いが大切です。

光ファイバーとレーザー光線を組み合わせると、莫大な情報を扱う光通信が可能になります。光が光ファイバーを伝わる速さと、電気信号が電線を伝わる速さは、じつはそれほど大きな違いはありません。**電圧の高低の電気信号（1と0のオン・オフ）は1秒間に100億個が限度ですが、レーザー光線では1兆個以上になります。**

長距離の光通信では光が衰えますが、希土類（レアアース）の元素、エルビウムを添加したコアにすると、光が増幅され、伝送距離を１００倍以上に伸ばせます。

半導体を使ったレーザー発振器や、受光素子のフォトダイオード（光を電気エネルギーに変換する素子）など、光通信の周辺技術を発明したのが東北大学の西澤潤一教授（当時）です。多数の論文を発表していたことから、海外の研究者からは、「日本にはニシザワという名前の研究者がなんでたくさんいるのか」と言われたほどです。

1986年、イギリスとベルギーのあいだで世界初の国際的な光海底ケーブルが敷設されたのを皮切りに、世界中に国際光ケーブル網が張りめぐらされるようになりました。光通信で高速な通信網のインフラができたことが、インターネット社会を生み出す原動力になったのです。

化学が生み出す物質には、世界を変えていく大きな力があるのです（続きはP207）。

1970年12月 マスキー法の制定――自動車産業が迎えた大転換

●厳しい排ガス規制に世界ではじめて合格

20世紀を象徴するアイコンの一つが自動車です。資本主義の象徴が、「T型フォード」のような大量生産システムです。フレームとボディの鉄製品、エンジンをはじめ、ギヤ、車軸などの機械部品、ヘッドライト、内装品、ゴムタイヤなど、化学の素材の総合芸術でもあります。

私は若いころ、ザ・資本主義のアイコンたる自動車のなかでも、その頂点に君臨するイタリアの高級スポーツカー「フェラーリ」を買って、資本主義を征服してやろうと思ったのです（笑）。

〝激ローン〟で購入した2台の「フェラーリ」で、コンビニエンスストアから吉野家、ダイエーにいたるまで生活すべてをまかなって、〝フェラーリ破滅教〟を僭称していましたが、最後は2台とも物理的に破滅し、私の経済も破滅しました（泣）。

フォード、GM（ゼネラルモーターズ）、クライスラーのビッグ3をはじめとした自動車産業は、アメリカの資本主義の発展を牽引し、世界に先駆けて巨大なモータリゼーション、車社会化を成し遂げました。それとともに、原油が精製されて大量のガソリンが生産され、石油化学工業も巨大化していきました。

1950年代、アメリカの自動車文化は黄金期を迎えます。ですが、1960年代には、大都市で大気汚染が深刻化しました。ビック3はやりたい放題でしたが、これに反旗を翻す革命家も出現しました。

弁護士のラルフ・ネーダーはアメリカの消費者運動の闘士で、GMの欠陥車を訴えて戦っていました。GMは私立探偵などを雇って、ネーダーと支援者に脅迫や妨害工作を仕掛け、のちにそれがメディアで暴露されて、国民は巨大企業の悪業に怒ります。

大都市では、排ガスに含まれる赤褐色の二酸化窒素NO_2が空を覆うほどでした。高温・高圧のエンジン内で燃焼で余った酸素が窒素と反応すると、一酸化窒素NOや二酸化窒素が生じます。

これら窒素酸化物をNOxといい、未燃焼のガソリン（炭化水素）と反応すると、ペルオキシアシルナイトレート（PAN）といわれる物質になり、呼吸器や目にダメージを与えます。これが光化学スモッグです。また、NOxは硝酸HNO_3に変化して、酸性雨の原因にもなります。

大気汚染が深刻だったカリフォルニア州では、1966年1月に世界で初の大気汚染防止のための排ガス規制が行われ、未燃焼のガソリンと、不完全燃焼で生じる一酸化炭素COの規制が実施されました。

また、エドモンド・マスキー上院議員が奔走して提案した排ガスの規制法案、マスキー法が1970年12月に成立します。これは、5年以内に排ガスの汚染物質を9割削減するという強気な法律でした。

排ガス規制をクリアするため、自動車メーカーは排ガス対策が必須となりました。以降、50年近く、**自動車のテクノロジーで最も重要なものが排ガス対策になるのです。**

ホンダはCVCCエンジンという理想に近い完全燃焼ができるエンジンを開発し、マスキー法の厳しい規制に世界ではじめて合格しました。これを機に、日本の優れたエンジン技術が世界に知られ、アメリカ市場に日本車が流れ込んでいきます。

●排ガスの悪玉成分を無害化する〝魔法の触媒〟

自動車の排ガスの悪玉の成分は、窒素酸化物、未燃焼のガソリン、不完全燃焼で発生する一酸化炭素です。これら三つの成分を無毒化する魔法のような触媒が、1970年台初頭にアメリカのエンゲルハルトで発明された「三元触媒」です。

その後、1978年に、酸化アルミニウムを基盤として、白金（Pt）とロジウム（Rh）を散らした触媒装置（キャタライザー）が実用化されます。さらに、パラジウム（Pd）を追加したものに改良されます。

排ガスがこの三元触媒と接触すると、炭化水素HCと一酸化炭素COは完全燃焼し、NOxは窒素（N）になります。このように三つの機能があるので、三元触媒といいます。

寒冷地の氷点下のエンジン始動時から高温の燃焼ガスまで、広い温度範囲で触媒が十分に作用しなくてはならず、その工夫は人類の叡智といえる化学の結晶です。白金、パラジウムは1グラムが数千円、ロジウムは数万円もする高価な金属ですが、排ガス対策の触媒にはなくてはならないものです。

この三元触媒がパフォーマンスを最大に発揮するためには、燃焼で未反応の酸素がない状態、つまりガソリンと空気を理想的な配分で混ぜ合わせて完全燃焼させる必要があります。このガソリンと空気の混合比を最適化するために、センサーとコンピュータによってリアルタイムで監視しなくてはなりません。これが現代の自動車の技術、いわゆるエンジンの電子制御です。こうしてマスキー法は、電子制御の技術を加速させました。

電子制御には、排ガス中の未反応の酸素量をモニタリングするセンサーが必要です。そのために、酸化ジルコニウムZrO_2（ジルコニア）という固体を使います。酸素が浸透して、酸素のイオンO^{2-}となって固体中を移動し、そのときのイオンの量を電流値で測定できるのです。NOxも触媒で分解して酸素にして、酸素センサーで測定できます。

このようなセンサーを含めた電子制御の技術が、20世紀の終盤に格段に進化しました。この分野で世界を牽引してきた企業が、ドイツのボッシュや日本のデンソーなどです（続きはP251）。

1971年7月30日 アポロ15号の月面着陸――保存食の歴史に新たなページを刻む

●宇宙での活動を支えたフルーツバー

私たちはコンビニエンスストアやスーパーマーケットでおにぎりやパン、弁当を買い、時間がないときはエナジーバーやゼリー状のパウチなどの保存食を食べています。これらは軍用携帯食（レーション）や宇宙開発の技術の賜物です。食品の保存技術、そして包装材の技術は、戦場と宇宙空間のために改良されつづけてきました。

1969年の「アポロ11号」による人類初の月面着陸から、12号、13号、14号と有人月面探査が続いていました。「アポロ13号」は酸素タンクが爆発するというトラブルにより、燃料電池が壊れて飲み水もなくなり、月面着陸どころか絶体絶命の窮地に陥ってしまいます（映画「アポロ13」で描かれています）。

「アポロ15号」の司令船「エンデヴァー」（1770年、クック船長が太平洋探検においてオーストラリアを発見したときの船の名称）から、デイヴィッド・スコット船長と二人の宇宙飛行士が月面に向かい、1971年7月30日、月面に着陸。はじめて月面車（LRV）で広範囲な調査が行われました。カール・ベンツの本格的な自動車の発明（『ケミストリー世界史』P383参照）から86年、人類は月面で自動車を走らせたのです。

スコット船長はその日、彼にとっては小さな食べ物でしたが、人類にとっては偉大な発明の食べ物を食べ、管制官との話題になりました。

「フルーツバーを食べているんですか」と、管制官から聞かれたスコット船長は、「わかりますか？　おいしいですよ。休憩時間はフルーツバーを食べて水を飲むという」と、フルーツバーを絶賛しました。

このフルーツバーは、人類が試行錯誤してきた保存食の歴史に新たなページを刻むもので、1804年のニコラ・アペールの瓶詰め保存食とそれに続く缶詰の発明

（『ケミストリー世界史』P265参照）と遜色のない発明品でした。

●戦争が進化させた食品加工・保存の技術

アメリカでは第1次世界大戦後から、兵士のレーションを研究する部門が立ち上げられました。数十万人という兵士に、感染症がはびこる前線の不衛生な場所で士気を下げないよう食事をとらせるという任務は、兵器の開発以上に重要なことです。

兵士の人命を軽視し、こういった面をまったく考慮しなかった日本軍は、南太平洋のガダルカナル島が〝餓島《がとう》〟といわれたのに象徴されるように、あちこちの戦場で多くの兵士が餓死しました。戦場での保存食の開発に力を入れたナポレオンの軍隊よりも、合理的、近代的な軍の構築が遅れていたのです。

第2次世界大戦後に、ボストン郊外に設立されたアメリカ陸軍のネイティック研究所は、今日、私たちがコンビニエンスストアやスーパーマーケットで目にするインスタント食品やサンドイッチ、弁当、エナジーバーなどの加工食品や保存食品の故郷です。

この研究所と共同研究する大学や企業のネットワークから生み出された食品の加

工、保存技術の影響を直接、あるいは間接的に受けた食べ物を、もし失ってしまったら、コンビニ弁当や、子供の弁当箱からほとんどのものが消えるでしょう。

食品の保存では、第2次世界大戦後にレーションの開発が進み、缶詰以外の食品が出てきました。ですが、どれも加熱殺菌や冷凍などの工程で風味を失ったものばかりでした。これらを改良して、風味豊かな、誰もが食べられる保存食を模索したのです。また、食品を包装する材料も、さまざまな特性のプラスチックを重ねて、劣化のもとになる酸素や水蒸気、紫外線をカットできるものが開発されてきました。

●巨大食品産業を生んだ食品保存の新技術

新しい保存技術の一つは、凍結乾燥《フリーズドライ》です。抗生物質や血漿《けっしょう》から水分を除いて、粉末を保存する技術として研究されたものです。

氷点下で水分を凍結させてから、真空くらいまで減圧すると、氷が昇華して水蒸気になって抜けます。加熱によるダメージがないまま、水分だけを抜くことができます。重量や体積も小さくなり、レーションや宇宙食には打ってつけです。

この技術が日常の食品にも応用されて、即席の味噌汁やラーメンなどインスタント食品が出現し、〝食〟が巨大産業になっていくのです。

別の手法も発明されます。完全に水がなくなったパリパリの乾燥食品は風味が落ちますが、ある程度の水なら残っていても腐りません。食品内部の組織に束縛されていない水を、専門的には「自由水」といいます。

この自由水を、ある割合以下に抑えられれば、カビや雑菌は繁殖できなくなります。アジの干物のように、完全に乾燥した状態ではないのに保存ができるのです。

砂糖を添加すると、砂糖に水分子が結合して自由水を少なくできます。塩も成分のナトリウムイオンや塩化物イオンに水分子が強く結合するので、自由水を少なくできます。また、これらが水を保持するので、食品の保水剤としても使えます。

鮮度を保つ技術も生まれます。肉に加える塩にリン酸を加えて、肉の酸性度（pH《ピーエイチ》）を変えると、肉のタンパク質分子のあいだの隙間が広がり、保持できる水分が多くなり、風味やみずみずしさ、食感が大きく向上します。

このような技術を使うと、加工肉、サイコロステーキなどの成型肉が可能になり、ファストフードやファミリーレストランなどの巨大外食産業が広がっていくようになるのです（続きはP216）。

1971年11月　マイクロプロセッサの発売——小型コンピュータ時代の幕開け

●20世紀最大の発明の一つ

１９５８年に発明されたキルビーの世界初の集積回路は、トランジスタ一つ、コンデンサー一つ、抵抗が三つしか載っていませんでした。ですが、12年後の１９７０年には、インテルが１０２４バイトのメモリを実装した「１１０３」というＩＣメモリを開発します。

さらに、インテルは１９７１年11月、２２５０個のトランジスタを実装したＬＳＩ（大規模集積回路）を使った初のマイクロプロセッサを発売し、小型コンピュータの時代へと向かいます。

ＬＳＩとは、一つのＩＣに数千個以上ものトランジスタを実装したものです。指先ほどの大きさに、トランジスタが２２５０個つくりこまれているのも驚きです。現代の最先端のチップでは、切手くらいの大きさにトランジスタが２００億個ほど実装されています。

もし、真空管で同等の電子回路をつくったら、大きな街一つ分の面積が必要になるでしょう。このくらいの規模になると、一つのチップに配線された極細のアルミニウムや銅などの金属が、なんと10キロメートル以上の長さにもなります。

ＬＳＩは、プロセッサやメモリに使われます。プロセッサはコンピュータの司令塔です。プログラムには英語の短文が書かれています。それが1と0の電気信号のパルス（命令）に取って代わり、この信号のパルスをもとに論理的な計算を実行して結論を出し、いろいろな装置に命令を送ってプログラムを実行させます。

「この数式を計算しろ！」
「液晶モニターのどこそこの青いセルと赤いセルを光らせろ！」
「スピーカーにこの音を出せ！」
「着信バイブレーターはフリフリしろ！」
「マイクで拾ったこの音を1と0に変換しろ！」

とかで大忙しです。

コンピュータの処理能力を大きく左右するのは、プロセッサがどれだけ電気のパルスを速く出せるかです。最新のチップだと、1秒間にこの命令を10億回以上も出

集積回路

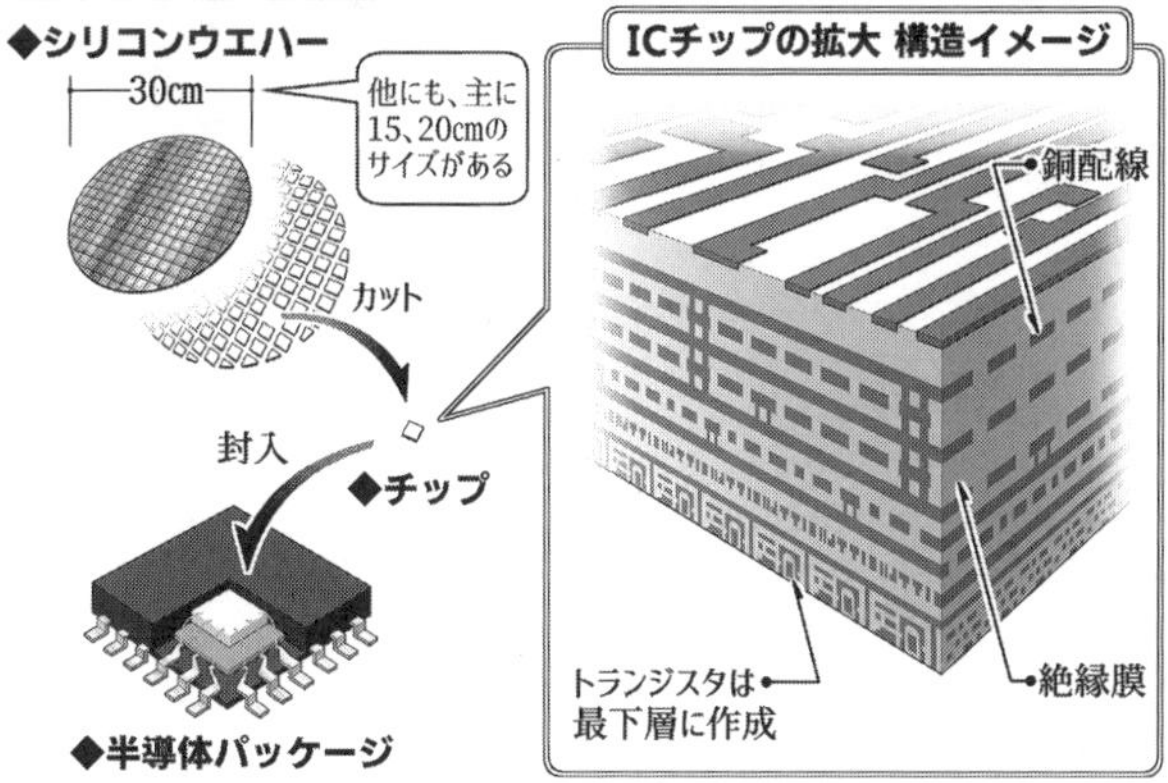

しているイメージです。

また、実行される命令の結果などを保存するのがメモリです。ソフトやゲームの保存、セーブでもおなじみですね。トランジスタを組み合わせた区画に、保存したい1と0のデジタル情報を電気的に書き込んでいきます。

20世紀最大の発明の一つが、このトランジスタと、それを刻んだ集積回路なのです。シリコンと微量の元素、化合物や金属を組み合わせた集積回路と、そこに流れる電気パルスが生み出すコンピュータの能力は驚異的です。

ですが、自然がつくりあげたタンパク質や分子、イオンの集合体に電気的なパルスが流れ、化学反応が起きている私たちの脳も、それ以上に驚異的です(続きはP230)。

1971年　炭素繊維の生産開始——釣り竿から飛行機まで夢に見た新素材

●先端素材を追求したトップランナー

炭素繊維は炭素原子だけからできた繊維で、黒鉛と似た構造の物質です。黒鉛は鉛筆の芯の素材で、鉛筆の芯は黒鉛の小さな結晶を添加剤と一緒に固めたものです。黒鉛は柔らかいので、紙の上に押しつけると剝《は》がれて紙の上に付着します。黒鉛は英語で「グラファイト」といい、ギリシャ語の「グラフェイン」(「書く」の意)とラテン語の語尾「～アイト」(「～石」の意。アンモナイトやダイナマイトと同じ)が語源です。

1564年、イギリスの鉱山でメタリックな光沢のある石が発見され、筆記に使えることがわかると、やがて鉛筆へと応用されていきます。鉛筆がなかったら、偉大な科学者も生まれてこなかったかもしれません。

1879年、発明王トーマス・エジソンが白熱電球をつくる際に、電気を流して光らせる発光体に最適な素材を探して苦心していました。机の上にあった竹の扇子

炭素繊維の構造

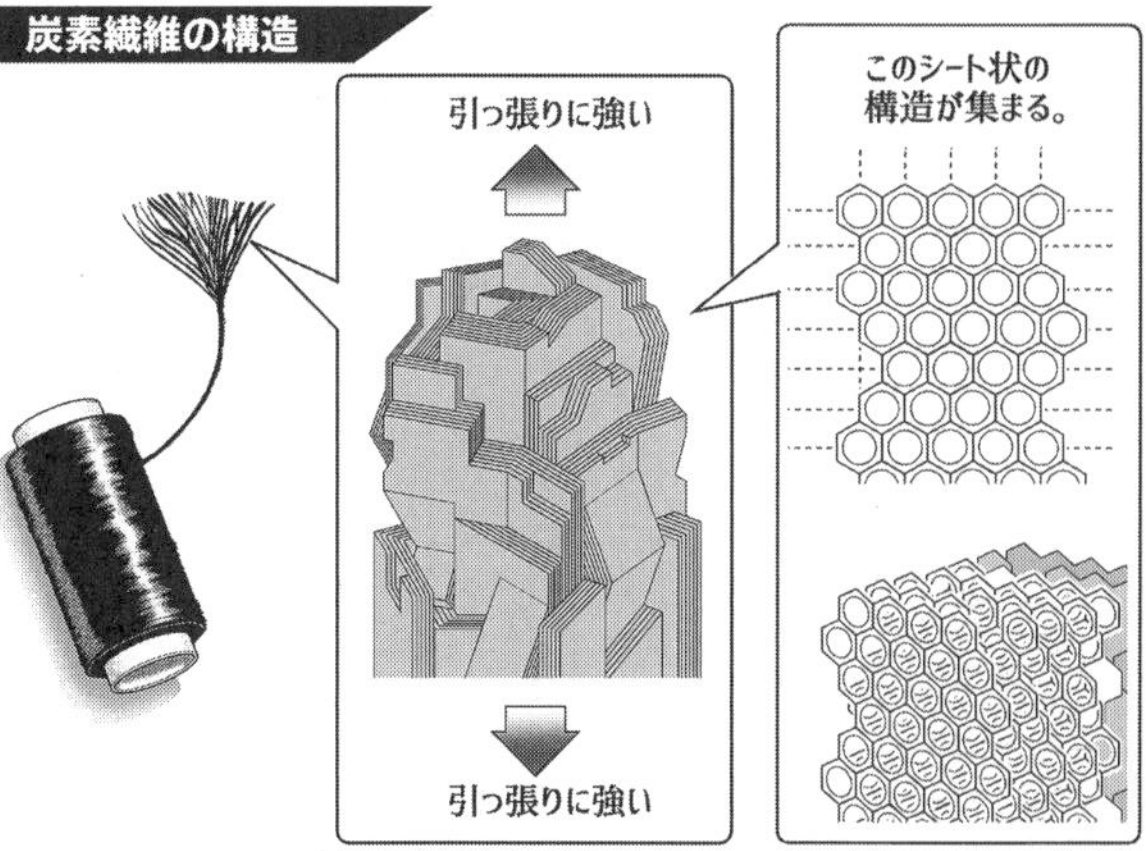

から、竹を取り出して焼いた繊維は耐久性もよく、「これだ！」と世界中の竹を探しました。

エジソンは、京都の石清水八幡宮の竹を蒸し焼きにしてつくった芯は、連続点灯時間が1200時間を超え、最適であることを見つけます。この芯が、炭素繊維の利用の始まりです。

構造材料として注目されるのは、宇宙開発の分野でした。1959年、アメリカの化学企業、ユニオンカーバイドの子会社、ナショナルカーボンがレーヨンという繊維を焼いて炭素繊維をつくり、ロケットの噴射口の素材として利用されました。でも、世の中には普及しませんでした。

そのころ、日本では、通商産業省工業技術院大阪工業技術試験所（現在の産業技術総合研究所関西センター）の進藤昭男博士が、ポリアクリロニトリル（PAN）という分子でできたアクリル繊維（カーペットやフリースなどに用いる繊維）を高温で分解してつくる炭素繊維（PAN系アクリル繊維）を発明し、その後、特許を取得しました。

この特許をもとに、炭素繊維の実用化に情熱を傾けた企業が現れます。それが日本の東レです。東レは、東洋レーヨンという繊維企業から出発した化学企業で、先端素材を追求してきたトップランナーです。

アメリカのデュポンが発明した「ナイロン66」（『ケミストリー世界史』P498参照）を日本に導入するための提携交渉の際、東レはノウハウは秘密で、ただ生産するだけの権利料として10億8000万円の前払金を要求され、それを呑んで導入しました。

余談ですが、鎌倉市にある東レの医薬研究所（旧・基礎研究所）は、特撮テレビ番組「ウルトラマン」で宇宙研究所と科学特捜隊の基地として登場しました。

1971年2月、東レは世界に先駆けて、PAN系炭素繊維の生産を開始しました。でも、生産を始めたものの、目新しすぎて活用先が見つからず、鮎釣りの釣り竿やゴルフのシャフトをつくって活路を見出していました。

その後、東レのＰＡＮ系炭素繊維は先端材料として認められ、航空機の材料としてブレイクします。東レの初年度の生産は10トンにも満たないものでしたが、いまでは29万トン以上になっています。

一方、原油から得られる残渣のピッチという黒いドロドロの物質からできるピッチ系炭素繊維は、１９７０年に呉羽化学工業（現在のクレハ）で生産が開始されました。現代では、世界の生産量の９割がＰＡＮ系の炭素繊維です。

●１＋１が10になる複合材料

炭素繊維は軽くて強い理想の素材です。引っ張りに対する強さは、鉄の10倍もあります。炭素繊維だけでは用いられず、ほかのプラスチックの樹脂と混ぜた複合材料として使われます。

複合材料は、それぞれの材料のメリットの相乗効果になります。４０００年前、古代メソポタミアでジッグラト（宗教的な聖塔）に使われた日干しレンガも、藁《わら》（植物のセルロース繊維）を粘土に混ぜた複合材料です。

日本の家屋や土蔵などの外壁の白い壁に使われた漆喰《しっくい》も、藁を繊維として入れた

炭素繊維でつくられた軽量な競技用自転車（ロードバイク）が世界で活躍している　（photo／DE ROSA JAPAN）

立派な複合材料です。同じような発想が、鉄筋コンクリートです。複合材料とは、1＋1が2にとどまらず、5にも10にもなるイメージです。

炭素繊維にプラスチック樹脂などを混ぜて固めた複合材料、CFRP（炭素繊維強化プラスチック）は、航空機、宇宙船、人工衛星、レーシングカー、競技用自転車、テニスラケット、ゴルフシャフト、鮎の釣り竿などに利用されています。

レーシングカーの頂点であるF1グランプリのマシンは、軽量化のため、早くからCFRPを利用してきました。1981年、イギリスの名門、マクラーレンのMP4／1に採用され、瞬く間に炭素繊維が席巻《せっけん》しました。そして、セナやシューマッハなどの最速伝説が炭素原子のうえで生まれます。

ランボルギーニが2010年に発表した限定モデル「セストエレメント」（6番元素）は、原子番号6番の炭素を表す名前のとおり、ボディはCFRPでできており、軽量化に徹した車体です。

軍用機はもとより、旅客機でも燃費向上のための軽量化が至上命題ですから、ボーイングB787「ドリームライナー」は、炭素繊維を50パーセント近く利用しています。荷重がかかるフレームやエンジンはアルミニウム合金やチタン合金を使っていますが、胴体や翼などはほとんどがCFRPです。そういった点で、いまだに化学の入試問題に、「航空機の材料はジュラルミン（アルミニウム合金）である」みたいな旧態依然とした問題が出てくるのはどうなのかと悲しくなってきます。

最先端の軍用機、とくにステルス戦闘機など第5世代といわれるものに関しては、炭素繊維が大量に使われていると思われます。軽量化し、さらにわざと不安定な挙動にして、空中で垂直になれるほどの高機動性にします。人間離れした不安定な挙動をコントロールできるのは、各種センサーとコンピュータの姿勢制御技術のおかげです。

鉛筆の芯と同じ炭素原子が集まったものでも、集まり方を変えるだけで炭素繊維は非常に強い繊維になります。これが化学のスゴいところなのです（続きはＰ246）。

1972年5月　スマート爆弾の登場——航空攻撃に一大革命が起こった

●アメリカの北爆の激化と停止

第2次世界大戦では、高度6000メートルを時速400キロメートルで飛んでいる爆撃機から、約1トンの爆弾を1発だけ学校の25メートルプールの大きさの目標に直撃させるのに、1000発の爆弾を投下する必要がありました。まさにギャンブルでした。

これは全速力で走っている新幹線からボールを投げて、沿線の道路に置いたバケツに入れるようなもので、自由落下という点では石器時代に石を投げていた戦いとあまり変わりません。数万年にもわたって、たいして変わらなかった状況を一転させたのが、精密誘導兵器、いわゆるスマート爆弾（スマートは「賢い」の意）です。

1960年代、アメリカ軍は北ベトナムへの空爆（北爆）を実施していました。1965年3月から約3年8カ月行われた「ローリングサンダー（轟く雷）作戦」は、第2次世界大戦後、最大の航空作戦になりました。南ベトナムの反政府ゲリラの息の根を止めるため、ゲリラを支援している北ベトナムの基地や軍事物資集積所などをピンポイントで空爆するというものです。

ジョンソン大統領は当初、「私の承認なしには公衆便所といえども攻撃してはならない」と軍を牽制していました。しかし、北爆はエスカレートし、産業インフラなどへの空爆に広がり、病院や学校までもが破壊され、事実上の無差別爆撃になります。

「ローリングサンダー作戦」が始まって1カ月後あたりから、北ベトナムの要請でソ連の軍事顧問団と技術専門家、ソ連製の兵器が大量に送り込まれました。ソ連製兵器のなかで、北ベトナム軍にとって最も重要だったのは、ソ連の有名ブランド「ミグ」（ミコヤンとグレービッチの二人の設計者の頭文字と、ロシア語の「一瞬」という言葉をかけています）戦闘機、防空用のミサイル（NATOのコード名は、SA-2「ガイドライン」）、高射砲などの対空兵器です。

北ベトナムの重要な施設の周囲にはこれらが重点的に配備されていたので、アメリカ軍機の損害は日に日に増えていきました。

「ローリングサンダー作戦」における重要目標の一つが、北ベトナムのタンホアのソンマー川にかかるタンホア鉄橋（現在のハムロン橋）と、首都ハノイの紅河（ソンホン川）にかかるポールドゥメ鉄橋（現在のロンビエン橋）でした。

ポールドゥメ鉄橋は、フランス植民地時代に建設された1・6キロメートルの長大な鉄橋で、建設当時のフランス人総督の名前がつけられていました。中国からの物資と、ベトナム北部のハイフォン港からの物資を運ぶ列車が渡る交通の要衝です。この鉄橋を守るために、300の対空砲陣地と85カ所の対空ミサイルの発射点が展開されていました。

アメリカ軍の誇る爆撃機が何度も攻撃しましたが、激しい対空砲火のなか、30発の爆弾を投下しても有効な命中弾はゼロでした。高射砲などの対空火器を避けるために攻撃機の高度を上げれば、命中率が悪くなります。

北爆の成果が上がらない理由は、この一点につきました。ジレンマを解消できずに損害が増え、また反戦運動も激化して、1968年には北爆が停止されます。

当初、アメリカ国民の世論はベトナム戦争支持に傾いていましたが、伝説のボクシング世界チャンピオン、モハメド・アリが、「1万6000キロメートル離れたところまで行って人殺しをしたくない」と徴兵を拒否します。反戦運動と黒人解放運動のシンボルになると、若者を中心に徴兵拒否とベトナム反戦運動が燎原の火のように広がっていきました。〝アメリカ〟という幻の一体感が、崩壊に向かったのです。

●レーザー誘導爆弾の威力

1972年5月8日、ニクソン大統領はベトナム戦争の停滞を打開すべく、新たな北爆の実施を決定し、「ラインバッカー作戦」（ラインバッカーとは、アメリカンフットボールの用語でディフェンスの司令塔のこと）が発動されます。

これと前後して、大きく歴史を変えることになる航空作戦が実施されました。5月10日、アメリカ空軍の16機のF-4「ファントム」戦闘機が新型の兵器を装備して、ハノイのポールドゥメ鉄橋の攻撃に向かいます。

対空ミサイルを妨害するため、先行する航空機が北ベトナム軍のレーダーを攪乱《かくらん》するチャフ（アルミ箔の薄片）を大量に撒きながら、さらに電波妨害を行います。対空ミサイルを誘導するレーダーの波長と同じ波長の電波を流すことで、ミサイルの誘導を妨害できるのです。

攻撃機は対空砲火を避け、かなりの高度をとっていました。いつもとはまったく違う攻撃の仕方であるのは、北ベトナム軍にもわかりました。

別の航空機が橋に対して、つねにレーザー光線を照射しており、高高度の攻撃機から爆弾に翼がついたような新型兵器が次々と投下されます。橋に当たって、円錐状に跳ね返ってくる特定の波長のレーザー光線を、この新型爆弾の弾頭のセンサーがつねに捕捉するよう、小さな翼を生き物のように動かしていました。

新型爆弾は、レーザー光線の反射点に吸い込まれるように向かっていき、爆弾本体の約430キログラムの高性能爆薬（トリトナール＝TNT80パーセント＋アルミニウム粉20パーセント）が爆発します。爆弾は橋に12発も命中し、鉄橋は破壊されて使用不能になりました。

このとき使用されたレーザー誘導爆弾は、ICの名門、テキサス・インスツルメンツ製「ペイブウェイI」で、既存の爆弾の前後に誘導用のセンサーと電子機器類、翼をつけるだけのボルトオンの即席のキットになっていました。

続く6月には、北ベトナムの電力の75パーセントを生み出していた最重要施設、ラン・チー水力発電所への攻撃が行われました。ソ連の軍事顧問団が派遣され、高射砲と対空ミサイル群で鉄壁の守りを誇っていました。

先行の攻撃機から投下されたミサイルは、レーダーの電波を逆探知してレーダーの発信源に向かっていく対レーダー用の誘導兵器で、レーダーは一瞬で破壊されました。本隊の攻撃機からは「ペイブウェイI」が投下され、発電所の建屋から反射してくるレーザー光線に誘導され、12発が目標の発電所の建物だけを正確に吹き飛ばしたのです。

●多くの犠牲のうえに成し遂げた南北統一

これらの誘導兵器により、ソ連が威信をかけて北ベトナムの各地に数十億ルーブルの費用をかけて構築した最新の防空システムは、まったく無力になりました。これは軍事技術において、革命的な出来事でした。

ホーチミン・ルートという南ベトナムへの補給路があるラオス、カンボジアにいたるまでの空爆で、さまざまなスマート爆弾が使用され、アメリカ空軍だけでも2万5000発が投下されました。ですが、アメリカ国内はもとより、世界に広がったベトナム反戦運動とベトナム人の南北統一、完全独立への強い意志の前に、最新兵器ですら完全に敗北したのです。

1973年には、アメリカ軍が約5万8000人の戦死者を出してベトナムから撤退します。傀儡政権であった南ベトナム政府は砂上の楼閣となり、1975年4月30日、北ベトナム軍と南ベトナム解放民族戦線の猛攻撃により崩壊しました。

1976年には、かつてのジュネーブ協定で取り決められていた南北統一選挙が協定から22年目にして実現し、ベトナム社会主義共和国が成立します。南ベトナム政府の首都サイゴンはホーチミンと名前を変えました。

ホー・チ・ミンらが、かつて火縄銃にサンダル履きで独立のために武装蜂起してから、30年以上も戦いが続きました。アメリカ軍はこの戦争で、第2次世界大戦で投下した200万トンの約3・9倍の780万トンもの爆弾を、小さな国、ベトナム、ラオス、カンボジアに投下しました。

ホー・チ・ミンと民衆は、300万人以上のベトナム人の犠牲のうえに、南北統一を成し遂げたのです。

1973年 第1次オイルショック――石油に依存する国が受けた大打撃

●わずか3カ月で原油価格が3・9倍に

石油は現代文明の血液のようなものです。私たちの生活に原油価格の変動が大きな影響を与えています。原油価格は「1バレル当たり何ドル」のように取引されていますが、1バレルは約159リットルです。もともとはアメリカでウィスキー用の樽《バレル》に石油を入れて運んだことから、この単位になりました。

1973年10月6日、イスラエルと、エジプトやシリアなどのアラブ連合軍とのあいだで、第4次中東戦争が起こりました。

これを引き金に、OPEC（石油輸出国機構）のイラクやサウジアラビアなど6カ国がクウェートに集まり、それまで巨大な多国籍企業が決めていた石油価格と生産量を自分たちで決める方針を打ち出します。また、イスラエルを支援するアメリカやオランダに対しては、石油の禁輸措置も講じました。

10月から12月までのわずか3カ月のあいだに、原油の価格は約3・9倍に高騰します。これを第1次オイルショックといいます。現代社会を支える石油というものが、石油に依存する先進国を翻弄《ほんろう》し、中東の石油産出国の圧倒的な存在感を見せつける事件でした。

世界を激しく揺さぶる力を持つものは、目に見えないものです。進化したウイルスもそうですが、**資源という最も地味なもの、その小さな原子や分子がとてつもなく大きな影響力を持つのです。**

先進国では石油価格が急上昇し、日本では、トイレットペーパー、洗剤、砂糖、塩、醤油などの買い占めが横行し、人びとはパニックに陥りました。物価も跳ね上がり、整備新幹線や瀬戸大橋などの公共事業が延期または縮小されました。**日本の驚異的な高度経済成長は、ここで終わりを告げます**。現代がいかに石油に依存しているのかを見せつけた事件です。

●新兵器のテスト場となった現代版「クレシーの戦い」

1948年5月14日に、ユダヤ人による国家イスラエルが建国され、首都をエルサレムと定めると大きな軋轢《あつれき》を呼び起こします。そもそも、エルサレムはユダヤ教以外に、イスラム教、キリスト教の聖地でもあるのです。さらに、定住したアラブ人を追い出しながら領土を広げていくわけですから、すぐに戦争へと突入します。

建国直後に起きた第1次中東戦争では、イスラエル軍も、エジプトやシリアが主体のアラブ連合軍もともに、第2次世界大戦の余剰品のような兵器で戦っていました。イスラエル軍は、かつてユダヤ人を迫害したナチスの兵器の流れを汲《く》む戦闘機や戦車まで使っていました。

第4次中東戦争は、「ヨム・キプール戦争」ともいわれます。1973年10月6日、この日はイスラエルのユダヤ教の「ヨム・キプール（償いの日）」といわれる祝日で、アラブ連合軍が突如、イスラエルに奇襲攻撃を仕掛けました。

米ソ冷戦で開発されていた初期の対戦車ミサイル、対艦ミサイルなどが投入され、**現代戦の方向性を強烈に打ち出したのが第4次中東戦争です。**

戦争は、奇襲攻撃で始まった初戦で、アラブ連合軍がイスラエル軍を圧倒します。反撃に飛来するイスラエル空軍のジェット戦闘機は、高高度を飛行すればソ連製の自走式地対空ミサイルSA-6（NATOのコード名は「ゲインフル」。英語で「儲かる」の意）の攻撃を受けました。

それを回避して、レーダーが届きにくい超低空で飛行すれば、ソ連製の、車載レーダーで管制される4連装の自走高射機関砲「シルカ」にねらい撃ちされ、100機以上が撃墜されました。

地上戦では、初日だけで100両ものイスラエル軍戦車が撃破されました。エジプト軍歩兵が装備したソ連製の有線誘導（電線ケーブルが付いたもの）の対戦車ミサイル「マリュートカ」（ロシア語で「赤ちゃん」の意）はイスラエル戦車を次々に撃破しました。

また、一人で肩に載せて撃てるソ連製の携帯式対戦車ロケット発射機RPG-7により、歩兵があちこちでイスラエルの戦車を撃破し、新しい時代の象徴となりまし

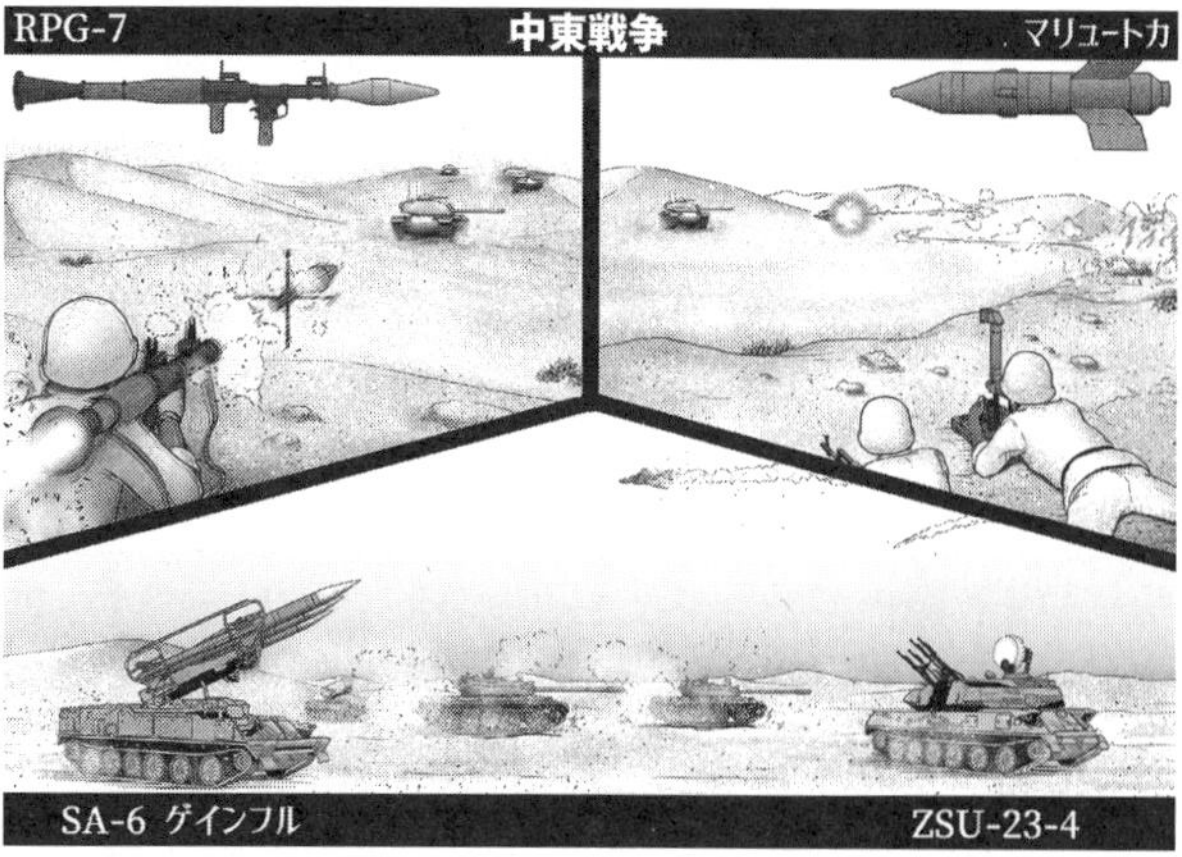

た。

軍事専門家はこの状況を見て、現代版「クレシーの戦い」だと評しました。クレシーの戦いは、１３４６年にフランスの大西洋岸カレー南部で起こったイングランドとフランスの戦いで、イングランドの新兵器の長弓（ロングボウ）の部隊が、一瞬でフランスのエリート弩弓《どきゅう》部隊を壊滅させた事件です。

名声轟く軍隊ですら、最新のテクノロジーが生み出す革新的な兵器を使いこなす軍隊によって、一瞬にして葬り去られてしまうという歴史の真理を見せつけました。

『ケミストリー世界史』にも書きましたが、誰でも扱える**カラシニコフＡＫ−47突撃銃**

と、このRPG-7が、20世紀後半から現在へ続く地域紛争、いわゆる低強度戦争（通常戦争と平和状態との中間にあたる緩やかな戦争状態）という〝戦争の大衆化〟を推し進めた象徴的な兵器です。

これらの兵器は、第2次世界大戦でのドイツ軍にルーツを持つ兵器です。20世紀後半から今日まで、第2次世界大戦でドイツ軍が開発した兵器の血統、後継ともいうべき兵器を使って人類は戦っているのです。

窮地に陥ったイスラエル軍に対して、アメリカのニクソン大統領は、「空を飛べるものすべて！」と活を入れ、アメリカ軍の輸送機を総動員して兵器をイスラエルに空輸して支援しました。この援助でイスラエル軍は攻勢を強め、開戦19日目に停戦となりました。

●オイルショックが生み出したさまざまな新技術

この第1次オイルショックの年に出された1冊の本が、大量消費社会に対して一石を投じることになります。

ドイツ生まれの経済学者エルンスト・シューマッハーが書いた『スモール・イ

ズ・ビューティフル』という本で、「**資源を浪費し、環境を破壊する集約型の巨大な産業構造から、地産地消、等身大の技術を基盤とした社会に転換すべきだ**」と新しい社会のあり方を問いかけました。

産業革命以来、産業と技術は、製鉄所、石油化学コンビナート、原発など、重厚長大、集約化を正義として突き進んできました。ですが、テクノロジーの進化によって、分散型の社会が可能になるのではないかというのです。中央集権的、集約形の産業が、万が一の災害などのリスクに弱いのは明らかです。

生命は同一の種でも、適材適所に進化して多様化することによってウイルスなどにより全滅するリスクを回避して、種のサバイバビリティ（生き残る力）を担保してきました。戦闘艦や潜水艦などの艦内の移動が不便になるにもかかわらず、一見、不合理に見える小さな区画に細かく分けているのは、浸水というリスクを最小にするためなのです。

近視眼的に、一見しただけでは不合理な、面倒くさい、遠まわりだと思われることのなかに、じつはもっと大きな視点での戦略が潜んでいるのです。

オイルショックによって、世の中は大きく変わりました。自動車や旅客機の性能は燃費で語られるようになり、燃費の少ない高効率のエンジンが開発され、軽量化のため、アルミニウムやプラスチック樹脂製品が多用されるようになっていきます。この流れで世界に躍進してくるのが、日本の自動車メーカーです。

先進国は、脱石油、省エネルギー社会の方向を探るようになります。**オイルショックが省電力の技術や太陽電池などの新しいテクノロジーを生み出し、発展させていきます**。

一方、産油国は原油を輸出するだけでなく、加工して、石油製品にすることで付加価値をつけてから輸出する石油化学工業を、現地に導入するようになります。産油国自体に、巨大な石油化学コンビナートが出現するようになるのです（続きはP266）。

1973年 液晶モニターの実用化——電卓からスタートしスマートフォンへ

●液晶研究にとり憑かれた研究者たち

私が小学生のころ、テレビは大きな段ボール箱のようなものでした。「将来、壁掛けテレビっていう薄型のテレビが実用化するよ」と、ド○えもんの本などでは言及されていました。

私の父親の世代が若いころは、テレビは個人で買えるものではなく、東京・新橋駅前などにあった街頭テレビにみんなが集まり、力道山vsシャープ兄弟のプロレスに熱狂したものです。

それがいまやテレビは薄型になり、自動車のメーター類も液晶モニター、電車内の広告も液晶画面、うちの娘が小学校から持って帰ってくるのも液晶のタブレット端末の時代になりました。魔法の板、液晶の分子が世界を変えたのです。

液晶を最初に発見したのは、オーストリアの植物学者フリードリヒ・ライニッツアーです。チェコの研究所では、ニンジンからコレステロールを取り出して、いろいろな分子と結合させて新しい分子（誘導体といいます）をつくっていました。

１８８８年のあるとき、そのなかで新たな化合物（コレステリルベンゾエート）の溶液が、白濁状態から温度が上がるとだんだん透明になり、やがて白濁が消えるという謎の現象を発見しました。ライニッツアーはこの謎の現象の解明を、ドイツのオットー・レーマンという物理学者に求めました。

レーマンは、この現象が液体と固体の中間的な状態であり、液体結晶、つまり液晶であると考えました。固体の結晶では、原子や分子、イオンといった粒子が規則正しく並んでいます。液体は規則性がなく、ゆる〜く集まっている状態です。その中間をとる状態の物質であると解明しました。

さらに、生物学の分類の泰斗エルンスト・ヘッケル（美しい細密生物画で有名）と交流があったレーマンは、この分子が液晶として集まる過程こそ、物質から生命へと進化する本質だとして液晶にとり憑かれました。

このころ、フランスの鉱物学者ジョルジュ・フリーデルは、この液晶にいくつかのタイプがあるのを発見します。液晶分子が糸状に連なる性質のネマチック液晶（ギリシャ語で「ネマ」は「糸」の意）、液晶分子が層状に集まるスメクチック液晶（ギリシャ語で「スメグマ」は「石鹼」の意）などに分類しました。

フリーデルの父親シャルル・フリーデルは、フリーデル・クラフツ反応という有名な化学反応を発見した化学者です。この反応を使ってアメリカは高性能な航空機用ガソリン（ハイオクガソリン）を製造し、米英連合軍の圧倒的な航空兵力を支えました。まさに世界を変えた化学反応を発明した人でした。

ドイツではレーマン以降、液晶の研究者が続き、ハレ大学（現在のマルチン・ルター大学）のダニエル・フォーレンダーは、さらに１０００種類近くの液晶分子を合成しました。ブラウン管が白黒全盛期の１９６０年代、アメリカ、イギリス、カナダなどで液晶を利用したモニターの研究が始まりました。

１９６８年、ネマチック液晶を用いた世界ではじめての液晶表示の装置がアメリカのＲＣＡ（ラジオ・コーポレーション・オブ・アメリカ）のジョージ・ハイルマイヤーのもとでつくられました。これはＤＳＭ（動的散乱モード）方式というもので、電圧をかけると液晶が白濁する現象を用いていました。

このころ、いくつか新しい液晶表示が登場しますが、電圧変化への応答も遅く、耐久性もないので実用化は断念されました。

●耐久性のある液晶分子の発見

１９７１年２月、ついに真打ちが登場します。ＲＣＡからスイスの製薬企業ロシュに移ったヴォルフガング・ヘルフリヒは、革新的な「ねじれネマチック（ＴＮ＝ツイステッドネマチック）方式」という液晶モニターの原理を論文で発表しました。これが現在の液晶モニターにつながる原理です。

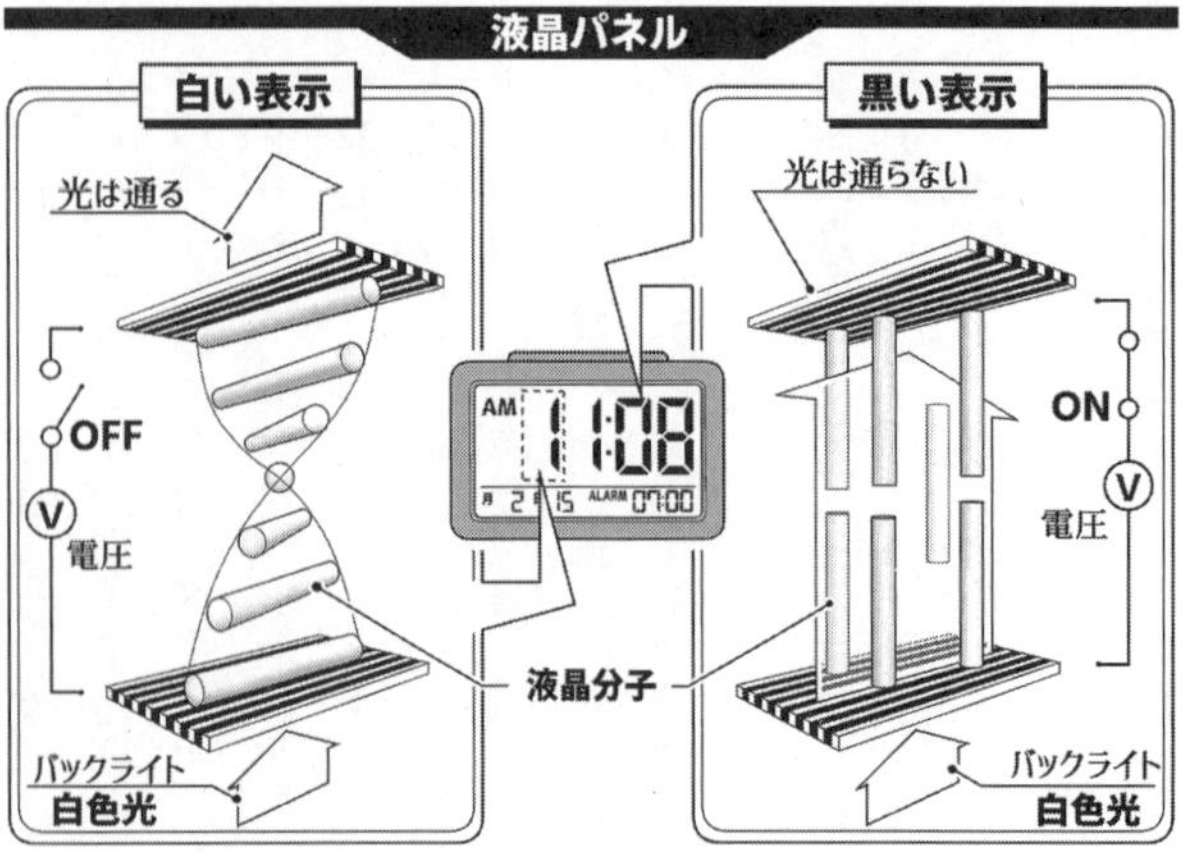

光を微細な鉄格子のようなスリットに通し、入射光の振動方向をそろえた〝偏光〟にして通します。電圧がオフのときは、液晶分子の並んでいる配置に沿って光の進路も90度曲げられます。光が出る側のスリットを入射側から90度回転しておけば、光は通ることができます。

電圧をオンにすると、液晶分子が直立に近い状態に向かい、光の進路は90度曲がらなくなります。直進した光は遮られて、出られないので黒い表示になるのです。

現代の最先端の液晶は初期のものと少し違いますが、この**液晶分子の並びを電圧のオン・オフで変えて、光のシャッターにするという根本の原理は同じです。分子レベルで、**

液晶分子

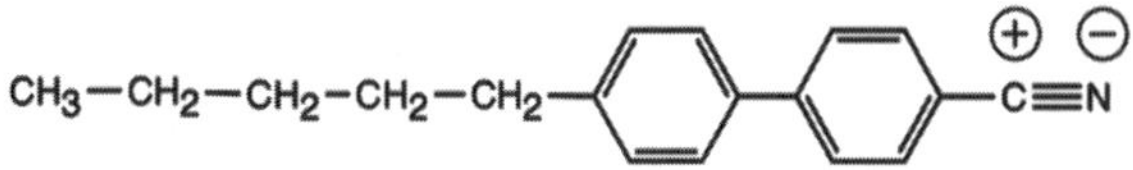

ジョージ・グレイが発明した通称 5CB といわれる初めての実用的な液晶分子。 棒状の分子で先端に+、−の電荷をもつ。

光のブラインドのようなものにしているのです。

実用化のためには、電圧に対して応答性がよく、耐久性のある液晶分子が必要になります。

１９７２年の夏、イギリス・ハル大学のジョージ・グレイらはアルキルシアノビフェニルという一連の化合物を合成し、理想的な液晶材料であることを発見しました。この分子の発明が、今日の液晶時代をつくりだしたといっても過言ではありません。

●ついに液晶の時代が到来

１９７３年、世界初の本格的な液晶モニターを備えた商品が登場します。日本のシャープが発売した電子卓上計算機（電卓）です（ＤＳＭ方式を使っていました）。

同じ年に、ねじれネマチック方式を使った現在のテレビやスマホなどの液晶パネルの原型、薄膜《はくまく》トランジスタ

（ＴＦＴ）液晶ディスプレイが登場します。小さな一つひとつのセルといわれる微小空間にトランジスタがつくりこまれており、微小な電気信号でセルの電圧を制御して、液晶の並び方をコントロールします。

消費電力が小さいので、膨大な数のセルを同時に制御できます。いまの液晶はほとんどがこのタイプです。１９８０年代に急速に液晶ビジネスが成長していき、１９８４年には、エプソンが世界に先駆けてカラー液晶モニターをつけたポータブルテレビを発売します。

１９９０年ごろ、私は浪人生でしたが（泣）、秋葉原のパソコンショップで、１２０万円くらいするＮＥＣのフルカラーＴＦＴ液晶の新型のラップトップパソコンを現金で買っていく人を、指をくわえて横で見ていました。

１９９９年、シャープがＴＦＴカラー液晶を用いた20インチの大きなカラーテレビを商品化し、大型液晶モニターの時代が到来しました。

高度な半導体技術で電子回路が小型化し、薄型のリチウムイオン電池、そして高性能な液晶モニター、これらがジグソーパズルのように組み合わされ、21世紀に世界を変える大きなガジェット（仕掛け、装置）を生み出します。……そう、それがスマートフォンです（続きはP256）。

1973年 遺伝子工学の誕生――バイオテクノロジーの巨大化が進む

●DNAを切ったり貼ったりして組み換える

1973年、人類は生命の設計図である遺伝子を切ったり貼ったりして組み換える、遺伝子工学を誕生させました。まさに生命を設計図から操るという神の領域に足を踏み入れたのです。

これを契機にバイオテクノロジーが巨大化します。バイオとはギリシャ語の「ビオス」（「生命」の意）からきた言葉です。

大腸菌などの細菌は、敵となるウイルス（バクテリオファージ）から注入されるDNAをズタズタに切断する制限酵素というものを持っています。制限酵素はいろいろな種類があり、それぞれが特定の塩基配列のところを切断できます。

切り口はDNAの2本鎖の片側が少しだけはみ出して残るのでジョイントとなり、同じ酵素で切ったほかの2本鎖とつながりやすくなります。同じ制限酵素では、必ず切り口が同じものになるところが重要です。

また、細菌はメインの遺伝子とは別に、オマケ的なプラスミド（自己増殖性のDNAの総称）というネックレスのような環状のDNAを持っています。**プラスミドには突然変異で獲得した抗生物質を無力化する酵素の遺伝子などが含まれ、細菌どうしでこのプラスミドを渡すこともできます。これが抗生物質の過剰使用で耐性菌が生まれる仕組みです。**

ある種のプラスミドに、別の遺伝子が入ったプラスミドの一部を挿入して、新たなプラスミドをつくれば、新しい遺伝子を導入することができます。たとえると、チョコレートのドーナッツを切り出してきて、普通のドーナッツを切ったところに挿入して、新しいハイブリッド型のドーナッツをつくるというような感じです。

●DNA組み換え技術の誕生

1972年、ハワイの学会でカリフォルニア大学微生物研究室のハーバート・ボイヤーは、スタンフォード大学のプラスミド研究者スタンリー・ノーマン・コーエン（ノーベル生理学・医学賞を受賞したスタンリー・コーエンは別人です）と知り合います。

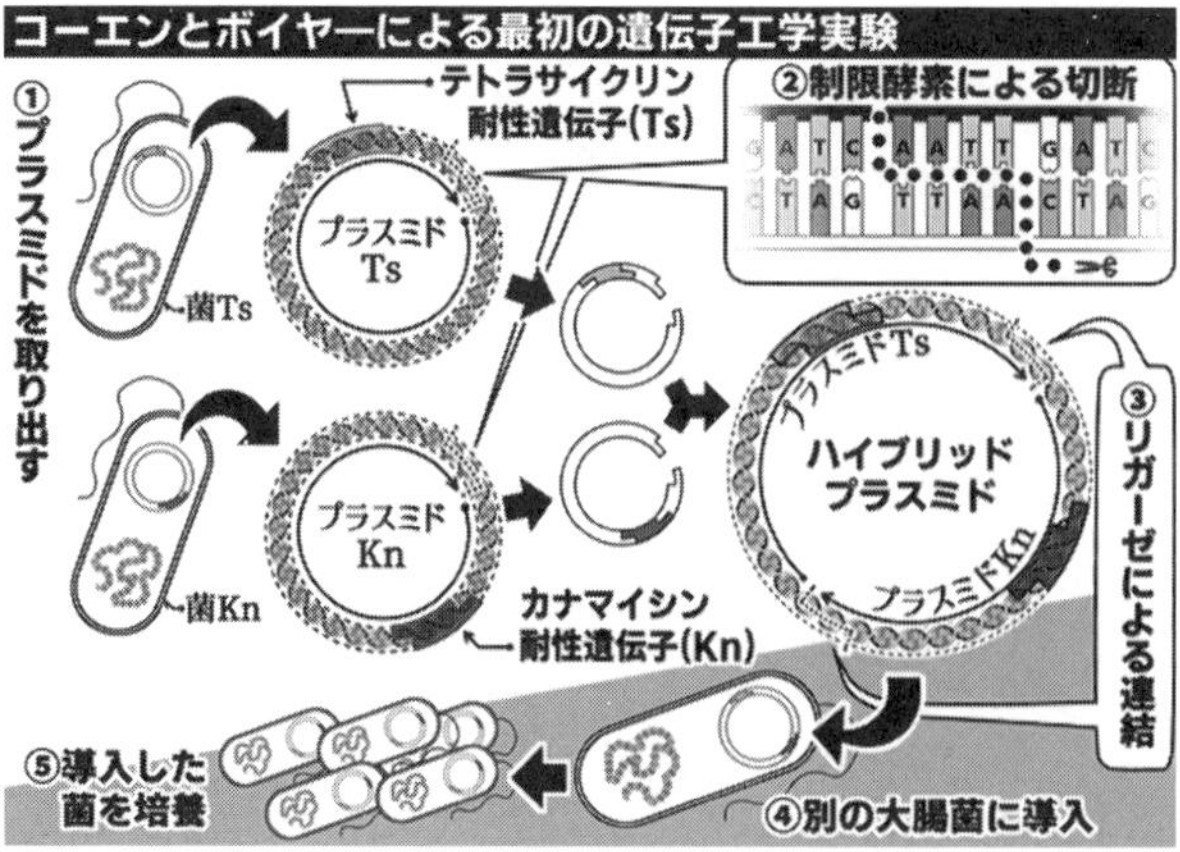

二人はサンドイッチとビールで大いに意気投合し、発見されていた制限酵素を使った遺伝子組み換えの実験について、ナプキンにアイデアを書きまくって議論しました。アインシュタインやエールリッヒなど歴史に名を残した科学者たちはみな、ナプキンに書き込んで大発見を成し遂げています。

テトラサイクリンという抗生物質を無力化する酵素の遺伝子をプラスミドに含んだ大腸菌を、菌Tsとします。この大腸菌のプラスミドを、ある制限酵素で処理して一カ所を切断し、環を開きます。

また、抗生物質カナマイシンを無力化する酵素の遺伝子をプラスミドに含む大腸菌を、菌K_nとします。この菌K_nのプラスミドから、菌T_Sで使ったのと同じ制限酵素を用いて2カ所を切って、カナマイシンを無力化する酵素の遺伝子を取り出します（このような特異性を持つ制限酵素を選んで準備しておきます）。

同じ制限酵素を用いると、切り口の塩基配列がみな同じなので、お互いを貼り合わせることができます。

次に、切り口どうしを、糊のように接着できる酵素（DNAリガーゼ）を入れて切り口を結合させると、新たに二つの遺伝子がハイブリッドになったプラスミドができあがります。

これらとは別に、プラスミドを取り込める状態に処理した、第三の新たな大腸菌（どちらの抗生物質にも耐性がないもの）を投入して、ハイブリッドのプラスミドを菌のなかに取り込ませ、新しい遺伝子を持った変異株をつくります。

容器内の大腸菌を培養したあと、テトラサイクリンとカナマイシンの二つの抗生物質を容器に加えます。片方の抗生物質にしか耐性がない菌T_Sと菌K_nは全滅しますが、ハイブリッド菌はどちらの抗生物質も無力化して生き残って、さらに増殖します。

●大腸菌を使ってタンパク質を大量生産

1973年3月、実験を始めて2カ月足らずで、ボイヤーとコーエンはこの新しい変異株の菌を取り出し、培養して増やすことに成功しました。これによって、**遺伝子をハイブリッドして新たな遺伝子をつくること、そして新しい形質の遺伝子のDNAを大量に複製する「DNAクローニング」の二つを発明したのです**。

人類が、ときには何世代もかけて行ってきた地道な品種改良が一気に時代遅れとなり、遺伝子レベルでの形質転換が超速で可能になったのです。ただ、彼らは新しい発見に忙殺されていたので、この技術の持つ新しい可能性、巨大なビジネスチャンスに気づいていませんでした。

それは、**新しい遺伝子を大腸菌に入れて、それを増殖させ、その遺伝子のタンパク質を合成させれば、医薬や工業的に必要な複雑なタンパク質を大量生産できるというものです**。大腸菌は20分で2倍に増殖するので、ネズミ算式に大量培養が可能です。つまり、大腸菌を使ったタンパク質の大量生産、大腸菌の化学工場化が可能となるのです。

ボイヤーとコーエンは、カエルの遺伝子をプラスミドに組み込んで増やすことにも成功し、高等生物の遺伝子組み換えも可能なことを証明しました。

しかし、こういった遺伝子組み換えが乱用されて危険性が生じる危惧や、倫理的な問題などで遺伝子組み換え技術は物議をかもし、1975年、カリフォルニア州アシロマで組み換えDNA実験の安全管理基準などが議論されました。

二人はその後、別々の道を歩みます。陽気なボイヤーは巨大なビジネスを立ち上げ、まじめなコーエンは研究を続けながら、遺伝子関連のベンチャー企業、シータスのコンサルタントになります。そして、10年とたたないうちに、このシータスからまたもやバイオテクノロジーにおける革命的な技術が生み出されます。それがPCR法（ポリメラーゼ連鎖方法）です（続きはP296）。

●巨大バイオ企業の誕生

さて、ボイヤーとコーエンの遺伝子組み換えを、巨大なバイオテクノロジー・ビジネスに昇華させた第3の男が出現します。MIT（マサチューセッツ工科大学）で化学を学び、金融業界の大手、シティバンクに就職したロバート・スワンソンです。

スワンソンはベンチャービジネスの投資を担当したあと、別の投資会社に移って、この会社が多額の投資をしていた新興企業、シータスの経営アドバイザーになっていました。

彼は、シータスに新しいテクノロジーである遺伝子組み換えビジネスをすすめていましたが、トラブルでクビになります。失業後は再就職もうまくいかず、自分で遺伝子組み換え企業を立ち上げようと動きます。スワンソンはまだ28歳でした。

スワンソンは、ビジネスにまったく興味がないボイヤーに何回も電話をかけ、ついにバーに誘って熱心に勧誘することに成功します。そして、二人でジェネンテックという遺伝子工学のベンチャー企業を起業したのです。

彼らがまず事業化したのが、血糖値（ブドウ糖＝グルコースの濃度）を下げるホルモンであるインシュリンを、遺伝子組み換えにより大腸菌に生産させることでした。

血液中の血糖値を下げるホルモンは、アミノ酸が51個つながったインシュリンという分子です。このような多数のアミノ酸がつながったものをポリペプチドといい、一般にタンパク質といわれるものになります。

インシュリンが分泌されると、血液中のグルコースの濃度が下がるので、糖尿病

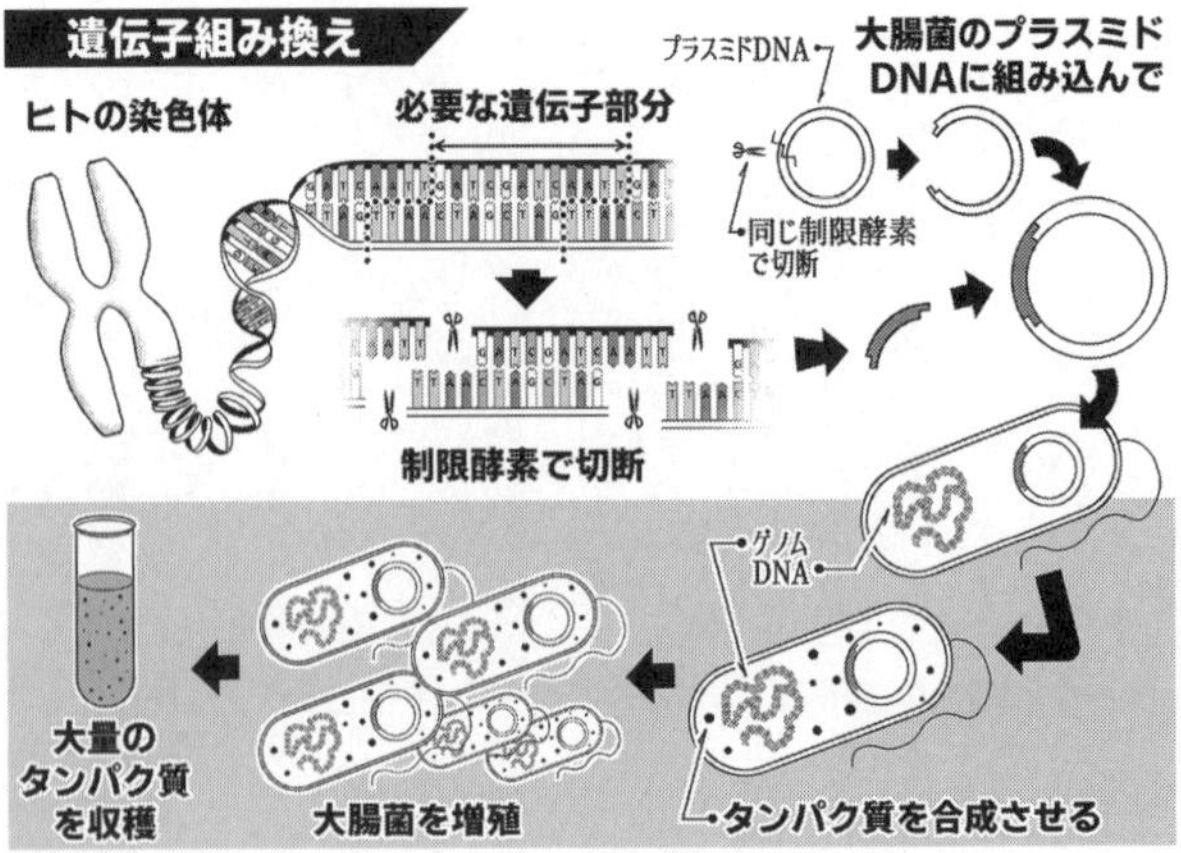

で血糖値が上がったときには、インシュリンを投入すればいいのです。

1982年までは、食肉処理場で採取した牛や豚の膵臓から単離していました。ですが、牛のインシュリンでは3個のアミノ酸が異なっていて、豚のインシュリンでは1個のアミノ酸が異なっているので、効果が低下したり、アレルギーを起こしたりするなどの副作用の可能性がありました。

1978年8月、ジェネンテックでヒトのインシュリンの遺伝子をプラスミドに組み込んで大腸菌に導入し、増殖させてインシュリンを大量生産できる技術が開発され、1982年にFDAの認可がおりました。

さらに、矮小《わいしょう》発育症（低身長症）の治療に必要なヒト成長ホルモン（タンパク質）の生産も実用化しました。脳の下垂体でつくられ、身長を伸ばしていくのを誘導するホルモンが分泌できない病気になると、正常な身長に育つことができなくなります。ですが、ヒト成長ホルモンを10年くらい注射することで治療できます。

また、免疫を強化し、抗ウイルス作用を示すタンパク質（インターフェロン）などの医薬品を次々に大量生産すれば、莫大な利益をあげることができます。

1980年10月、ジェネンテックの株式公開では、製品数はゼロにもかかわらず、取引開始から数分で株価は35ドルから89ドルに高騰し、3800万ドルもの資金を調達しました。当時の株式市場最大の利益を弾き出したのです。ボイヤーとスワンソンは、バイオテクノロジーで億万長者になりました。

私は大学生のときに、父親が自己破産し、学費も自分で払うほどの貧乏学生だったので、ボイヤーのようにバイオテクノロジーで巨万の富を築いてやろうと野望を抱いていました。

そこで、進路としてバイオ系の研究室を志望しましたが、人気のあるバイオの研究室の配属を決めるくじ引きにハズれ、そこで終了しました（泣）（続きはP296）。

1974年6月 チリの軍事独裁政権誕生——資源確保のための謀略

●銅山の国有化をめざしたアジェンデ大統領

南米大陸の太平洋岸、南北に長く延びるチリは鉱物資源の宝庫です。かつては、チリ硝石（硝酸ナトリウム）という肥料や硝酸（火薬づくりなどに用います）の原料鉱石や、肥料になるグアノ（リン鉱石）の採掘が盛んでした（『ケミストリー世界史』P376参照）。

チリを代表する鉱物資源は銅で、巨大な銅山があります。銅は現代社会に欠かすことのできない金属です。おもに電線に使われ、1台の自動車の配線用の電線は長さ2キロメートル以上になるほどです。銅は、家電製品、電子機器、半導体のデバイスなどあらゆるところに使われます。

医師のサルバドール・アジェンデは、チリ社会の貧困を解決すべく政治家をめざし、1970年の自由選挙で大統領に選ばれました。大統領として彼がめざしたのは、銅山の国有化でした。チリの巨大な銅山は、アメリカの巨大な多国籍企業、アナコンダやITTなどが占有して資源を搾取していました。アジェンデは、銅山の国有化による収益で貧困層の救済をめざします。

アナコンダはアメリカの鉱山会社で、チリ、メキシコ、カナダなどでおもに銅山を経営していました。アナコンダのチリでの産銅量は3分の2を占め、チュキカマタという世界最大の銅山も所有していました。

ITTは、1920年に小さな電話会社から創業した国際通信会社で、世界中に通信網をめぐらせていました。一代で巨大企業にした創業者のソスシーンズ・ベーンは電話王ともいわれ、巨万の富を蓄積します。

当時、台頭してきたヒトラーにも接触し、ナチス親衛隊にも資金を提供し、ナチスのナンバー2、ヘルマン・ゲーリングとも懇意でした。戦時中、ITTのドイツ国内の工場は、レーダーや無線装置、弾道ミサイルなどの電子部品を製造していました。

アメリカのニクソン大統領は、アメリカの権益を損なう社会主義者アジェンデ大統領を敵と見なし、選挙前からCIAなどを使って水面下で工作を開始していました。銅山をはじめとして、なんとしてもアメリカの利益を守らなくてはならず、そのための親米政権でなければならなかったのです。

●アメリカが陰で操った"南米の9・11"

ニクソン大統領は、国策としてアジェンデ政権を崩壊させる動きをとります。金融封鎖を行ってインフレを誘導し、さらにチリ国内ではファシスト組織を援助したり、ストライキなどを誘導したりしました。

また、当時、チリの輸出額の70パーセントを占めていた銅の輸出も妨害します。経済的混乱で国民をアジェンデ政権から離反させつつ、軍にクーデターを起こさせようと画策していたのです。

1973年9月11日、陸軍のアウグスト・ピノチェト将軍らがクーデターを起こしました。首都サンティアゴには戦車隊が進軍し、国営ラジオ放送局が爆撃され、大統領宮殿では激しい爆撃と銃撃戦が起こりました。

アジェンデ大統領は、国民に向けた有名なラジオ演説を銃声のなかで行い、外国の陰謀に対してチリの人民が不屈の戦いで輝ける未来を手にするだろう、という主旨の最後の別れの挨拶をして亡くなりました。

このクーデターのさなか、多くのアジェンデ支持の大学生や教職員、貧困層などの市民が街頭に繰り出してきましたが、国立競技場に集められて虐殺されました。ピノチェトは社会主義的な書物まで焚書《ふんしょ》するほどの徹底ぶりでした。ピノチェトの軍事独裁政権は、秘密警察を使って国民を支配し、１９７４年６月から１９９０年まで続きます。この間、アメリカ政府はピノチェト政権を支援しつづけました。

クーデターから2年後、この事件を題材にしたフランス・ブルガリア合作映画「サンチャゴに雨が降る」がつくられました。私が高校生のとき、レンタルビデオ店に借りに行くと、なぜか「特攻要塞都市」という、アクション映画「ランボー」のようなタイトルになっていて思わず絶句しました。これも軍事政権の陰謀かと思ったものです（笑）（続きはP256）。

Column

チリで新自由主義が始まる

20世紀の資本主義経済は、ケインズの提唱したケインズ経済学をバックボーンにしていました。ケインズ経済学は、政府が積極的に規制や投資で市場経済に介入していく手法です。たとえば、ダム工事や道路建設、都市開発などの公共事業に投資して、それを起爆剤として失業者を減らし、世の中にカネをまわして景気をよくしようとする考え方です。

1929年のウォール街で起こった大恐慌への対策として、ニューディール政策により、フーヴァーダム（建造当初はボールダーダムと呼ばれていました）などの大規模な公共事業が行われたのは有名です。

このケインズ経済学に異議を唱える「マネタリズム」という考え方が、1960年代、アメリカの経済学者ミルトン・フリードマンらにより提唱されました。政府系銀行からの貨幣の流通量を増やすだけにして、政府による市場経済への積極的な介入はやめて、規制緩和によって経済を活気づけるべきであるという考え方です。経済や福祉、教育などの政府の機能を、新自由主義（ネオリベラリズム）によって民営化し、縮小して（小さな政府）、私企業の競争原理を導入して経済を活性化するという考え方にもつながります。

イギリスのサッチャー政権、アメリカのレーガン政権が新自由主義を掲げ、日本でも1980年代から新自由主義的な政策、すなわち電信電話事業の民営化（電電公社からNTT）、国有鉄道の民営化（国鉄からJR）、郵便事業の民営化（郵政省からゆうちょ銀行)、国立大学の独立行政法人化が行われてきました。現在は、日本銀行の金融緩和政策などが続いています。

アメリカで学んだフリードマン派のチリの経済学者たちは、ピノチェトのクーデター後、世界に先駆けてこの新自由主義の政策を始めました。年金、教育など国有化されていた事業は私企業にたたき売られ、規制の撤廃により外国の資本が流入、支配するようになり、国内産業は荒廃し、労働者は安い賃金で働かされ、輸出に特化した経済構造になっていきました。

その結果、経済格差が大きくなり、失業者も増大して、1980年代には国民の多くが貧困層へと追いやられていったのです。

1974年6月　オゾン層の破壊を警告――地球の最悪の事態は救われた

●フロン製造企業にとっての〝不都合な真実〟

いまでは小学生でも知っているオゾン層の破壊ですが、この地球の大惨事にいち早く気づいて警告を発した〝炭鉱のカナリヤ〟ともいうべき二人の賢人がいました。カリフォルニア大学のシャーウッド・ローランドとマリオ・モリーナです。

二人はフロン類という化合物がオゾン層を破壊する仕組みを解明して、その論文を1974年6月に科学雑誌「ネイチャー」に発表しました。その後、オゾン層の破壊が実証されて、オランダのクルッツェン博士と共同で1995年のノーベル化学賞を受賞しました。

クルッツェン博士は、彼らの研究以前に、イギリスとフランスの超音速旅客機コンコルドに対抗して、アメリカが計画していた超音速旅客機のジェットエンジンの排ガスがオゾン層を破壊する可能性があることを突きとめた研究者です。

フロンガスはフロン類といわれる一連の化合物で、炭化水素という炭素と水素の化合物の水素原子を塩素原子とフッ素原子に置き換えた化合物です。1928年に、トマス・ミジリーというアメリカの化学者が発見しました（『ケミストリー世界史』P480参照）。

フロン類は反応性が低く、人体にも無害の夢の物質として、冷蔵庫、エアコンなどの冷媒、スプレーなどの噴射用ガス、工業的な洗浄剤（洗ったあと勝手に蒸発してくれ

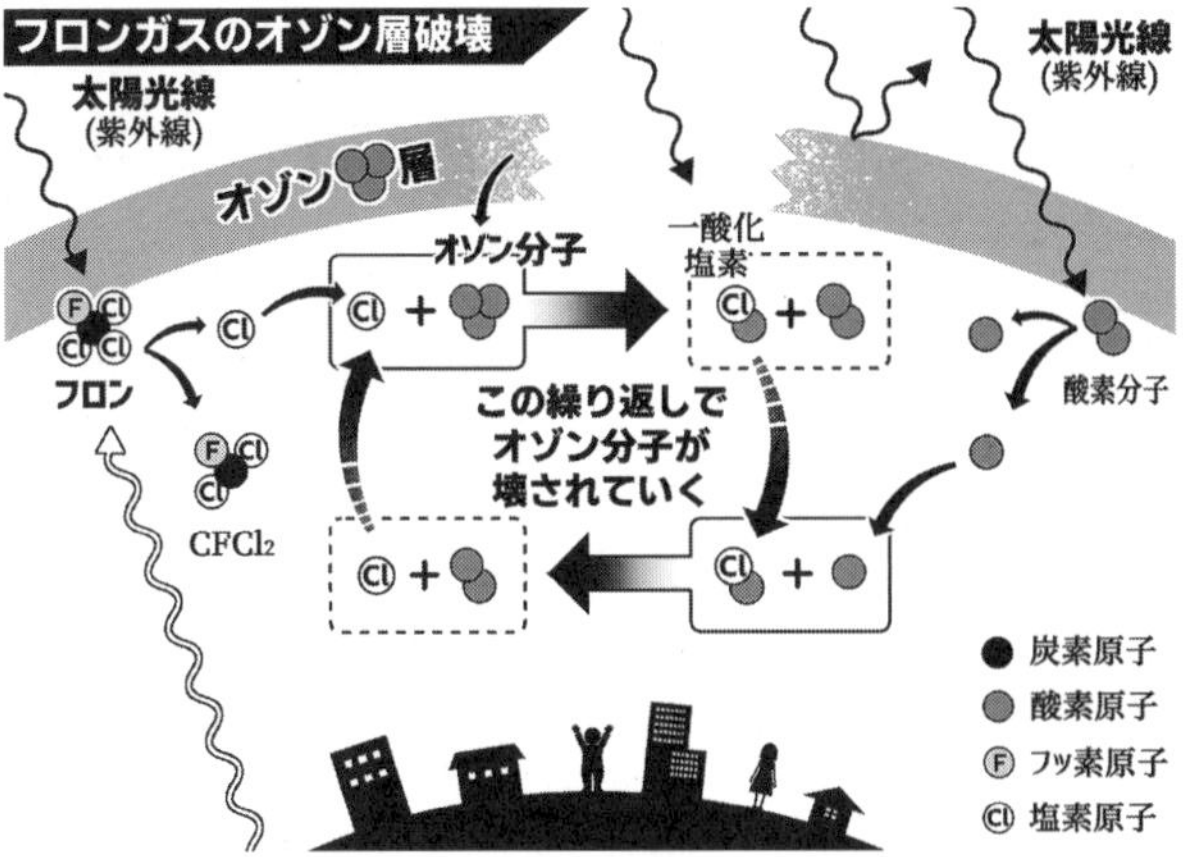

ます）などとしてもてはやされました。

大気に出たフロンガスはゆっくりと空気の対流で上っていき、上空20キロメートルくらいの成層圏に到達すると、紫外線により炭素原子と塩素原子の結合C－Clが切れてしまいます。これによって生じた塩素原子は、不対《ふつい》電子というペアになっていない電子を持った「ラジカル」といわれるものになります。

ラジカルとは活性種のような意味合いで、「遊離基」と訳されます。ラテン語の「ラディックス」（「根」の意。ラディッシュも同じ）が語源です。分子構造のなかで、〝根〟となる原子の集まり（原子団）を想定した19世紀の言葉が由来です。

紆余曲折を経て、反応性が高い原子や原子団を指すようになり、現代では不対電子を持った反応性の高いもの全般を指します。過激に反応するからラジカル（過激）となったという俗説がありますが、これは嘘です。

塩素ラジカルがまわりのオゾン分子を壊したあと、ふたたび塩素ラジカルが再生されます。このサイクルを繰り返す連鎖反応で、一つの塩素ラジカルが数万個のオゾンの分子を壊してしまうのです。紫外線を吸収するバリアーであるオゾン層が破壊されると、紫外線が地表に降り注ぎ、植物は枯れ、皮膚がんが増加します。

発表当時は、フロンは空気より重い分子なので成層圏には達しない、科学的ではないなど、さまざまな批判が浴びせられました。フロン製造の化学企業としては不都合な真実だったのです。

●オゾンホールを発見した人びと

ローランドとモリーナにより予言されたオゾン層の破壊は、やがてオゾン層の減少が実際に観測されたことで証明されました。

1957年から、イギリスのジョセフ・ファーマン率いる研究者たちが、南極の観測基地で地上に注いでくる太陽の紫外線の強度を調べて、大気中のオゾンなど微量気体の測定を行っていました。すると１９８０年代に、オゾン層の濃度が低下するデータが得られました。測定する装置が古いので、装置の劣化かもしれないと半信半疑でした。さかのぼって調べてみると、１９７７年ごろから成層圏のオゾン濃度が低下していたのです。

アメリカの気象衛星「ニンバス」の高性能の測定装置からのデータでは、同じ場所のオゾンの減少は見つかりませんでした。じつは、「ニンバス」の解析プログラムが、あまりにも低すぎるオゾン濃度を誤りのデータとして捨てていたのです。

ファーマンたちは別の場所でも同時に測定を行い、南極大陸の上空でのオゾン層が、春にあたる9月から10月にかけて穴が空いたようになることを突きとめました。この穴は「オゾンホール」といわれるようになります。

１９８７年、フロンの製造、利用を段階的に規制し、全廃をめざす「モントリオール議定書」が採択されました。その結果、北極や南極を除く世界各地で、２０４０年ごろには１９８０年ごろのレベルまで回復するといわれています。ですが、「代替フロン」といわれるフロン類に代わる物質のなかには強力な温室効果ガスもあり、

〝何かを得れば何かを失う〟というのが不変の真理なのです（続きはP260）。

1976年11月 導電性プラスチックの発明――失敗から世紀の大発見へ

●実験の失敗から生まれた意外な物質

新しい素材が生まれるとき、新しいものが生まれて世の中が変わります。プラスチックは絶縁体として広く利用され、電気を流さないというのが常識でした。その常識を破る、電気を流すプラスチックが発明され、機能性高分子材料という新しい分野が発展していくきっかけになりました。

東京工業大学の若手研究者、白川英樹助手（当時）は、ポリアセチレンという物質を研究していました。ポリアセチレンは黒い粉末で溶けにくい、やっかいな物質でした。

1967年、韓国から来ていた研究生が、アセチレンをつなげてポリアセチレンの分子を合成する際、触媒（チーグラー触媒）の溶液を希釈せずに原液のまま加えてしまいました。白川博士に指示された量よりも1000倍も多い触媒を入れて実験していたのです。

「変なものができてしまった」という報告を受け、白川博士が反応容器を覗くと、黒いボロ布のような膜が浮かんでいたのでピンセットで取り出しました。普通なら、「失敗した」と落胆して捨ててしまうところです。

ですが、「フィルム状のポリアセチレンだ」と直感した白川博士は、原因を探り、触媒量が1000倍だったことや、装置の攪拌装置が途中で止まっていたことなどを突きとめます。そして、改良した実験を行い、世界ではじめて白銀色に輝く薄膜状のポリアセチレンの合成に成功しました。

●プラスチックに金属なみの電気が流れた！

1975年、東京工業大学へ講演に来ていたペンシルヴェニア大学のアラン・マクダイアミド教授は、講演のあとで東工大の教員の人たちと緑茶を飲んで談笑しながら、彼が合成した金色に輝くポリ硫化窒素という金属光沢を持つプラスチックを見せていました。

そのとき、「東工大にも、それと似た金属のようなプラスチックを合成した人がいる」と聞いたマクダイアミドは仰天して、白川博士にポリアセチレンを見せてもらいました。感動したマクダイアミドは、帰国後、さっそく白川博士を共同研究に誘い、アメリカに招聘《しょうへい》しました。

マクダイアミドと、同僚のアラン・ヒーガー、白川博士の3人の共同研究はすぐに成果を出します。1976年11月、ポリアセチレンに臭素を加えると、電気が1000万倍も流れ、その後、ヨウ素の蒸気を加えると、なんと10億倍、金属なみの電気が流れたのです。

ポリアセチレンは、分子の炭素原子が連なる鎖のようなフレームを持っていて、それぞれの炭素原子にブラブラできる、ゆる〜い感じの電子があります。ですが、通常は電子がびっしり並んでいるので電気は流れません。

ですが、微量のヨウ素が入ってきて、この電子を1個抜き取ったらどうなるでしょうか。料理店などの店先で、入店待ちの1列に並んだ椅子にびっしりと腰掛けている状態から、端っこの人が抜けると、1席ずつ移動することができます。

同じように、電子が引き抜かれることで空席ができるので、ほかの電子が移動できるようになります。炭素原子が連なった鎖のフレームに沿って、電子が急速に移動し、金属なみの電気伝導性になるのです。

●プラスチックが半導体の材料になる

これは視点を変えると、電子の移動にともなって、見かけ上、空席が反対の末端に移動していくようにも見えます。それはp型半導体の正孔が、見かけ上、移動するのと同じですから、プラスチックで半導体がつくれます。

この原理を応用したのが有機半導体で、「有機EL」という発光モニターが実現できます。プラスチックが半導体の材料になることの発見でもあったのです。

ポリアセチレンとドーピングの発見によって、電気を流すプラスチックである導電性ポリマーの開発ブームとなります。さまざまな導電性プラスチックが実用化され、コンデンサーや回路などで電子機器を小型化する導電性の材料として、なくてはならないものになりました。2000年、マクダイアミド、ヒーガーとともに、白川博士はノーベル化学賞を受賞しました。

化学の歴史は、こういった〝災転じて福となす〟ような発見や、〝瓢簞《ひょうたん》から駒が出る〟ような偶然の発見が多いのです。**このような偶然の発見と、それに恵まれる能力**

を「セレンディピティ」といいます（続きはＰ284）。

1978年6月 ラブキャナルの土壌汚染の暴露——住民運動が政府を動かす

●有毒な廃棄物の上につくられた街

化学工業の発展とともに、水俣病、イタイイタイ病、四日市ぜんそくなどの公害が発生し、世界中で河川や土壌、大気などの環境汚染が起こりました。先進国で禁止された発がん性の農薬が、インドなどの発展途上国で投げ売りして使われるということも起こっています。

カナダの国境に近いアメリカのナイアガラフォールズ市には、ナイアガラの滝から数キロメートルしか離れていないところに建設中止になった運河があり、「ラブキャナル」と呼ばれていました。

19世紀に、ウィリアム・T・ラブが、ナイアガラの滝から11キロメートルの運河を構想して建設を始めますが、1・6キロメートルの長さまで掘ったところで中止になりました。その跡地を買ったのが、大手化学企業のフッカーケミカルです。

ナイアガラの水力発電による安価な電力を用いた化学工場では、電気分解で水酸化ナトリウムと塩素、さらにそれらを用いてさまざまな農薬などを製造していました。フッカーケミカルは1940年代、10年間でドラム缶につめた廃棄物の化学物質を、2万トン以上もラブキャナルの運河跡の溝に投棄しました。

この溝はその後、埋め立てられて、1953年にはニューヨーク州に1ドルで売却され、学校と住宅街になりました。ところが、住民の健康被害や奇病が多発するようになり、腐食したドラム缶から漏出した化学物質が油のように水の上に浮かびました。ですが、州政府は被害を無視して何もしませんでした。ある家の地下室では26種類の廃棄物由来の化学物質が検出され、そのうち11種類はダイオキシンなどの発がん性の物質でした。

1978年6月、地元紙が、有毒な廃棄物の上に街がつくられたことをスクープします。すると、子供が壮絶な健康被害に悩まされていた、内気な主婦ロイス・マリー・ギブスは立ち上がり、対策を政府に迫る住民運動を始めました。これが環境問題として大きなうねりとなり、ついにカーター大統領は汚染地域を災害地域に指定して、住民の移転をうながしました。

フッカーケミカルだけでなく、モンサント、デュポンといったアメリカの巨大化学企業が、こうした環境汚染を起こしていました。アメリカにはこのような有毒な廃棄物の捨て場が1万4000カ所もあり、いまだに対策に追われているのです。

誰もがうらやむ楽園の繁栄の陰で、監禁され、不自由を強制される一人の子供がいる……まさにアーシュラ・K・ル・グィンの小説『オメラスから歩み去る人々』のような構造こそが、現代社会なのではないでしょうか。

1979年3月28日 スリーマイル島原発事故――安全神話の崩壊

●映画公開から12日後に現実のものに

1979年3月16日に、アメリカで映画「チャイナ・シンドローム」が公開されました。原発事故の真実を報道しようとする女性TVレポーター、事故を食いとめようとする技師、利益追求だけの経営者が織りなすフィクション映画で大きな話題となりましたが、なんと、この映画の全米公開から12日後に、原発事故が現実のものとなったのです。

甲状腺ホルモン　チロキシン
ヨウ素を原料に甲状腺で作るため、放射性ヨウ素が体内に入ると甲状腺に集まり、内部被曝によりがんを発症する。

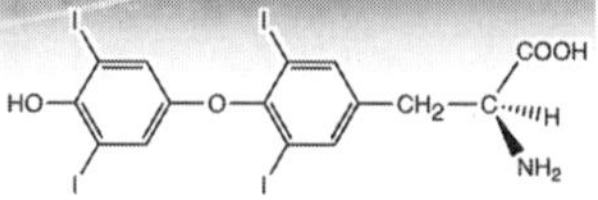

ペンシルヴェニア州のサスケハナ川の中洲にあるスリーマイル島（ワシントンDCの北約130キロメートルの位置にあります）には、2基の原子炉を備えた原発がありました。原発は大量の冷却水を必要とするので、大きな川や海沿いに建てられます。

事故は、2号炉のメンテナンス中の不備と、人為ミスが重なったものでした。原子炉内への冷却水供給がカットされて水位が下がり、原子炉を冷却できなくなったために起こったのです。

原子炉の炉心が空焚き状態になり、過熱して一部は崩壊、核燃料を包むジルコニウムが高温のため、水と反応して水素を発生して爆発し、放射性物質が漏洩しました。

また、核燃料が高温で溶けて、炉の底部に落下するメルトダウンも起こりました。

「チャイナ・シンドローム」とは、メルトダウンした高温融解物が炉を突き破って落下し、やがて地球の反対側の中国に達するというブラックジョークからつけられたものです（実際には地球を貫通することは起こりえません）。

なお、この映画のタイトルの影響から、「ピーターパン・シンドローム」とか「〜シンドローム（〜症候群）」という言葉がはやるようになりました。

●しのび寄る放射性物質の被害

この事故により、ウラン燃料の核分裂生成物の一つである放射性のキセノンや、クリプトンなどの気体が大気中に放出されました。また、放射性のヨウ素１３１も川へ流出し、放射性元素を含んだ２４０万リットルもの汚染水が建屋のなかに溢れました。放射性物質の影響はほとんどない、と政府や電力会社は主張していましたが、甲状腺がんが増加しているという報告もあります。

原発災害では、ヨウ素１３１が最も警戒すべき放射性物質の一つです。ヨウ素は、私たちの体に取り込まれたあと、成長をうながすホルモンの一種、甲状腺ホルモン

（チロキシン）という分子の材料になります。

私のようなオッサンにはあまり取り込まれませんが（泣）、子供たちの体は積極的に元素としてのヨウ素を吸収して甲状腺に集めます。ヨウ素131が取り込まれると、体内で放射線を出して、まわりの組織が被曝する最悪の事態になり（内部被曝）、甲状腺がんが発症します。これを防ぐには、安全なヨウ化カリウム（ヨウ素剤）を体内に最大量入れて、外部からの放射性ヨウ素をブロックするしかありません。

ヨウ素131は不安定な原子で、寿命が短く、核分裂で生じてから8日たつと、半分の量にまで減ります。この半分になる期間を「半減期」（放射線を出して壊れて濃度が半分になる期間）といい、ヨウ素131は半減期が2回、つまり16日たつと4分の1になります。必ず減っていくので、その間はヨウ素剤でブロックしてしのげばいいのです。

汚染水の処理には、陽イオン交換樹脂という陽イオンだけを選択的にキャッチできるビーズのようなプラスチックを使います。汚染水をこの樹脂に流し込んで、汚染水中のストロンチウム90や、セシウム137のような放射性の陽イオンを樹脂に吸着させて除去します。

これにより汚染水はクリーンにできますが、放射性の陽イオンを吸着した樹脂が汚染されて、結局、放射性廃棄物が残ります。原発は安全に操業したとしても、大量の放射性廃棄物を生み出します。ウラン燃料棒から生じる放射性元素のなかには、半減期が数万～数百万年のものも発生します。放射性廃棄物の処分方法が明確になっていない現状は、まさに〝トイレのないマンション〟なのです。

現在の世界は先人から引き継いだものだという発想であっても、「手垢まみれの中古だから、儲けるためには多少汚してもしかたないか」とか、あるいは、「わが亡きあとに洪水よ来たれ！」（ポンパドゥール侯爵夫人の言葉）という人も出てきます。

「地球は、未来の子供たちからの借り物」（アメリカ先住民の言葉）というくらいの謙虚な発想が大切なように思います（続きはＰ300）。

1979年12月24日 アフガニスタン侵攻——ばら撒かれたアメリカ製兵器

●「シュトゥルム555作戦」を発動

1979年2月、イランで革命が起こり、パーレビ朝が倒れます。イスラム教指導者ホメイニ師が政権を掌握すると、イスラム教への帰依（イスラム原理主義）と反米運動が盛んになりました。

テヘランのアメリカ大使館が占拠され、アメリカ軍特殊部隊「デルタフォース」が救出作戦に投入されましたが失敗します。このときの人質の脱出劇を描いた映画が「アルゴ」です。

イスラム革命が飛び火してくる恐れがあり、中東の産油国の支配層（富裕層）に衝撃を与えます。イラクの独裁者サダム・フセイン大統領は、イスラム革命を防ぐためにイランと戦端を開き、イラン・イラク戦争（１９８０〜88年）に突入します。

同様に、ソ連南部のイスラム教徒への影響を恐れたブレジネフ書記長は、活発化していたアフガニスタンのイスラム教武装勢力の排除を画策します。

アフガニスタンは、アジアと中東をつなぐ交通の要衝です。急峻な山々に囲まれ、平地は砂漠地帯の厳しい自然環境です。

１９７９年12月24日、アフガニスタン政府からの救援要請に応える派兵と称して、ソ連軍は突如、アフガニスタン領内に侵攻を開始しました。ソ連軍の空挺部隊がアフガニスタンの首都カブールに降下し、陸路からも地上軍が侵入しました。

１９７９年9月に政権を握ったハッフィーズッラー・アミン書記長は、イスラム教聖職者を弾圧したので、ムジャーヒディーン（アラビア語で「ジハードを遂行する者」を意味するムジャーヒドの複数形。「イスラム聖戦士」の意）はアミンとの聖戦を呼びかけ、全土で内戦になっていました。

事態の収拾がつかないと見たソ連は、親ソ連のバブラク・カールマルに交代させるべく、アフガニスタンに侵攻します。アミン暗殺のための「シュトゥルム５５５作戦」が発動され、ソ連軍参謀本部直轄の特殊部隊スペツナズ（ロシア語では「スペツィアリノイ・ナズナチェニエ」で、「特殊任務」の意）、ＫＧＢの特殊作戦部隊アルファが投入されました。二つの特殊部隊は迅速に大統領宮殿を攻撃し、激戦の結果、12月27日にはアミンとその側近や、アミンの親衛隊が全員殺害されました。

●イスラムゲリラに供給されたスティンガーの威力

アメリカはソ連の弱体化を図るため、積極的にイスラム聖戦士に武器を与えて訓練します。そのなかには、サウジアラビア人ウサマ・ビン・ラディンもいました。

砂漠や山岳地帯での戦闘のためにソ連軍は大量の戦闘ヘリコプターや地上攻撃機

を投入しますが、イスラムゲリラに供給された携帯式対空ミサイル「スティンガー」（英語で「毒針」の意）が大損害を与えていました。

携帯式対空ロケット弾は、第２次世界大戦末期、ドイツ軍が「フリーガーファウスト（空飛ぶ鉄拳）」を開発しています。この無線誘導の兵器に、発展した技術が融合して生み出されたのが「スティンガー」です。スティンガーは赤外線追尾型のミサイルで、発射機を肩に担いで目標をロックオンしてから発射すると、航空機の排気の熱源の赤外線を追尾します。

受光センサーには、アンチモン化インジウムという半導体のフォトダイオードが採用され、エンジンなど熱源からの赤外線が当たると、半導体から電子が叩き出されて電流が生じます。つねに赤外線を受光するよう自動で操舵します。

過塩素酸アンモニウムとアルミニウムの固体燃料ロケットで推進するスティンガーは、音速の約2倍の速さで飛行し、弾頭は約1キログラムの破片を撒き散らす爆薬です。一人で発射する約450万円のミサイルが、数億円の戦闘ヘリコプターや数十億円の戦闘機を撃墜する時代になりました。

いちばん重要なのは、敵味方識別装置（IFF）です。垂直に開く焼肉屋のグリルのようなアンテナから航空機に対して、「敵か味方か」という識別コードを送り、航空機から、「わては味方やで！」と電子的に味方の識別を行い、同士打ちを防ぎます。

非接触の状態で電子情報で識別する電子タグは、1935年から敵味方の識別のために研究され、1940年代に開発されました。この技術が発展して、置くだけや、かざすだけで会計するアパレルや回転寿司のシステム、ETCや交通系のICカードが生まれたのです。

大量にばら撒かれたアメリカ製兵器がイスラム武装勢力を強化し、アルカイーダ、タリバン、イスラム国などの勢力が拡大し、荒廃していきます（続きはP278）。

第5章 1980年代

どんな時代？

アメリカは、ベトナム戦争での莫大な戦費の反動で財政赤字が深刻化し、国内経済は大不況に陥りました。宇宙開発の予算も大幅に削減されたため、宇宙をめざして数学や物理学を学んだ若者の受け皿は金融業界となります。そして、金融業界に数理科学が持ち込まれ、金融資本主義に革命が起こっていきます。

そうしたなかで、アメリカの復活を叫んで登場したのがレーガン政権です。元俳優のロナルド・レーガンはかつて、ハリウッドの俳優組合でFBIのスパイとして活躍し、共産主義者の疑いがある者を密告していました。

その縁から、レーガンはカリフォルニア州知事から大統領にまで上りつめました。**レーガン政権は、小さな政府、新自由主義を掲げ、保健や福祉の赤字部門を大幅削減したので社会に脆弱《ぜいじゃく》性が表れます。**その虚を衝《つ》いたのはソ連ではなく、**AIDS**《エイズ》（後天性免疫不全症候群）の原因ウイルスでした。

レーガン政権やイギリスのサッチャー政権がとった小さな政府は、一見、経済効率がよく、財政赤字の救世主のようにもてはやされましたが、想定外のリスクに対処できず、長い目で見れば最も効率が悪い形態でした。

レーガン大統領は、ソ連を〝悪の帝国〟と煽って軍拡路線に走りました。なかでも1983年3月に発表された、宇宙空間を戦場にするという「SDI構想」は世界に衝撃を与えました。宇宙空間で、ソ連の弾道ミサイルを人工衛星からのレーザービーム砲などで破壊する計画です。

これは「スターウォーズ計画」と呼ばれ、毎月2億5000万ドルもの税金が注ぎ込まれたものの、頓挫しました。カナダのノーベル化学賞受賞者ジョン・ポランニー博士など多くの科学者も反対しました。

一方のソ連は、1979年のアフガニスタン侵攻の軍事費の肥大化と経済制裁で経済は停滞し、SDI構想に「われわれはついていけない！」と白旗を揚げ、核兵器削減などの軍縮交渉に向かいます。

こうして、1950年代からエスカレートしていた米ソ冷戦は、1980年代の中ごろから大きく変化します。1985年、祖父を逮捕し死に至らしめたスターリンを憎むミハイル・ゴルバチョフが書記長になると、ソ連革命ともいえる「ペレストロイカ（ロシア語で「改革」の意）」が進行します。

まず、レーガン大統領を訪問して核兵器やミサイルの削減などの軍縮を行い、国民との対話を重視して事なかれ官僚主義を破壊しようとします。そうしたなか、1986年に、ソ連の共産党一党独裁を終わらせる狼煙《のろし》ともいえる未曽有《みぞう》の大災害が襲います（P323参照）。

1981年6月　AIDSの出現――社会の矛盾や弱点につけこむ恐ろしさ

●AIDS原因ウイルスの発見をめぐる争い

1980年ごろ、アメリカのロサンゼルスなど各地で体の免疫システムが機能停止し、皮膚がんを発症したり内臓にカビが生えたりして、ガリガリに衰弱して亡くなる奇病が現れました。

1981年6月には、アメリカのCDC（アメリカ疾病予防管理センター。日本の厚生労働省にあたる機関）に、同性愛者間に発生した免疫不全の奇病が報告されました。元気な若者が突然やせ細って亡くなるショッキングな映像がメディアで報道され、世界中がパニック状態になりました。この病気はのちに「ＡＩＤＳ」と名付けられます。

謎の奇病はゲイコミュニティで広がっていたので、ゲイの病気だと社会的に差別が激しくなりました。売血からつくられる血液製剤を使用する血友病患者にも多く発生していることから、血液を介した感染症という説が濃厚になります。

日本では、７３１部隊の関係者だった内藤良一が創業したミドリ十字（現在の田辺三菱製薬）をはじめ、外資系も含む複数の製薬会社が、血友病患者の治療に使う血液製剤の原料にアメリカから輸入した汚染血液を使っていました。

一人の感染血液から、製造容器の１ロット（２０００〜２万人分）の原料血液が汚染されてしまう危険な製剤でした。患者たちは国産の安全な製剤に切り替えるよう訴えましたが、患者会などで安全だと宣伝され、当時の厚生省も対策を講じませんでした。

そのため、多数の子供を含む１４００人近くの血友病患者がＡＩＤＳ原因ウイルスに感染させられました。背景には、**血液という臓器までグローバル化経済の商品と**

して売買する製薬企業の利潤追求がありました。

クイーンのヴォーカリスト、フレディ・マーキュリーや、アメリカ人画家キース・ヘリングといった著名人がＡＩＤＳを発症して亡くなり、世界中に衝撃を与えました。こうして世界中の研究者のあいだで、病原体の究明レースが始まりました。

１９８３年５月、フランスのリュック・モンタニエ博士のグループが、次いでアメリカのロバート・ギャロ博士がＡＩＤＳの原因ウイルスＨＩＶ（ヒト免疫不全ウイルス）を当時、別々の名称で発見しました。

研究者のあいだで、どちらが先にＨＩＶを発見したのかという先取権をめぐって、レーガン大統領とフランスのシラク大統領の会談が行われるほどの大騒動が起こりました（抗原や抗体検出キットなどの巨額の特許料収入の利権が絡みます）。

２００８年のノーベル生理学・医学賞は、ＨＩＶの発見者としてモンタニエとフランソワーズ・バレ・シヌシが受賞しました。

●日本人が見つけた特効薬第1号

ＨＩＶは遺伝子がＲＮＡで、新型コロナウイルスやインフルエンザウイルスと同じRNAウイルスです。**DNAと違って、RNAは塩基配列が変化しやすいので遺伝子が書き換わり、表面のタンパク質が変化して突然変異しやすくなります。**

HIVは、ヒトの免疫細胞の司令塔であるT細胞に感染し、増殖したあと、この細胞を破壊します。HIVは感染後、ひっそりと増殖するので、ほとんど自覚症状がありません。

増殖のときにRNAからDNAを合成して、そのDNAをヒトのDNAに組み込んで、ウイルス自身のタンパク質のパーツを産生させます。こうして免疫細胞から出てパーツが組み立てられてウイルスになり、またほかの免疫細胞に感染していきます。

まさにトヨタの工場を乗っ取って「フェラーリ」を製造し、お世話になった工場(免疫細胞)を破壊して出ていくようなものです。軒《のき》を貸したら母屋まで破壊する最悪の奴です。

免疫機能が破壊され(免疫不全)、普通なら抑え込める皮膚がんや帯状疱疹、肺炎などの感染症を発症します。AIDSという名前は、この免疫不全になってさまざまな病気を発症したあとの状態をいいます。

AIDS原因ウイルスHIVのDNA合成を阻害する薬　AZT

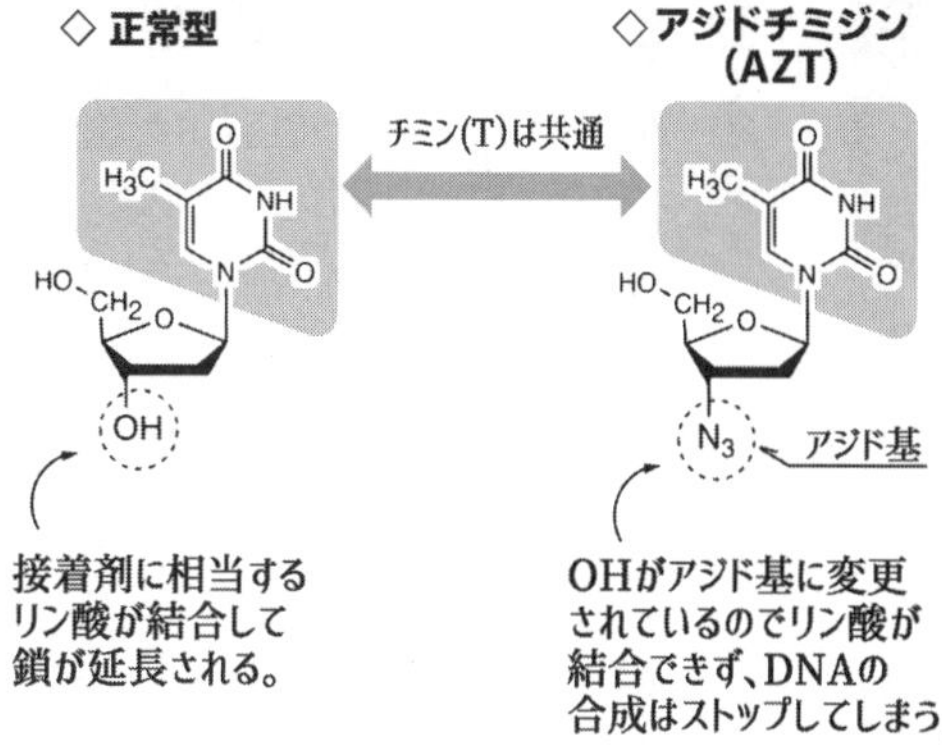
◇正常型
◇アジドチミジン
(AZT)
チミン(T)は共通
OH
N3
アジド基
接着剤に相当する
リン酸が結合して
鎖が延長される。
OHがアジド基に変更
されているのでリン酸が
結合できず、DNAの
合成はストップしてしまう。

当初、発症後は亡くなるのを待つしかない状況でしたが、最初の抗ウイルス剤が登場します。アメリカで研究をしていた満屋裕明博士が、HIVを培養して既存の分子を投与し、特効薬を探しました。同僚からは危険だと嫌がられ、みんなが帰宅したあと、深夜に一人で実験していました。

そして、多くの薬剤の合成で1988年のノーベル生理学・医学賞を受賞した女性研究者ガートルード・エリオンが、1950年代に抗がん剤として合成したアジドチミジン（AZT）がウイルスの増殖をブロックすることを発見しました。

AZTは、DNAの構成単位になる原料の分子が結合する手の部分を改造したダミーで、DNAを合成する際にこれを取り込むと、DNAの合成がストップします。片手に端から一人ずつ手と手をつないで巨大な鎖をつくろうとしているときに、片手に生の漆《うるし》を塗った人が紛れ込んできて、そこで終点になるようなトラップを分子レベルで仕掛けるのです。DNA合成を阻害《そがい》して、ウイルスの増殖やがん細胞の増殖を防ぐことができます。

アフリカの僻地《へきち》で発生したAIDSのような風土病が、急速な都市化や環境破壊、グローバル化、レーガン政権の「小さな政府」による医療福祉の切り捨てなどにより、一気に世界に広がりました。

ウイルスは最初から社会を破壊するのではなく、**社会にある矛盾や弱点にウイルスがつけこんで蔓延するのです**。そして、HIVのようなウイルスによるパニックが、ふたたび21世紀にも現れます。

1982年4月 フォークランド紛争勃発──国連安保理常任理事国は死の商人か

●進化を続ける対艦ミサイル

２０２２年4月、ウクライナでは、ロシア黒海艦隊の旗艦である巡洋艦モスクワがウクライナ製の対艦ミサイル「ネプチューン」の直撃で撃沈されました。ちょうど40年前の１９８２年にも、同じような事件がありました。歴史は繰り返すのです。

敵の戦闘艦を沈める方法は、第２次世界大戦で大きく変化しました。１９４０年ごろの技術では何十機もの攻撃機が爆弾や魚雷を何十発も投下して、有効な命中弾は1～2発というギャンブル的なものでした。

この状況を打開するために、第２次世界大戦後半に実用化された兵器が、ラジコン飛行機のような無線誘導の対艦ミサイルです。ドイツ軍が早くから開発に着手し、実戦で種々の対艦ミサイルを投入して戦果をあげました。

１９４３年9月、イタリアが降伏した直後の地中海で、イタリア海軍の新鋭戦艦「ローマ」率いる大艦隊が連合軍に投降するために移動中、ドイツ軍の空襲を受けました。高度６５００メートルから投下された誘導爆弾「フリッツX」が、「ローマ」に2発命中しました。一つめは音速で着弾して甲板を貫通し、艦内で弾頭の３２０キログラムのアマトール爆薬（TNTと硝酸アンモニウムの混合物）が爆発後、戦艦内の弾薬庫が大爆発して船体は真っ二つに折れて沈没しました。

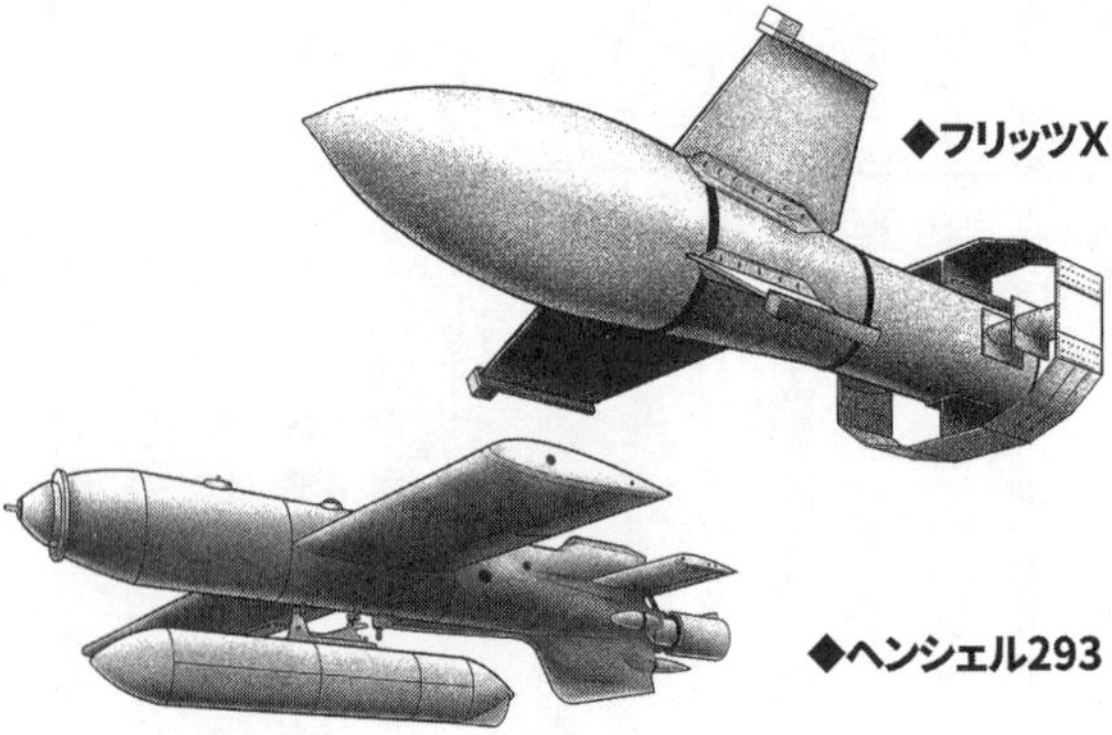

「フリッツX」は、自由落下する爆弾に安定化のための翼と進路をコントロールする尾翼がついており、現代の「スマート爆弾」の祖先ともいえるものです。爆撃手がジョイスティックのようなもので操作すると、無線で信号が伝わり、尾翼を動かしてコースを修正して落下させます。

ドイツ軍はすでに、「ヘンシェル293」というロケットで推進する世界初の対艦ミサイルも投入していました。弾頭には300キログラムの高性能爆薬（主成分はTNTとRDX）が装填されており、母機からの無線誘導で目標に向かいます。発展型として、弾頭にTVカメラをつけ、爆撃手がTVモニターを見て誘導するタイプも計画されていました。

●ミサイルにおける推進剤の重要性

「ヘンシェル293」の推進ロケットは、80パーセントの過酸化水素水に安定剤を加えたもので、触媒の過マンガン酸ナトリウムの水溶液にふれると、激しく分解して高温の酸素と水蒸気のガスを噴出して飛行します。

ミサイルの話では、物理学、電子工学などの誘導装置に目がいく人も多いでしょうが、推進剤も重要です。可燃性や爆発性の薬剤をミサイル内部で安定な状態で貯蔵し、いざ発射となれば、それらを爆発させずに持続的に反応させて十分な推進力を得なくてはなりません。

燃焼ガスが発見されにくいように無煙であること、高高度のマイナス30℃でも凍結しないことなど、要求される性能は多岐にわたり、それらの**条件の最適解の化合物を見つけるのは至難の業《わざ》です**。何千種類もの薬品の組み合わせから探していくのです。**推進剤の化学があってのミサイル技術なのです**。

日本軍はドイツの技術を導入して、イ号無線誘導弾（対艦ミサイル）を開発しています。テストでは、伊東沖から真鶴《まなづる》の三ツ石を目標に爆撃機から発射されたものが誘導不能になり、熱海にある温泉の女風呂を吹き飛ばしたことから〝エロ爆弾〟と渾《あだ》名《な》される始末でした。

前途ある若者を爆装した航空機に乗せて、フィリピンから沖縄にいたるまで体当たりさせていたころ、ドイツ軍は無線誘導の対艦ミサイルで米英軍の駆逐艦や輸送船を次々と撃沈していたのです。

その後、対艦ミサイルは進化を遂げ、1967年10月、エジプト軍の小型艦から発射されたソ連製対艦ミサイルがイスラエル軍の駆逐艦「エイラート」を撃沈し、対艦ミサイルの威力を見せつけました。同時に、対艦ミサイルに対する電波妨害などの防御策の必要性も喚起されました。

●7000万円のミサイルが1000億円の戦闘艦を破壊

1982年4月2日、アルゼンチンの民間人を装ったアルゼンチン軍のグループがイギリス領のフォークランド諸島サウスジョージア島に上陸して、アルゼンチンの領有を宣言しました。アルゼンチンは当時、不況に苦しんでいたので、大統領は国民の不満を逸らす目的でナショナリズムを高揚して軍を上陸させたのです。

これに激怒したイギリスの〝鉄の女〟サッチャー首相（当時）は、イギリス艦隊を派遣し、フォークランドで直接対決する紛争となりました。

1982年5月4日、イギリス空母艦隊の防空を担当していた駆逐艦「シェフィールド」を発見したアルゼンチン軍は、フランスの複合企業ダッソー・ブレゲー製の旧式の攻撃機「シュペルエタンダール」2機を緊急発進させ、フランス製対艦ミサイル「エグゾセ」（フランス語で「トビウオ（飛び魚）」の意）で攻撃しました。

「エグゾセ」は固体の推進剤を使ったミサイルで、トビウオさながらに海面すれすれの高度を亜音速（音速の0・9倍で秒速306メートル）で飛行でき、射程は約40キロメートルあります。目標の艦艇に近づくと、ミサイル自身がレーダーの電波を発射して目標に向かいます。

低い高度から発射された「エグゾセ」2発のうち、1発が「シェフィールド」の側面に刺さり、不発だったものの、残った推進剤から引火して火災が発生しました。「シェフィールド」の艦内の隔壁は、軽量化のためアルミ合金製だったので、アルミニウムや電線ケーブルを被覆している大量のゴムが燃焼して、艦は炎と煙に包まれました。

艦は放棄され、その後、曳航中に沈没しました。約7000万円のミサイルの一撃が、1000億円近くの戦闘艦を破壊したのです。アルゼンチン軍は「エグゾセ」でイギリスの艦船2隻を沈めましたが、イギリス空母からの垂直離着陸機「シーハリアー」戦闘機に圧倒され、制空権を確保できずに押されました。

その後、イギリス軍はフォークランド諸島の首都、ポートスタンレーに上陸、占領して、イギリスの勝利に終わりました。

同じころ、イラクのフセイン大統領が、イラン革命の影響を阻止すべく始めたイラン・イラク戦争では、イラク軍が保有するフランス製「ミラージュ」戦闘機から発射される「エグゾセ」が猛威をふるいます。ペルシャ湾では、イラン海軍の艦艇や石油タンカーが200隻ほど沈められたり損害を受けたりしました。

国連安全保障理事会の常任理事国のうち、アメリカ、ロシア、イギリス、フランスは、大量の兵器を世界に売りまくったのです（続きはP331）。

1982年5月 ネオジム磁石の発明——小型で強力、低コストの世界最強の磁石

●クレジットカードも冷蔵庫も自動車も……

現代は磁石によって支えられています。磁石というと、小学校の理科の授業で使ったUの字の形の磁石や棒磁石を思い浮かべる人も多いでしょう。目に見えないレベルの超小さな磁石によって、クレジットカードやハードディスクなどの記録メディアに情報が保存されます。また、スピーカー、イヤホン、エアコン、冷蔵庫のモーターがつくられます。

スマートフォンのバイブレーター機能には、直径4ミリメートルほどのモーターが使われています。また、大きな磁石によって、電車や電気自動車のモーターが動きます。**私たち現代人は磁石に囲まれて生きているのです**。

紀元前3000年ごろ、古代ギリシャのマグネシア地方で天然の磁石が発見され、鉄を動かすことから人びとの興味をかきたてました。磁鉄鉱という鉄と酸素の化合物Fe_3O_4です。この地名、マグネシアから「マグネット」という言葉が生まれました。また、マグネシウムという元素の名前も、この地方の名前からです。

「磁石」という漢字は、もともと中国の「慈石」からきています。慈しむ石、磁石のS極とN極が引き合う様子が母と子のようなイメージだったのでしょう。

磁石の性質は19世紀に研究され、鉄の場合、鉄の原子一つひとつが磁石の性質を持ち、それらを同じ向きできちんと並べた状態が磁石です。

鉄原子がミクロの磁石になるのは、原子のなかの電子の並び方が原因です。普通、原子のなかの電子は、二つずつペアになって電子軌道という入れ物に収容されますが、マイナスの電気の電子どうしで、なぜ反発しないのでしょうか。

電子にはスピンという自転のようなイメージの量があり、右まわりと左まわりがある感じです。電気を帯びたものが運動すると磁界が生じ、磁石のようになります。電子のスピンが右まわりと左まわりでN極とS極が互いに逆向きになるので、二つが引き合って磁性を打ち消そうとします。

ですから、電子は2個1組の「電子対」というペアになろうとします。分子をつくるときも、「電子対」をつくってつながります。原子の内部でも、電子は2個ずつ原子内の細かい部屋（電子軌道）にスピンが逆向きの2個が1組で入ろうとします。

孤立した電子は、N極とS極が打ち消し合わず、磁性を出現させます。磁石になる鉄やコバルト、ニッケルの原子には、ペアになっていない孤立した電子が複数個あって、原子自体にミニ磁石の性質が出現します。

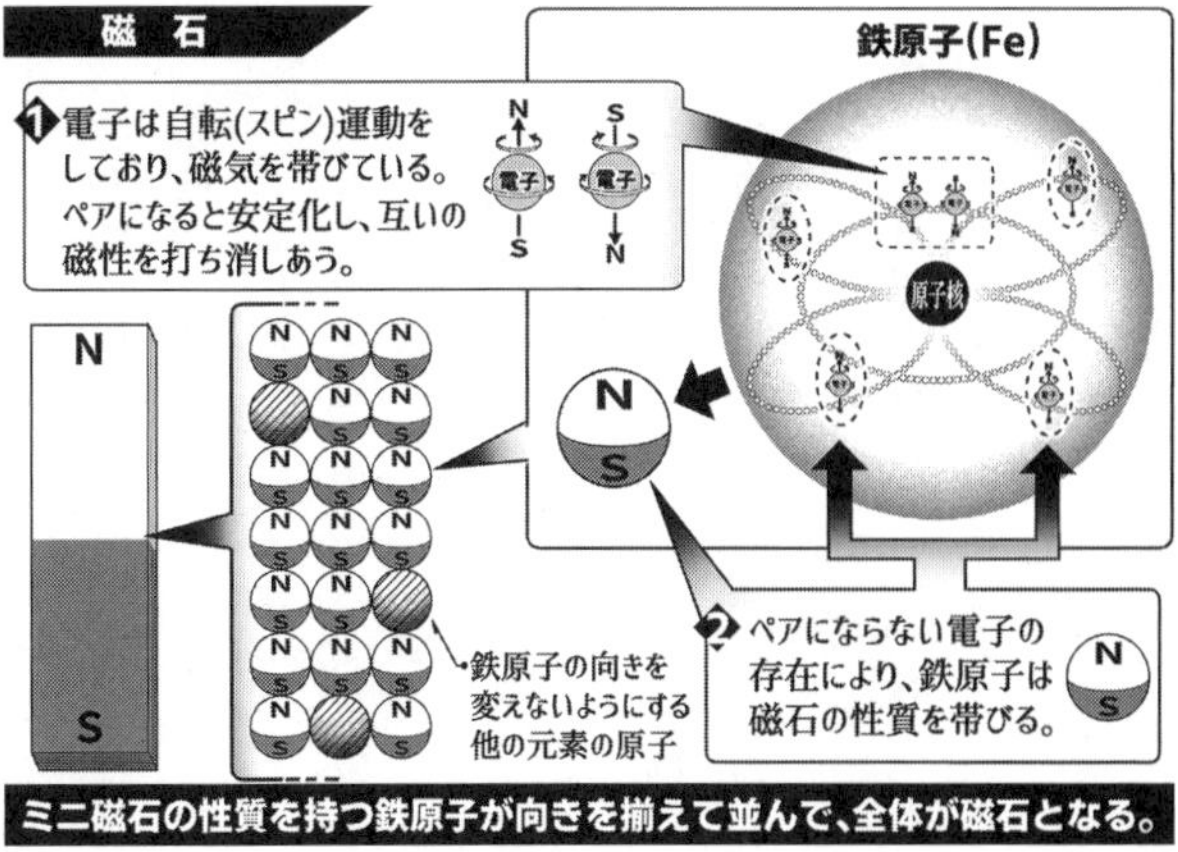
磁　石
鉄原子(Fe)
❶電子は自転(スピン)運動をしており、磁気を帯びている。ペアになると安定化し、互いの磁性を打ち消しあう。
N
S
電子
S
N
電子
原子核
N
S
N
S
•鉄原子の向きを変えないようにする他の元素の原子
❷ペアにならない電子の存在により、鉄原子は磁石の性質を帯びる。
ミニ磁石の性質を持つ鉄原子が向きを揃えて並んで、全体が磁石となる。

●かつては日本のお家芸だった磁石の発明

長いあいだ、ありふれた鉄の磁石しかありませんでしたが、磁石に革命をもたらす日本人が次々と登場します。

1917年、東北大学の本多光太郎博士は、コバルト、タングステン、クロム、炭素を含んだ鉄の合金KS鋼（KSは研究費を寄付してくれた住友財閥の住友吉左衛門のイニシャル）を発明し、それまでの磁石の3倍くらいの強さを持ったKS鋼磁石が実用化されました。

1930年には、東京工業大学の加藤与五郎と武井武の両博士によってフェライト磁石が開発されました。原料はありふれた酸化鉄にバリウムやストロンチウムを加えたものなので、安くて大量生産ができるのが売りで、現在でも大量に生産されています。

冷蔵庫やホワイトボードに貼り付けられるゴムのシート状のマグネットなどは、これをゴムに混ぜて練ったものです。

1931年には、東京大学の三島徳七博士が、MK鋼（養子先の三島と旧姓の喜住に由来します）というアルミニウム、ニッケル、鉄からなる強力な磁石を発明します。さらに改良されたアルニコ（アルミニウム、ニッケル、コバルト、鉄）磁石は、当時、最強の磁石になりました。

1960年代のコンゴ動乱（P129参照）でコバルトが高騰し、コスト高になってシェアを奪われましたが、アルニコ磁石は現在でもオーディオのスピーカーやエレキギターなどに使われています。

第2次世界大戦のあいだ、欧米では磁石に関する研究が活発化し、日本のお家芸だった磁石も戦後は欧米にリードを許します。

●強力な磁石に欠かせないレアアースの正体

希土類（レアアース）

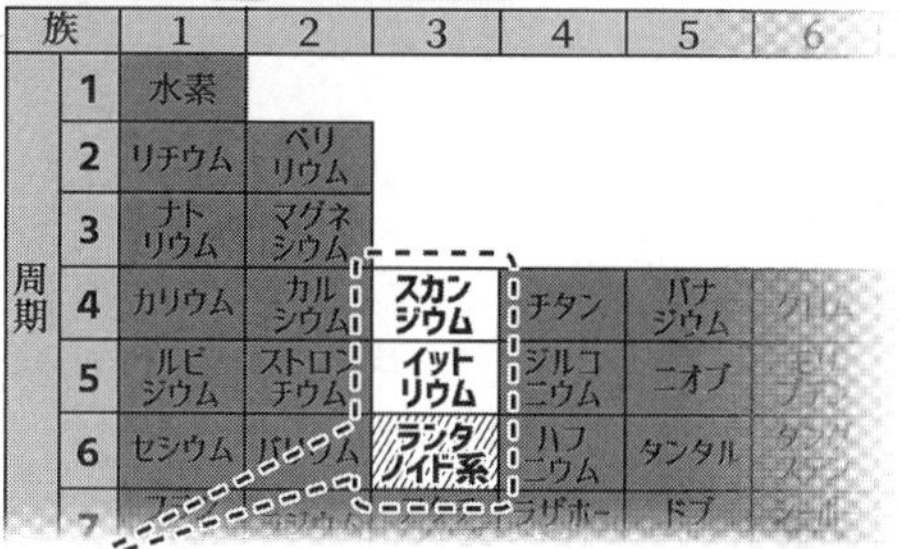

ランタノイド系								
	ランタン	セリウム	プラセオジム	ネオジム	プロメチウム	サマリウム	ユウロピウム	ガドリニウム
	テルビウム	ジスプロシウム	ホルミウム	エルビウム	ツリウム	イッテルビウム	ルテチウム	

1967年、アメリカで希土類（レアアース）というマイナーな元素群に属すサマリウムを用いたサマリウムコバルト磁石が発明され、史上最強の磁石になりました。サマリウムも、コバルトも、産出量が少ない元素であり、ほかの元素を用いた強力な磁石を探すようになります。このような強力な磁石には、レアアースが欠かせません。

レアアースとは、スカンジウム（Sc）、イットリウム（Y）、ランタノイドといわれる15種の元素を含めた、合計17種類の元素群です。**レアメタルというグループはまた別**で、ややこしいので気をつけましょう。

当初、希少な元素と思われたので希土類と名付けられました（イットリウムやネオジムは比較的多い元素です）。ランタノイドは「周期表」でも一括りにされているように、性質が似すぎているので、鉱石から分離して別々に取り出すのが困難な曲者の元素たちです。

ランタノイドは原子番号（陽子の数）が大きく、原子の陽子数＝電子の数なので内包している電子も多くなります。

原子のなかの電子が多くなると、複雑な電子配置になり、ペアにならず孤立した電子が多数、内包されるようになります。豊かになりすぎて、個人個人がポツンと存在するようになった社会の縮図のようです。

この孤立した複数の電子が、独特の磁性や光学的性質の原因になるのです。ネタを服のなかにたくさん内包した手品師のような感じです。**希土類元素をほかのものに少量だけ添加しても、料理のスパイスのように劇的に性質が変わるというマジックを見せてくれるのです。**

希土類の利用で有名なものは、かつてのテレビやパソコンのブラウン管のカラーモニターの蛍光体です。

電子のビームを当てると、青や赤、緑に発光する物質をガラス面に塗っておけば、電子ビームを当てる方向を操作して、青や赤や緑に発光させてカラーの画像をつくりだすことができます。

この蛍光体に希土類元素の化合物が使われていました。輝度と希土類をかけて「キドカラー」（日立製作所）と名付けたカラーテレビもありました。

●鉄、ネオジム、ホウ素を混ぜた強力な磁石が誕生

希土類を加えた磁石の研究の分野では、希土類とコバルトの磁石の研究が主流でした。ただ、コバルトは資源として偏在しているのが欠点でした。

希土類と鉄の結晶では、「鉄原子どうしが接近しすぎて、強力な磁石ができない」と指摘している講演を聞いていた富士通の佐川眞人博士は、小さい原子、ホウ素などを添加すれば鉄原子どうしの距離を広げることができるのではないかと思い立ち、鉄、ネオジム、ホウ素を混ぜた磁石の着想を得ました。でも、勤め先の企業に新たな磁石を提案しても採用されなかったので、本業のテーマとは別に、個人的な研究として休日出勤で研究しました。

やがてこの研究に専念するために磁石製造の住友特殊金属（現在の日立金属）に転職

し、1982年5月、ついに鉄、ネオジム、ホウ素からなる世界最強のネオジム磁石を発明したのです。

佐川博士は、この磁石の製造法などにおよぶ100件以上の関連特許を取得して、みずからが代表取締役となって磁石製造メーカーを立ち上げました（続きはP304）。

1982年 ついに人類は原子を見た——世界に衝撃をもたらしたSTMの発明

●原子1個分の凹凸がわかる顕微鏡

紀元前400年ごろ、古代ギリシャの哲学者デモクリトスは、「すべての物質はアトモス（原子）からできている」と説いていました。それからおよそ2400年の時を経て、ついに原子を直接、観察することができる顕微鏡が発明されます。

顕微鏡はつねに科学に革命をもたらしてきました。病原体の細菌を観察できる光学顕微鏡、ウイルスなどの微細構造まで観察できる電子顕微鏡など、より小さな物を可視化してきました。

これらは可視光線や電子線という波を物体に当てて、その波をレンズを通して拡

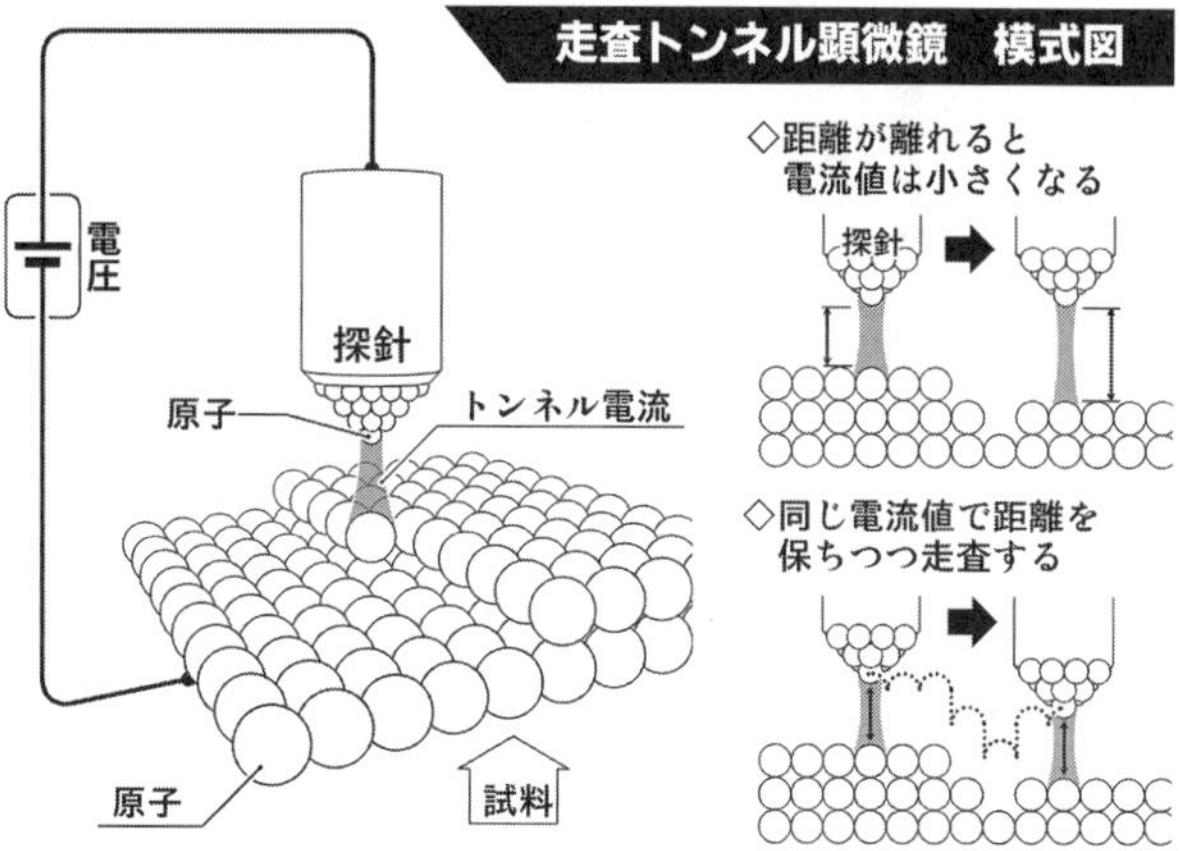

大して見ています。しかし、原子１個１個となるとあまりにも小さすぎて、このような手法では見られません。

１９８１年、スイスにあるＩＢＭチューリッヒ研究所のハインリッヒ・ローラーとゲルト・ビーニッヒが、まったく新しい原理の顕微鏡を発明しました。電子顕微鏡は部屋一つ分ほどの高さですが、この新しい顕微鏡は卓上に置けるコンパクトなもので、かつてアントニ・レーウェンフックが顕微鏡で微生物を観察したように、大きく世界を変える可能性を秘めていました。

顕微鏡は「走査型トンネル顕微鏡」（ＳＴＭ）というもので、尖《とが》った微細な針（探針、プローブといいます）と試料に電圧をかけ、プローブ先端の原子を試料の原子に近づけていくと、原子数個分の距離まで近づいたときに、トンネル電流（量子トンネル効果という現象）という電流があいだに流れます。

プローブと試料の原子のあいだの距離によって電流の値も変わるので、この電流が一定になるようになぞって、プローブの上がり下がりを検出して増幅すれば、試料表面の凹凸を再現することができます。原子1個分の凹凸がわかるので、原子を画像化することができます。

1982年には、ケイ素の結晶の表面を撮影することに成功し、原子が規則正しく並んでいるのを、人類ははじめて見ることに成功しました。1983年1月、アメリカ物理学会の論文誌に掲載され、世界中の科学者に衝撃を与えました。ローラーとビーニッヒは、1986年のノーベル物理学賞を受賞しました。

●原子をいじる究極のナノテクノロジー

このプローブを使った新しい顕微鏡の原理は、「原子《げんし》間力《かんりょく》顕微鏡」（AFM）などさまざまな派生型の顕微鏡を生み出します。また、濡れた箸の先に米をつけて移動させるように、プローブを使って原子を一つずつ摘んで拾い上げ、違う場所でまた下

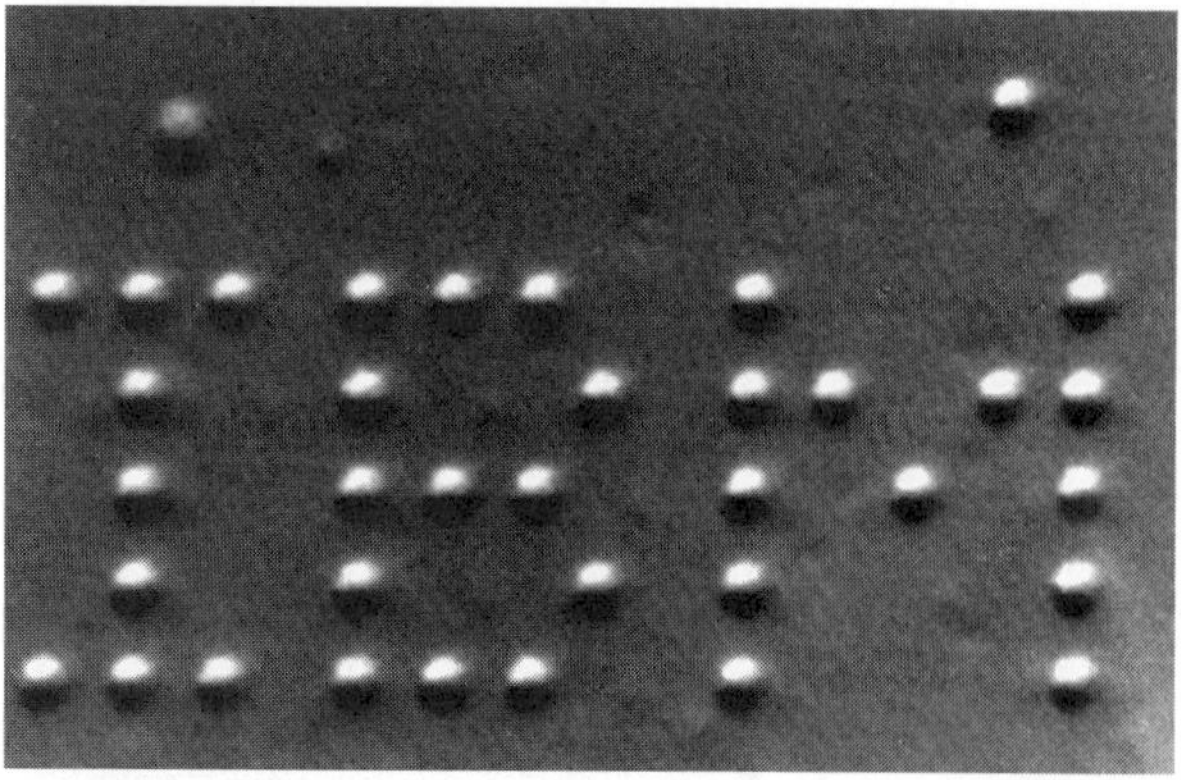

IBMの科学者たちが、人類ではじめて原子で「IBM」と書いた文字を実現した
（photo／日本IBM）

ろすというような究極の技術も誕生します。

１９８９年には、ＩＢＭアルマデン研究所のドナルド・アイグラーが、ニッケルの表面にプローブを使ってキセノン原子を並べ、社名の「ＩＢＭ」をつくり、人類ではじめて原子で書いた文字を実現しました。

デモクリトスが紀元前４００年ごろ、古代ギリシャのアゴラ（広場）で聴衆に向かって、「原子と何もない空間以外には何もない。ほかにあるのはみな意見だけだ！」と説いていた時代から、多くの人の挑戦により知と発明が集積し、巨大な多国籍企業が原子で社名を書くという最も知的なジョークを生み出せる時代へと進化したのです。

STMにより、微細な加工が必要な半導体の表面の状態を原子レベルで探り、より精密な集積回路の開発、製造が可能になったのです。

また、原子1個ずつをつなげて分子で部品をつくる、ナノテクノロジー（ナノは10億分の1のことです。1ナノメートルは10億分の1メートルで、これは分子のサイズです）という分野の可能性が開かれました。

1983年 PCR法を発明――微量のDNAサンプルを大量コピー

●破天荒な天才が生み出したPCRの原理

キャリー・マリス
ノーベル化学賞受賞
（1993年）

新型コロナウイルス禍で、毎日、耳にするようになったのが「PCR」です。それまで専門家だけが使っていたPCRという言葉が、これほどメジャーになるとは私も想像できませんでした。

発明したのは、アメリカのキャリー・マリスです。サ

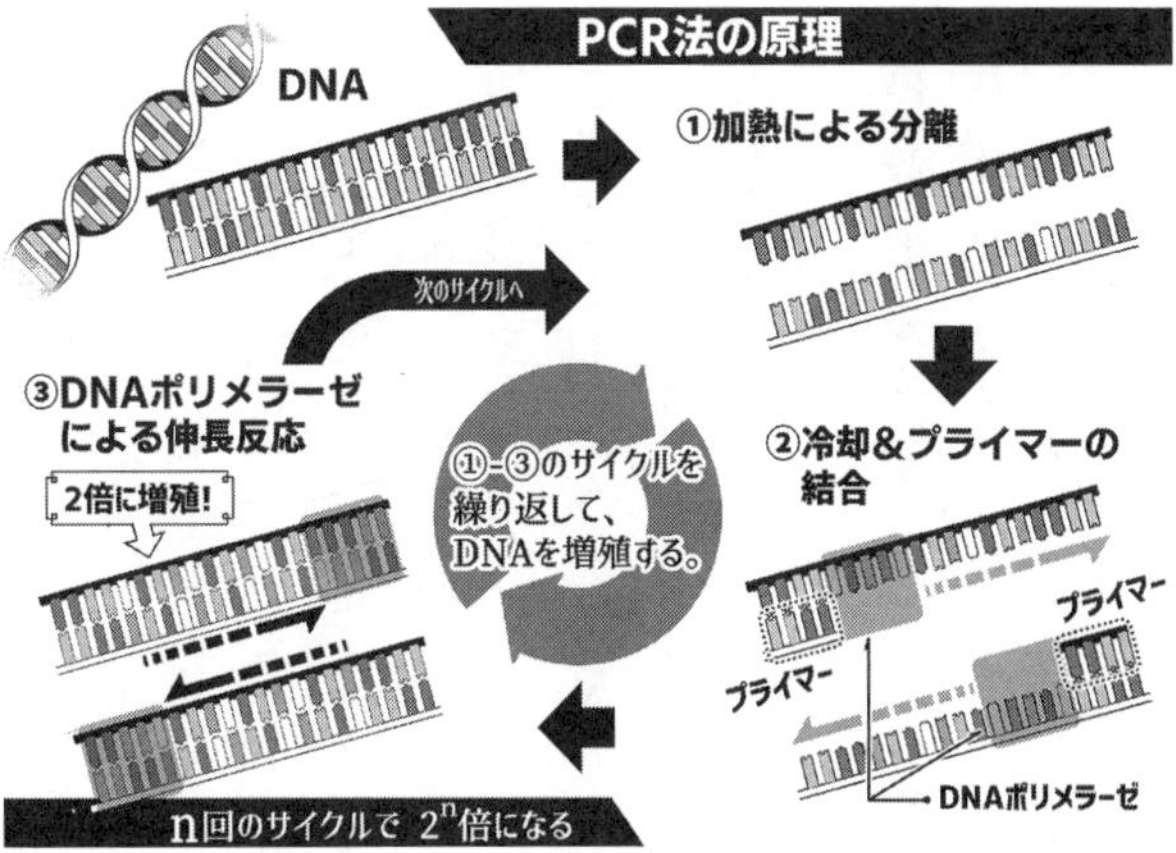

ーファーで破天荒、奇人、天才を絵に描いたような人です。１９９３年のノーベル化学賞を受賞しました。

１９８３年、バイオのベンチャー企業シータスの研究員だったマリスが、週末デートのドライブ中に思いついたのがＰＣＲの原理です。バイオ系の研究者なら誰でも思いつく簡単な原理でしたが、慣習や先入観にとらわれないマリスならではの〝コロンブスの卵〟的な発見でした。

ＤＮＡを増やしたい領域があるとき、２本鎖を開いて、その領域の始まりと終わりにあたる場所にプライマーというものを、それぞれの鎖に向かい合わせになるようにつけます。プライマーは人工でつくるもので、数個の塩基が連なった配列を持った短いDNA鎖です。

このプライマーが結合しているところに、DNAポリメラーゼという酵素が勝手にとりついて、相補的な鎖を自動的に合成してくれます。

それぞれの鎖に相手ができて2本鎖になり、DNAを2倍に増やすことができます。そして、80℃の高温にすると、また2本の鎖がほどけて離れ離れになり、ふたたびプライマーが勝手に結合するので、複製がふたたび始まるのです。

加熱と冷却を繰り返して、1サイクルずつDNAを2倍に増やせるので、2倍×2倍×……とねずみ算式にDNAの鎖を増やすことができます。

この方法は、PCR（ポリメラーゼチェインリアクション＝ポリメラーゼ連鎖反応）と名付けられました。

●世界中の研究者を熱狂させた装置

初期のPCRには問題が一つありました。ゆで卵やオムレツなどの料理でわかるように、タンパク質は加熱すると変化して機能を失います。

これを「熱変性」といい、タンパク質の分子の立体構造が変化してしまうので、タンパク質でできた酵素も高温ではダメになります。PCRでは、加熱の過程でポリメラーゼがダメになります。

当初、1回の加熱のプロセスのたびに、新しい酵素DNAポリメラーゼを加える必要がありました。ですが、イエローストーン国立公園の温泉ですでに発見されていた、高温（95℃）でも熱変性しにくい耐熱性DNAポリメラーゼを利用できるようになると、飛躍的に簡単化しました。

酵素とプライマー、DNA鎖をつくる4種類の塩基のユニットの原料を仕込んでおけばいいのです。**あとは加熱と冷却を繰り返すだけで、2時間になんと10億倍もサンプルのDNA量を増幅できる自動化装置が可能になりました。**

マリスの論文は科学雑誌「ネイチャー」には採用されず、最初はマイナーな論文誌にしか掲載されませんでした。しかし、PCRの装置が実用化されると、その有用性から世界中の研究者を熱狂させました。

幻のコレクターズアイテムの貴重なモノがあったら、そのレプリカを大量生産するように、調べたいDNAの微量のサンプルを大量コピーできるのです。普及しはじめたPCR法は、犯罪捜査でも威力を発揮しました（続きはP302）。

1984年12月2日 ボパールの大惨事――化学工業史上、最悪の事故

●いまなお化学物質が環境を汚染しつづけている

インドの都市ボパールにあるアメリカ・ユニオンカーバイド系列の化学工場では、農薬を生産していました。ここで、1984年12月2日、24時間以内に6000人以上が死亡する史上最悪の化学災害が起こりました。

殺虫剤のカルバリル（ナフタレンという分子を修飾した分子）をつくる工程で、イソシアン酸メチルという化合物を合成する装置に、作業ミスから水が流入したのです。水との化学反応で発生した大量の熱により、イソシアン酸メチルが沸騰して高圧になり、装置が爆発しました。

経費削減でベテランの従業員は解雇され、装置は老朽化したまま、いくつもの安全装置も休止され、それまでも事故が続発していました。「ハインリッヒの法則」を絵に描いたような災害です。ハインリッヒの法則とは、1件の重大事故の背景には29件の軽微な事故と300件の未遂が起こっているという法則です。

化学工業ではほんの些細な装置の不具合や操作の誤りが増幅され、とてつもなく悲惨な結果をもたらします。放出されたイソシアン酸メチルは皮膚や目を侵して、呼吸器を破壊する猛毒の物質です。

40トン近くのイソシアン酸メチルの毒ガスが漏れて、近くの都市を襲いました。この災害の影響で1万4000人以上が亡くなったといわれています。

インドでは大きな訴訟となり、責任追及のなかで現地法人の経営責任者が法廷に呼び出されました。ですが、責任者はアメリカに逃亡し、アメリカ政府は責任者のインドへの引き渡し要求にも応じませんでした。

ボパールの工場敷地内はいまだに放置され、置き去りにされたさまざまな装置から化学物質が漏洩し、いまなお環境を汚染しつづけています。

先進国では、相次いだ公害などの教訓から法的な規制が厳しくなりました。多国籍化した化学企業のなかには、規制のゆるい発展途上国に生産拠点を移すことで環境汚染を続けた企業が少なからずあります。

巨大企業が利潤追求を最優先してきたダークサイドが、猛毒ガスと一緒に一挙に噴出したのが、ボパールでの災害だったのです（続きはP313）。

1985年3月7日 DNA鑑定の発明――科学技術と犯罪捜査の融合

●塩基配列から個人を区別できる

最近ではDNA鑑定はメジャーな言葉になり、ドラマや週刊誌など日常的に目にしますが、はじめて登場したのは1986年の夏、イギリスで起こったある事件がきっかけです。

イギリス・レスター大学の若い研究者アレック・ジェフリーズは、DNAのなかで一人ずつ著しく異なる塩基配列の領域を発見し、これによって個人を区別できることを証明しました。

この領域を制限酵素を使って切断し、複数の断片にしてから寒天のうえで電圧をかけて流すと、鎖の短いものがより遠くに移動するので断片が散らばります。DNAに結合する蛍光色素（臭化エチジウム）を加えて撮影すると、バーコードのような模様の写真が得られます。

この模様から、個人の特定や親子関係を明らかにすることができます。

DNA指紋法

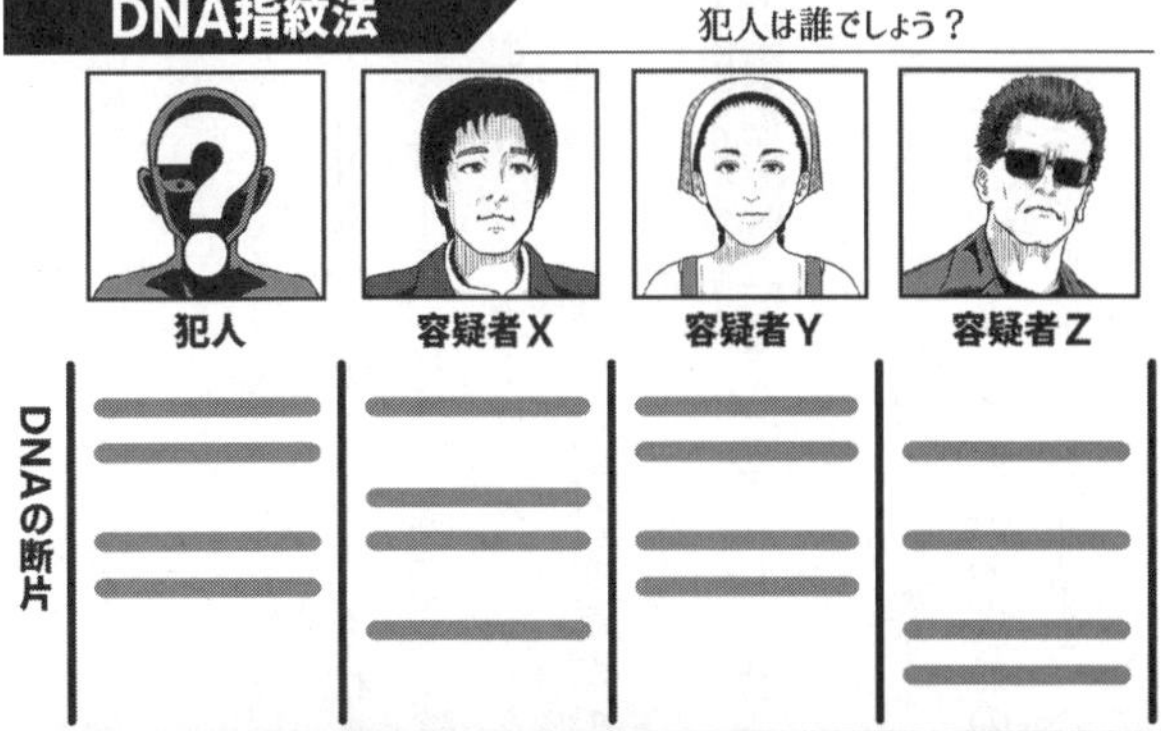

DNA断片、移動してできるパターンを見て、一致すれば同一人物と判定できる。
答えは　P304

1985年3月7日号の科学雑誌「ネイチャー」に、「DNAフィンガープリント（指紋）法」として発表されました。

●ホームズも真っ青の真犯人探し

これと前後する1983年と86年、ロンドンから電車で1時間余りのレスター郊外の村で、ともに15歳の少女が暴行されて殺されました。

警察は、ジェフリーズに協力を要請しました。現場で回収された犯人の体液を分析すると、二つの事件の犯人は同一のDNAでした。

また、二度目の事件後に容疑者として逮捕された少年のDNAは一致せず、犯人ではないことがわかりました。

「同僚に、提出する血液をすり替えるよう依頼されて、金を受け取ったと話している男がいる」

というパブの女性の証言から、替え玉を依頼した男を警察が追及し、犯人とこの男のDNAが一致し、逮捕されました。

この事件で、DNA鑑定が一躍有名になりました。

現代は、シャーロック・ホームズやモリアーティ教授も真っ青になるくらい、科学技術と犯罪捜査の融合が進んでいるのです(続きはP366)。

1985年11月 フラーレンを発見――ナノテクノロジーの可能性は無限大

●「ナノ」は10億分の1を表す

分子一つひとつを機械の部品のようにして、非常に小さな分子レベルの集合体である機械や素子などの部品をつくる分野を「ナノテクノロジー」といいます。このナノテクノロジーのブームをもたらしたのは、炭素原子だけからできた、ある美し

＊303ページの答え＝容疑者Y

い形の分子のノーベル賞級の発見でした。

「ナノ」というのは、10億分の1を表す単語です。メガ（１００万）とかテラ（1兆）などと同じ接頭語です。

１メートルの１０００分の1が1ミリメートルで、1ミリメートルの１０００分の1が1マイクロメートル（μm）です。これは細菌とか細胞の大きさくらいで、理科室の顕微鏡（光学顕微鏡）で見ることができる範囲です。

さらに、1マイクロメートルの１０００分の1が1ナノメートル（nm）です。**1ナノメートルは分子の大きさのサイズなのです**。ウイルスは数十～数百ナノメートルくらいなので、電子顕微鏡でしか見られません（『ケミストリー世界史』P482参照）。

野口英世は黄熱病の研究半ばにして倒れましたが、黄熱病の病原体はウイルスなので、当時の光学顕微鏡では見られませんでした。

●炭素原子が60個つながってできる謎の分子

炭素というと、何を連想するでしょうか。

備長炭のような炭（アモルファス炭素）や、鉛筆の芯（黒鉛）などの黒いものとか、あるいは、透明なダイヤモンドを連想する人もいるでしょう。

宇宙にはどうやら白い炭素もあるようなのです(隕石の分析から)。黒鉛やダイヤモンド、炭のように、**炭素という同じ1種類の元素の集まりでも、原子のつながり方、構造が違うものがあります。これらを互いに同素体といいます。**

1985年、炭素の新しい同素体が発見されたのです。

イギリス・サセックス大学のハロルド・クロトーは、宇宙空間に存在する特殊な星間分子を研究していました。電波望遠鏡などで観測すると、地球上にはない、不思議な構造の分子がたくさんあります。

クロトーは、学会で知り合って友人になったアメリカのロバート・カールにテキサス州での学会で再会し、しばらく滞在することにしました。そして、近くのライス大学のリチャード・スモーリーの研究室を紹介されます。

この研究室には、レーザー光線で高いエネルギーの状態をつくりだせる装置がありました。「これを使えば、超新星爆発と同じような環境を再現できるかもしれない」と考えたクロトーは、この装置を短時間だけ使わせてもらえるように頼み込みます。

そして、彼らの研究に割り込むかたちで実験を行い、炭素（黒鉛）にレーザーを照射して生成物を調べたところ、生成物のなかに、炭素原子が60個つながってできる謎の分子C_{60}がひときわ多く生成していることがわかりました。たくさんできているということは、この分子がほかのものに比べて安定な構造になっていることを示しています。

しかも、この炭素原子はそれぞれがすべて等価で、端っこにある原子と内側にある原子のような区別がなく、60個すべてが同じ結合状態にあると予測されました。

●謎の分子はサッカーボールの形をしていた！

60個の原子がすべて対称に配置された安定な分子の構造を探るため、クロトーやスモーリーをはじめ研究室の同僚たちは、とり憑かれたようにこの分子の構造の模型をつくろうとしました。

食事に行ったレストランではナプキンに構造を描きまくり、家では丸いグミと爪楊枝を使って組み立ててみたり、段ボールを使ったりして試行錯誤しましたが、うまくいきませんでした。

クロトーは、かつて自分の子供たちと遊んだ小さい天文ドームのキットのことを思い出し、多面体のドームが六角形と五角形の組み合わせだった構造を思い出してみんなに伝えました。

スモーリーは模型づくりがうまくいかず、家でヤケ酒をあおっているときにその話を思い出し、六角形と五角形を組み合わせて紙で模型をつくっていくと、お椀のような球面ができました。

この原理でつないでいくと、球状多面体の図形ができあがり、よく見ると60個の頂点が完全に対称になっているではありませんか。

翌日、この球状モデルを研究室に持っていき、みんなに見せました。念のために数学科の教授に写真を見せて、「こういった対称な多面体はモデルとして正しいか?」と確認すると、「スポーツ用品店で売っているありふれたものだ」と笑われてしまいました。

そう、この球体は、じつはサッカーボールそのものだったのです。

1985年11月、彼らの研究論文が世界的な科学論文誌「ネイチャー」(11月14日号)に、「C_{60}：バックミンスターフラーレン」として掲載されました(名前については後述)。

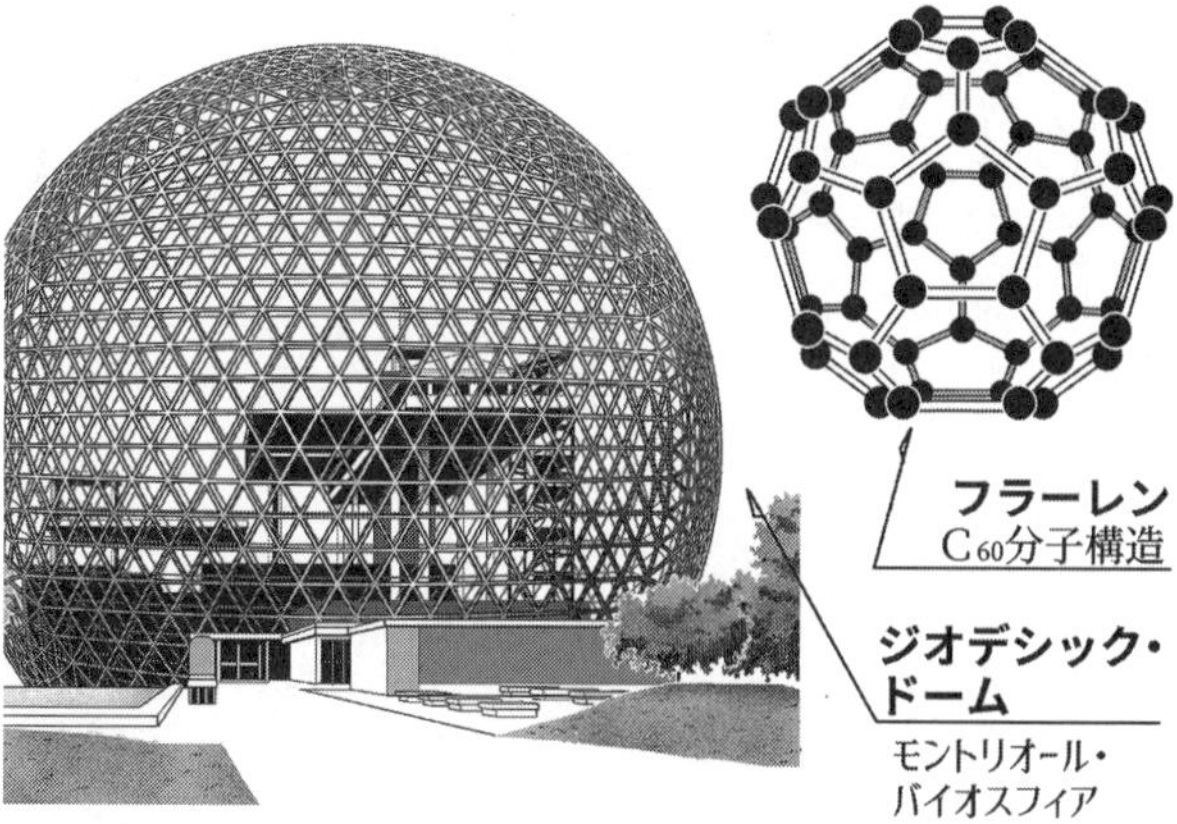

その後、1990年に、フラーレンをキログラム単位で大量生産できる手法をドイツのウォルフガング・クレッチマーらが開発し、フラーレンの研究ブームが起こります。

分子構造の解析を行った結果、予想どおりサッカーボールの形をしていることが証明されました。クロトー、カール、スモーリーの3人は、1996年度のノーベル化学賞を受賞しました。

じつは、1970年に、「炭素原子が五角形と六角形につながっていくと球状の構造ができる」と、当時、京都大学の助手だった大澤映二博士が月刊雑誌「化学」ですでに予言していたのです。

彼の息子がサッカーボールで遊んでいるときに思いついたようです。「サッカーボール切頭（頂）20面体」の新しい分子構造をすでに予言していたのです。

●「フラーレン」の由来は思想家フラー

クロトーは若いころから、美術や建築に興味がありました。1967年に開催されたモントリオール万国博覧会のアメリカ館を見て、感銘を受けたことを思い出します。

アメリカ館は多面体で構成され、設計者のバックミンスター・フラーの名前から「フラードーム」と呼ばれていたので、クロトーは発見したサッカーボール型の分子に、フラーに敬意を表して「フラーレン」と名付けました。

レオナルド・ダ・ヴィンチのように多才な建築家であり、哲学者、思想家であったフラーは、資源が限られるなか、人類はどうやって生き残れるのか、環境にやさしい等身大の技術とは何かを追求した人です。「宇宙船地球号」という名前を考え出したのもフラーです。

フラーは1960年代、「ラブ&ピース」を掲げたヒッピーたちのカリスマになりました。「最小の材料で最大の効果を得る」という思想を具現化させたのが、三角形を組み合わせた多面体の「フラードーム」で、富士山のレーダードームにも採用されています。

思想家フラーの影響を大きく受け、歴史を変えた有名人がもう一人います。誰でも知っているアメリカ人、そう、スティーブ・ジョブズです。彼が生前にデザインしたサンフランシスコのアップル本社は宇宙船といわれ、フラーを崇拝するジョブズがフラーの弟子の建築家ノーマン・フォスターに依頼して設計したものです。

●フラーレンで火がついたナノテクノロジー

フラーレンをはじめとして、ラグビーボール状のものや、チューブ状の「カーボンナノチューブ」まで発見されました。カーボンナノチューブは日本人が発見したチューブ状の炭素の同素体で、炭素繊維とはまったく違います。

フラーレンの製造では、2本の炭素電極に高電圧をかけて、炭素からフラーレンをつくります。装置に付着する煤《すす》にフラーレンが含まれるので、これを回収します。

当時、研究者や大学院生たちは煤を回収して、残りの炭素電極を捨てていましたが、1991年、使用済みの炭素電極を電子顕微鏡で調べ、カーボンナノチューブを発見したのが、NEC（日本電気）の研究員だった飯島澄男博士です。

カーボンナノチューブを束にすると、炭素繊維よりもはるかに軽量で高強度の繊維ができます。人工衛星と地上を結ぶ宇宙エレベーターを発案したツィオルコフスキーの夢が、また一つ実現するかもしれません。

フラーレンを機に、ナノテクノロジーという分野に大きく注目が集まりました。ギアやワイヤーなどの機械の部品一つずつを分子でつくり、微小な機械や集積回路をつくる発想です。ナノマシーンという分子でつくられた機械ができれば、名作映画「ミクロの決死圏」のように、血管のなかに入っていく治療マシンが可能になるのです。

分子一つひとつがデジタル信号を記録するようになれば、角砂糖1個分の大きさのメモリにアマゾンの「プライムビデオ」の映画がすべて記録できるでしょう。

分子でダイオード（P38参照）などの部品がつくりだせると、いまの集積回路が細胞レベルの大きさになるでしょう。そもそも、**細胞やウイルスそれ自体が、自然が生み出した究極のナノマシーンなのです**（続きはP318）。

１９８６年１月２８日 チャレンジャー号の爆発――小さな分子が引き起こした悲劇

●初の民間人宇宙旅行士の計画

１９８１年４月12日、地上から宇宙空間に出て、そのまま地上に滑空して着陸する飛行機のようなシステムのスペースシャトル「コロンビア号」が、はじめて有人の宇宙ミッションに成功しました。

それから25回目にあたる１９８６年１月28日のスペースシャトル「チャレンジャー号」の打ち上げで大惨事が起こります。打ち上げから１分13秒後に燃料が爆発し、乗組員７名が全員亡くなりました。

ベトナム戦争後の不況でＮＡＳＡへの予算削減が叫ばれるなか、ＮＡＳＡは予算獲得のため、打ち上げ回数を増やして安全性をアピールしていました。商業ベースに乗せるためには、なによりも安全性をアピールし、国民の支持が必要だったからです。

スペースシャトルの打ち上げが日常になるにつれて、国民の熱狂も冷めていました。そこで、NASAは、公募で選ばれた初の民間人を乗せることで注目を集めようとします。

初の民間人宇宙飛行士を、「アメリカの誇り、小・中学校などの学校教師から選出する」と、レーガン大統領は夢のあるプロジェクトを呼びかけて、1万1000人の志願者のなかから選ばれたのが、高校の女性教師クリスタ・マコーリフでした。宇宙から中継して子供たちに授業をする計画でした。

●スペースシャトル計画の慢心

スペースシャトルの打ち上げは、軌道船（オービター）といわれる飛行機型の本船のエンジンを使います。燃料の水素と酸素の液体はオレンジ色の巨大なタンクに入っており、このタンクに軌道船がおんぶされています。

また、巨大タンクの両サイドに2本、打ち上げ時の2分間だけ使われる離陸用ブースターの固体燃料ロケットがあります。今回の大惨事はこの固体燃料ロケットが引き起こしました。

固体燃料は、過塩素酸アンモニウム、アルミニウム粉末と、それらを混ぜるゴム

スペースシャトル

**固体燃料ロケット
ブースター**

Oリング

燃料タンクの
密封接続に使用

バイトンB ‥‥‥‥
フッ素ゴム

$$\begin{array}{ccccccc} F & F & F & F & H & H \\ | & | & | & | & | & | \\ -C & -C & -C & -C & -C & -C- \\ | & | & | & | & | & | \\ F & F & F & CF_3 & H & F \end{array}$$

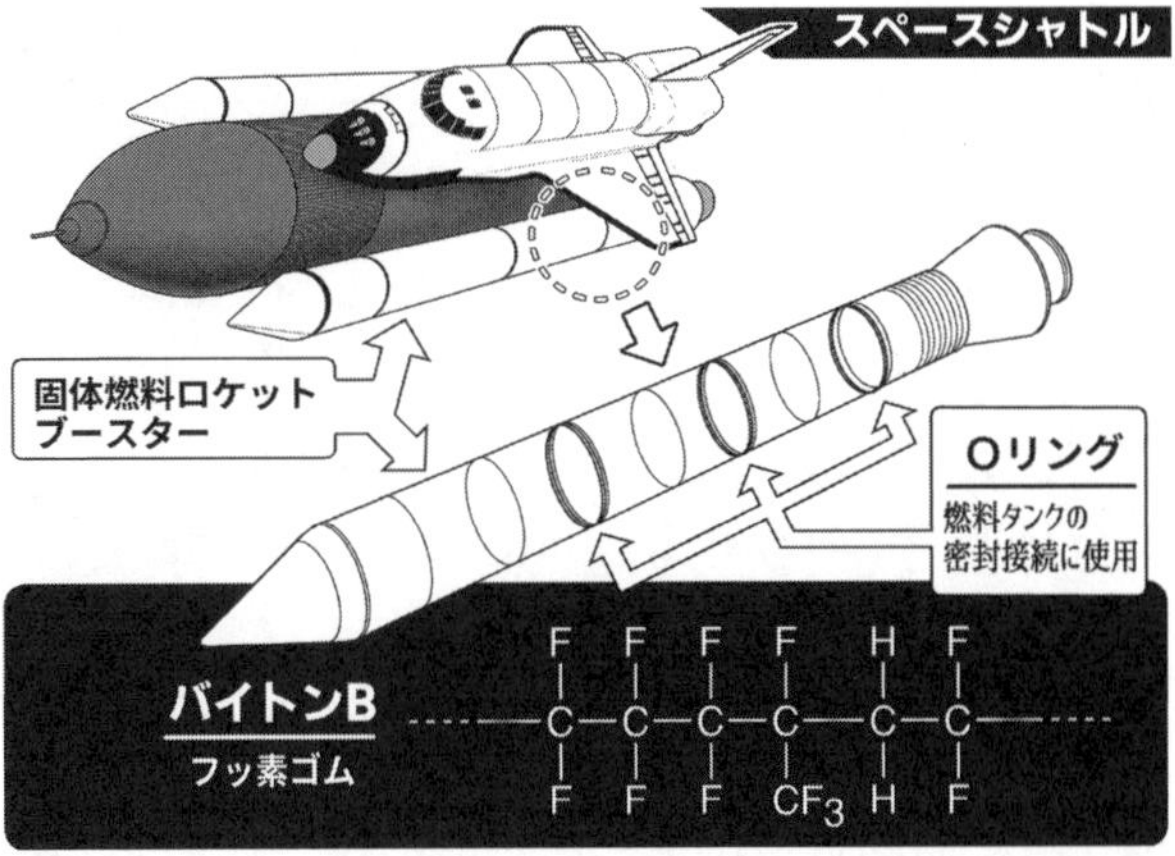

や添加剤からなります。　過塩素酸イオンが
酸化剤で、アンモニウムイオンとアルミニ
ウムが燃料（還元剤）です。

　2本の固体燃料ロケットのボディは、円
筒状の部品をつないでつくられています。

つなぎ目には、固体燃料ロケットの製造を
独占契約していた化学企業の名門、サイオ
コールの誇るバイトン（フッ素ゴム）製の0オー
リングが内包されていました。

　0リングというのは、つなぎ目などに漏
れがないように密閉する、「O」の字の形を
したゴムのリングです。　防水機能付きのカ
メラなどの携帯機器はもちろんのこと、エ
ンジンやポンプなどにガスや液体を運ぶパ
イプから、巨大な反応容器まで、密閉性を

維持するためにつなぎ目などに使われます。まさに現代社会を支える〝縁の下の力持ち〟です。

ブースターロケットでは、内側で生じる高温・高圧の燃焼ガスの力により、ボディのつなぎ目がほんのわずかに膨れるので、このＯリングが密閉を維持する最後の砦といえました。ＮＡＳＡは、過去にもこのＯリングが打ち上げ時に破損する可能性をつかんでいましたが、「いままでは問題がなかった」として、ＮＡＳＡは抜本的な解決を先送りしていました。

●強引に決定されたシャトルの打ち上げ

１９８６年の年明けからフロリダは異常な寒波に見舞われ、打ち上げは延期されていました。打ち上げの日の朝、氷点下まで下がった気温により、シャトルは発射台が氷柱《つらら》に覆われ、バイトンのゴムの性質はすでに失われて硬くなっていました。

柔軟性のあるゴムやプラスチックなども、低温では硬くなってしまいます。これを「ガラス状態」といいます。私たちが見慣れているガラスは、高温で赤くなって流動性がありますが、低温（室温）では硬くなります。０℃より低い温度になると、バイトンのゴムはガラス状態になってしまい、割れやすくなります。

サイオコールの技術者たちは、「寒波で低温になっているのは危険だ」と判断し、NASAと協議をしていましたが、打ち上げを急ぐNASAの技術責任者は、「このまま来年の春まで持ち越すのか」と迫り、強引に打ち上げを決定しました。

7人の宇宙飛行士を乗せてシャトルが打ち上げられると、人びとが見ることのできない分子レベルの変化で柔軟性を失って硬くなったゴムが変形できず、衝撃が加わって破損しました。

ここから高温の燃焼ガスが漏れてダメージが生じたところに、強い横風がかかり、オレンジ色の巨大な燃料タンクにも負荷がかかって、液体水素のガス漏れが生じました。そして、一瞬のうちに大爆発を起こしたのです。

小さな分子の変化が大きな変化を生み出すという物質の世界、化学の本質を、世界中の人びとに衝撃的な映像で見せつけたのです。

スペースシャトルの衝撃的な事故を受け、NASAは原因究明のあいだ、スペースシャトルの打ち上げを中止しました。

スペースシャトルのブースター用の固体燃料や、ミサイルに使う過塩素酸アンモニウムの製造工場では大量の在庫が積み重なり、1988年5月、火災から3600トンの過塩素酸アンモニウムが大爆発する事故が起こりました。工場で2人が死亡、372人が負傷し、16キロメートル離れたラスベガスの市街まで被害を受けるほどの大事故でした。

この一連の事件でも、小さな原子が引き金となって大きく社会に影響を与えたのです（続きはP323）。

1986年4月 高温超伝導の発見――省エネ・リニア・MRI

●金属だけでなくセラミックスも超伝導を起こす

極低温で金属の電気抵抗が0になる現象（超伝導）は、20世紀はじめから知られていました。

IBMチューリッヒ研究所のヨハネス・ベドノルツとカール・ミュラーの二人は、金属とはまったく異なるセラミックス（陶器や磁器などの焼き物の総称）で、金属より高温の絶対温度35K《ケルビン》（マイナス238℃）で超伝導状態になることを発見したのです。

二人は1986年4月に、この発見をドイツの論文誌で発表しました。高温と書いていますが、氷点下の世界ですのでちっとも熱くはありません（笑）。

19世紀の後半、冷蔵や冷凍の技術開発が進み（『ケミストリー世界史』P324参照）、気体を液化する研究がブームとなりました。酸素や窒素も液化できるようになり、1898年、液化しにくい難攻不落の砦、水素ガスの液化にイギリスのジェイムズ・デュワーが成功しました。ちなみに、デュワーは、魔法瓶を発明した科学者として有名です。

水素は最小の分子で、分子どうしの引力も小さいので、分子を集めて液体にするのがきわめて難しいのです。液体酸素と液体水素が入手できるようになり、71年後に人類はこれらを推進剤にしたサターンV型ロケットで、初の月面着陸へと向かうことになるのです。

こうして20世紀のはじめには、液化しにくい最後の砦、わがままな気体はヘリウムだけでした。オランダの物理学者ヘイケ・カマリン・オンネスは1908年、ついにヘリウムガスを液化することに成功しました。

この液体ヘリウムは、温度の下限、絶対温度0K（マイナス273℃）まで固体にならず液体のままです。ですから、液体ヘリウムは究極の冷却剤といえます。温度はこの絶対温度0Kより下はありません。

温度は原子や分子の運動の激しさで決まり、絶対温度0Kのマイナス273℃になると、すべての原子や分子の運動は止まってしまいます。

オンネスは、この超低温の液体ヘリウムを冷却剤として用いて、金属の電気抵抗の低温における挙動を調べました。不純物の悪影響を取り除くため、水銀で実験をします。水銀は蒸留を繰り返すことで純粋なものをつくれるからです。

実験結果は驚くべきものでした。マイナス269℃（絶対温度4・2K）で水銀の電気抵抗が0になってしまうのです。オンネスは低温の科学で1913年のノーベル物理学賞を受賞します。

●金属における超伝導の理論を解明

1957年には、3人の科学者バーディーン（ショックレーと一緒にトランジスタを発明しました）、レオン・クーパー、ジョン・シュリーファーによって、金属における超伝導の理論が解明されました。３人の頭文字をとって「ＢＣＳ理論」といいます。

３人はこの理論で１９７２年のノーベル物理学賞を受賞します。バーディーンはトランジスタに続いて、２回目のノーベル物理学賞を受賞しました。

「ＢＣＳ理論」をざっくりと説明してみましょう。

金属結晶のなかで、金属の陽イオンは貧乏ゆすりのように振動しているので、その隙間を電子が動いていくときにぶつかります。これが電気抵抗になります。

しかし、極低温では陽イオンはほぼ動かなくなり、電子がくると＋と－の電気で引き合って、電子のまわりに陽イオンが近づいて部分的に結晶の構造が歪《ゆが》み、そこだけ陽イオンが集まって＋の電気が強まります。すると、近くにある電子は、その発生した＋に引き寄せられます。

ちょうど、ゴムでできたマットレスの上で重い玉が動くと、近くの玉がその玉のくぼみに落ちようと動くように、電子が2個ペアになって抵抗を受けずに仲よくスムーズに動いていきます。これが金属の超伝導のメカニズムです。

金属の超伝導は解明されていましたが、焼き物（セラミックス）までもが超伝導を起こすことは青天の霹靂《へきれき》でした。

世界中で研究ブームが燎原の火のように広がり、ついに簡単に入手できる液体窒素の沸点、マイナス196℃（ラベルにデカデカと書いてある缶チューハイがあります）より高い温度で超伝導を示す物質が見つかります。

液体窒素の沸点より高温で超伝導を示す性質は、高温超伝導といわれます。ベドノルツとミュラーの「セラミックスが高温で超伝導を起こす」という常識破りの発見には、懐疑的な科学者ばかりでした。

ですが、その後、東京大学の田中昭二教授が追試に成功し、世界中で高温超伝導の物質探索ブームが起こりました。

超伝導を利用すると、コイルを使った電磁石とは比べ物にならないほどの強力な磁石がつくれます。それにより実現できるのが、強力な磁場で浮上するリニアモーターカーや、強力な磁場で脳の血管など内部組織を撮影できるＭＲＩ（磁気共鳴イメージング）、ＭＲＩと同じような原理で分子の構造を解析できるＮＭＲ（核磁気共鳴分光法）などです。

高温超伝導で優れた物質が発見されれば、電力送電において電気抵抗による熱の損失がなくなるので省エネに貢献できるでしょう。

1986年4月26日 チェルノブイリ原発事故――ソ連崩壊への序曲

●「ヨハネ黙示録」が暗示していた災厄

『新約聖書』の「ヨハネ黙示録」には、世界が終末へ向かう様と、最終戦争（ハルマゲドン）、そしてキリストの復活が書いてあります。

その第8章に、「たいまつのように燃えている大きな星が空から落ちてきた。それは川の3分の1とその水源のところに落ちた。この星の名をニガヨモギといい、川の水の3分の1がニガヨモギのように苦くなった。水が苦くなったので、多くの人が死んだ」と書かれています。

ニガヨモギは、ロシア語で「チェルノブイリ」です。すごい予言ですが、どうやら、このニガヨモギと『聖書』のニガヨモギは別の種のようです。

大学生のとき、第2外国語のロシア語の授業を後ろの席でサボりながら、辞書でチェルノブイリを引いていました。2年間習ったロシア語も、いまのところ何の役にも立ってません（泣）。

ウクライナ(当時はソ連)の首都、キエフ(現在のキーウ)から直線にして約100キロメートルくらい北の位置にチェルノブイリ(現在はウクライナ語のチョルノービリと表記します)の町があり、原子炉を四つ備えた大きな原発が、ドニエプル川の支流プリピャチ川に面していました。

1986年4月26日午前1時、チェルノブイリ原発では、保守のために停止する4号機(旧型の黒鉛型原子炉)を使い、数年に一度の出力低下のチャンスを利用して試験を行っていました。停電から外部非常用電源に切り替わるまで、まだまわっている発電用タービンから発電して冷却水ポンプに電気を供給できるかという試験です。

この4号機の炉は構造上、出力を下げると不安定になるので、低出力を維持するのは厳禁でしたが、このことは現場には伝わっていませんでした。キエフ市の要請で工場の電力のため低出力の運転を続け、さらに停電という非常事態に近づけるため、何重にも設定されている安全装置をわざと解除して、作動しないようにしていました。

新しい試験を成功させることしか頭にない所長や技師長の功名心や名誉欲で強行され、これらが災厄を招いたのです。

●最悪の原発災害がソ連崩壊の狼煙となった

試験中に出力低下が激しくなり、制御棒のほとんどを引き上げてしまいました。やがて原子炉の冷却水の水位が急に低下し、安全システムが作動しないことから制御不能になり、急激な温度上昇を引き起こし、炉心の温度は3000～4000℃にまで達したのです。

スリーマイル島の原発もそうですが、とにかく**原子炉はいったん稼働すると熱を出しつづけますから、冷却装置がいちばん大切なのです**。アイロンやヤカンの過熱が危ないのは小学生でもわかることですが、のちの福島第一原発にいたるまで、とにかく冷却システムがすべての命運を握っている、という当たり前の事実を軽視すると災いが起こるのです。

冷却水が蒸気になって爆発し、原子炉の上部を吹き飛ばして放射性物質が外に飛散しました。広島の原爆の約400倍以上もの放射性物質が大気中に放出されたのです。

さらに、核分裂反応の中性子を減速するための黒鉛（原子炉の核分裂をコントロールする装置）が高温で水蒸気と反応して水素を発生し、水素が酸素と反応して爆発しました。

10日間続いた火災で大量の放射性物質が放出されましたが、当初、ソ連は事故を隠蔽していました。ソ連の巨大な官僚システムは事故当日、ゴルバチョフ書記長への報告ですら、「原子炉の建物で火災発生。現在は鎮火。炉心は冷却されている」と嘘をついていたのです。

ノーベル文学賞を受賞したソ連の反体制作家ソルジェニーツィンがかつて指摘したように、ソ連のすべてはがんに蝕《むしば》まれていたのです。

ゴルバチョフはすでに情報隠蔽、事なかれ主義、責任回避という硬直化した官僚システムこそがソ連の病巣であると体制の改革に乗りだしていました。民主化の一つとして「グラスノスチ（情報公開）」を行い、病巣を破壊していましたが、チェルノブイリ事故を機に改革を急ぐようになります。この急ぎすぎた民主化が、ソ連を崩壊へと誘います。

●ヨーロッパ一帯に放射能が降り注ぐ

事故から2日後、チェルノブイリから1000キロメートル以上離れたスウェーデンやフィンランドでも、異常な量の放射線が検出されました。すぐさま分析が行われ、発生源はベラルーシ、ウクライナ方面の原発であることが突きとめられました。

ここにいたり、ソ連政府もやっと小さく事故を発表しました。放射性物質はスウェーデンや西ヨーロッパにも降り注いでいたのです。

炉心がむき出しになるほどの爆発で大火災を引き起こしていました。初動の消火活動に従事した消防士のうち28人は、2分間で致死量になるほどの高い放射線を浴びて、その後亡くなりました。放射線除けの鉛のエプロンを装着して放射能で汚染されたガレキを撤去する活動に臨んだ約3000人の兵士は、途方もない放射線を浴びました。

また、チェルノブイリとモスクワのあいだ、現在のベラルーシのゴメリ州、モギリョフ州のあたりに、突如として高濃度汚染地域（ホットスポット）が出現します。風向きで北東のモスクワのほうに放射性物質を含んだ雲が漂いはじめたのです。

それを食いとめるため、航空機による人工降雨剤が撒かれ、雨を降らせたので大量のフォールアウトが生じたという説があるほどです。降雨を受けたベラルーシの人には情報が与えられず、多くの子供たちを含む住民に放射線被害をもたらして被害者が多数出ました。

５００近くの村が強制移住で消滅し、高線量の放射線のなかで除染作業などに従事したリクビダートル（「清算人」の意味）といわれる60万人以上の人びとのうち、一説によると5万人以上が放射線障害で亡くなりました。

第6章　1990年代

1990年代をひと言で表すと、第2次世界大戦の戦後体制であった東西冷戦の終焉《しゅうえん》、ソ連崩壊、そしてユーロ統合などの新しい時代の到来です。

1991年には、アメリカ主導の多国籍軍とイラクの戦争である湾岸戦争が起こりました。アメリカはベトナム戦争での敗北感を払拭《ふっしょく》して、戦争国家に突き進みます。

どんな時代？

1991年、ゴルバチョフ大統領の改革により、「グラスノスチ」など恐怖政治が廃止されるとタガがゆるみ、風船に穴を開けたように連邦の構成国が脱退して独立を求めます。ソ連は連邦のなかでの分業を前提とした経済だったので、それぞれの国が独立すると経済が崩壊します。

ヒトにたとえれば、肝臓や筋肉が体から出ていっちゃった状態です。経済の混乱でゴルバチョフへの退陣要求が加速し、自由選挙の導入など民主化が起こります。1991年8月、共産党の保守勢力のクーデターが起こり、ゴルバチョフは失脚し、ソ連は解体されます。

ソ連解体後にロシア連邦が誕生し、急進的な民主化勢力が台頭します。この時代に、ソ連共産党を見限って頭角を現したのが元KGBのスパイ、ウラジーミル・プーチンで、レニングラード（現在のサンクトペテルブルク）の急進派市長の側近から上りつめ、エリツィン大統領（当時）に徴用されて出世した〝ロシア版・豊臣秀吉〟です。

ソ連崩壊を絶好の好機と見たアメリカは、中南米やアフリカに積極的に軍を派遣して紛争が拡大します。分裂したユーゴスラビアでも激しい内戦が起こり、アメリカなどNATOが介入した戦争となりました。

こうして、巨大な軍事力に担保されたアメリカの覇権が地球全土におよぶようになり、投機マネーが巨大なビジネスを支え、古い因習や縛りをすべて破壊していきます。**グローバリゼーションがインターネット技術とともに広がっていき、世界が均一化していく方向へと舵が切られます。**

インターネットはもともと核戦争のもとで、さまざまな回線を通じて全体で連絡網を築くという、サバイバルを重視したネットワークとして発明されました。第2次世界大戦の延長で歩んできた時代から、東西冷戦の影響のなかを歩む時代へと変わっていきます。コンピュータがその象徴です。

1990年代のコンピュータの家庭への普及が、IT革命の始まりでしょう。パソコンとインターネット、携帯電話が急速に普及していきます。

1991年1月17日　湾岸戦争勃発——〝正義の戦争〟を演出したホワイトハウス

●戦争のきっかけはイラクのクウェート併合

イラクの独裁者フセイン大統領は、1990年8月2日、石油産出国で海側の小国クウェートに侵攻し、占領してイラクに併合しました。イラクは、イランとの戦争でクウェートから借りた戦費で借金まみれになり、さらにクウェートが石油を増産して石油価格の下落に拍車をかけていると批判していました。

イラクがクウェートからの撤退を拒否し、占領時にクウェート国内にいた外国人を人間の盾として重要施設に監禁したため、国際的な非難が大きくなり、イラクに対する武力制裁の国連決議が行われます。アメリカ主導のもと、ヨーロッパ諸国、サウジアラビアやエジプトなどのアラブ諸国も加わり、多国籍軍といわれました。

アメリカでは、ナイラというクウェートの少女が、「病院でイラク軍兵士が新生児を保育器から出して放置した」と泣きながら訴える映像がテレビで繰り返し流されます。ブッシュ大統領は、このコメントを演説で何回も引用しましたが、じつはナイラは架空の少女で、在米クウェート大使の娘を使った演出でした。

ブッシュはイスラム教国家のサウジアラビアに軍を展開して、開戦準備を進めます。これに反発したのが、ビン・ラディンなどサウジアラビアのイスラム原理主義者たちです。

●多国籍軍の新兵器でイラク軍は壊滅

国連が通告した撤退期限から2日後の1月17日、多国籍軍のイラクへの空爆開始で「砂漠の嵐作戦」が発動されます。ペルシャ湾に停泊していた艦艇から発射された47発の「トマホーク」(英語で「北米インディアンが持つ斧」の意)巡航ミサイルと、ステルス戦闘機による真夜中の空爆により、イラク軍のレーダー基地や防空施設が破壊されました。

巡航ミサイルとは無人のジェット機のようなもので、第2次世界大戦でロンドンを空襲したドイツ軍の「V1号」が祖先です。1950〜60年代にはやりますが、当時のものは大型で扱いにくく、対空火器の発達とともに時代遅れになり、弾道ミサイルに取って代わられました。

技術の発達により電子機器が小型化され、誘導装置も高性能になると巡航ミサイルが復活します。「トマホーク」は潜水艦の魚雷発射管から発射可能なミサイルとして1970年代に開発され、射程は1600キロメートル以上あります。速度は時速880キロメートルくらいですが、レーダーを回避するために地形に沿って低高度を飛ぶことができます。

目標までの航路の地形をデジタル情報でインプットし、その地形をセンサーで照合しながら地表すれすれを飛んでいきます。目標に近づくと、みずから発するレーダーで誘導されます。東京から那覇や札幌のホテルの一室をねらったとすると、その10メートル以内に着弾し、弾頭の454キログラムの爆薬が爆発します。

湾岸戦争では、「トマホーク」だけでも約290発が発射されました。1発の値段は1億円以上ですから、製造元のレイセオンの株価も上がり、株主は大喜びです。

ステルス戦闘機はロッキードが開発したF-117「ナイトホーク」で、レーダーに映りにくい機能を持たせた戦闘機です。レーダーに映りにくくする技術をステルス（英語で「隠密」の意）といい、レーダーの電波の反射を少なくするため、突起物を最小限にして、傾斜した多面的な構造をしています。

電波を吸収しやすくするため、酸化鉄や黒鉛などを含んだ特殊塗料などが用いられているといわれています（軍事機密なので詳細は不明）。夜間の攻撃が専門の機体ですから黒く塗られています。実戦使用で酷使すると表面のナイーブな塗装が剥がれるので、維持費がとても高い機体です。

●第5次中東戦争を防いだ米英の特殊部隊

イラク軍の最大の脅威が、車両移動式のSS-1「スカッド」と、その改良型の弾道ミサイルです。旧式のミサイルですが、毒ガスの化学弾頭も装備できます。アメリカ軍の兵士には、サリンなどの神経ガスに対する防御剤（臭化ピリドスチグミン）の服用が大々的に行われましたが、これが「湾岸戦争症候群」といわれる健康障害の原因であるとの疑いがもたれています。

イラクはイスラエルを参戦させて、敵対する多国籍軍からシリアやエジプトなどのアラブ諸国軍を離反させようとします。あわよくば自軍勢力に加担させようと画策してイスラエルを挑発し、スカッドミサイルをイスラエルのテルアビブなどに撃ち込みました。

イスラエルが参戦すれば、第5次中東戦争になってしまいます。これを食いとめたのが、アメリカ、イギリスの特殊部隊です。イラク国内に潜入したアメリカやイギリスの特殊部隊は、イラク軍の弾道ミサイル移動発射車両を追跡し、航空機からのレーザー誘導爆弾ペイブウェイによる空爆を正確に誘導しました。イラク軍の移動式発射機は壊滅し、イスラエル挑発も困難になりました。

この戦争でレーザー誘導爆弾は９０００発以上が投下され、橋梁や軍事施設など重要目標の75パーセントを破壊しました。レーザー誘導の新兵器として、堅牢な地下壕を破壊可能なバンカーバスター「ディープスロート」も使用されました。分厚いコンクリートなどに刺さってから爆発する兵器です。

湾岸戦争では、スマート爆弾などの精密誘導兵器によるピンポイントでの目標破壊のシーンが、連日、テレビニュースなどで報道されました。さながら、テレビゲームのような現実に、〝ニンテンドー・ウォー〟と称された戦争でした。

こうした精密誘導兵器の華々しい破壊ショーの陰で、人知れずこれらを地上で誘導する特殊部隊の極秘の活躍があったのです。

約1カ月にわたった多国籍軍の航空攻撃のあと、戦車を主体とした大規模な地上戦が開始されます。

●新しい素材が新しい軍隊を生み出す

湾岸戦争以降のアメリカ軍の写真や映像を見慣れた方はお気づきでしょうが、有名な白黒のTVドラマ「コンバット!」や、ベトナム戦争のころの映像に出てくるアメリカ軍兵士が着用しているヘルメット（ガルバナイズド・アイアン製＝亜鉛引き鉄板）から服装にいたるまで、湾岸戦争のころのアメリカ兵と比べると、まったく別の国の軍隊のようです。同様に、旧ソ連軍とロシア軍もまったく別物です。

アメリカ軍は1980年代から兵士の装備の改革を行い、ヘルメットや防弾チョッキのようなボディアーマー（防護服）などの装備を一新してきました。

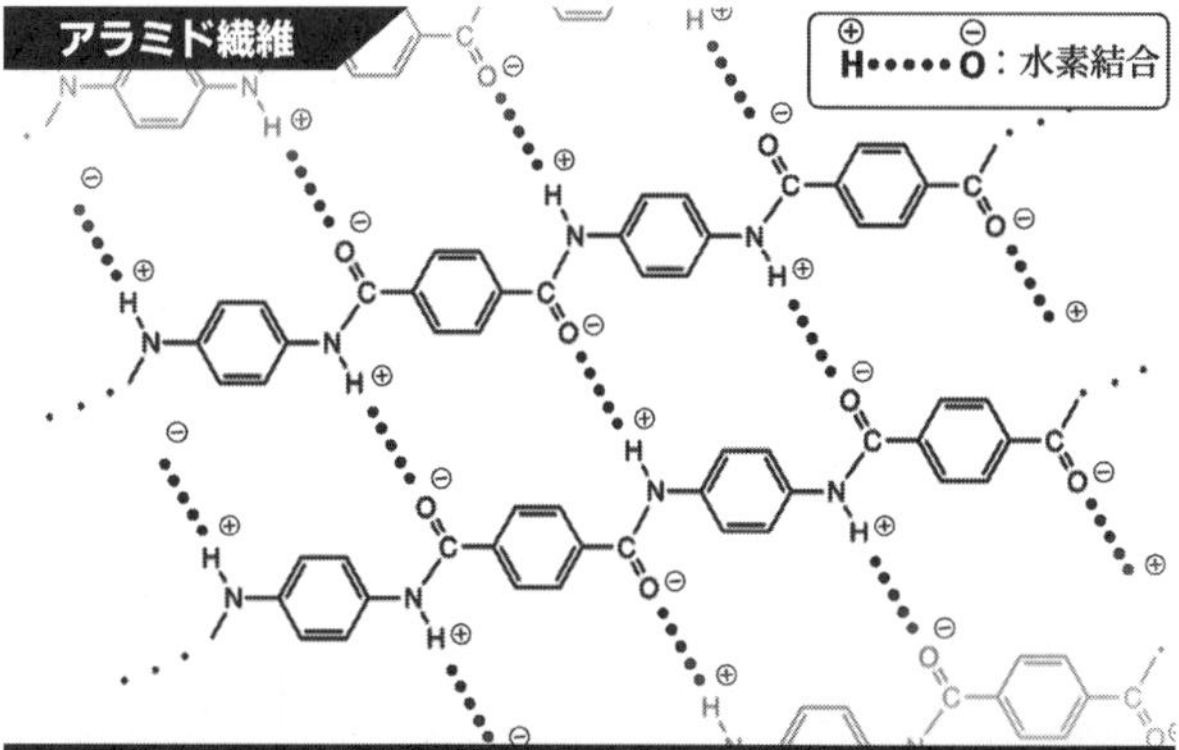

アラミド繊維（ケブラー）の構造。水素結合によって
鎖状の分子どうしが頑丈に束ねられ、強い繊維になる。

ヘルメットは、デュポンのステファニー・クオレクが、1960年代に発明した特殊な繊維をもとに成形したものです。これはなんと鋼鉄の7倍の強さを持つプラスチックの繊維です。

ナイロンの強さの源である、アミド結合（—NH—CO—）を多数持ち、アミド結合どうしのあいだには水素結合という強い分子間の結合が生じ、あちこちで強くつながるので、長い鎖状の分子が束ねられて強い繊維になります。

分子間の結合はとるに足りない力ですが、膨大な数が集まれば強い力になります。ちょうど、ファスナーテープがべっとりとつながったらとれにくいのと同じです。

また、この繊維は、硬い平面六角形の構造のベンゼン環（芳香環）というものが多数結合しています（ハニカム構造）。濡れた板どうしが密着するような感じで分子どうしが密着するので、強い繊維になります。

このような構造のものを総称して、アロマティック（＝芳香族）とアミド（結合）から「アラミド繊維」（商品名は「ケブラー」など）といいます。アラミド繊維は非常に強く、耐熱性も高いことから、消防士の耐火防護服やゴムのタイヤやベルトなどの補強材、電子回路材料などに用いられる夢の素材です。

アラミド繊維は防弾チョッキにも使われ、マグナム弾の貫通も食いとめます。アメリカでは、アラミド繊維を使った防弾チョッキが何千人もの警察官を凶弾から守りました。

アラミド繊維と炭素繊維を複合材料にしたものは、F1マシンのボディ、航空機の胴体や翼などにも使われる最先端素材です。

迷彩戦闘服、個人携帯式の対戦車砲や対空ミサイル、夜間暗視装置、アサルトライフルで身を固めた現代の兵士の姿は、第2次世界大戦でドイツ軍が開発、実用化したものの最終進化形です。

●核燃料のゴミを有効活用した劣化ウラン弾

劣化ウランというのは、原発の核燃料をつくる際、ウラン鉱石からウラン235を取り出したときに残るゴミで、ほぼ100パーセントに近いウラン238です。これを金属ウランに加工すると、非常に硬い金属になります。これを弾頭にしたものが劣化ウラン弾です。

劣化ウラン弾は、高速で装甲の鉄板に当たり、先がつぶれるとキノコのような形になりますが、膨れた部分がちぎれて先端が鋭くなる性質(自己先鋭化)があるので、厚い装甲板をも撃ち抜く対戦車砲弾に使えます。

ゴミが原料なので原価はタダですが、六フッ化ウランという化合物の状態から、金属ウランの弾丸に加工するには大きなコストがかかります。しかし、核燃料製造で発生するやっかいなゴミを敵国にばら撒けるわけですから、廃棄物で頭を悩ます原子力発電にとっては魅力的な処分法です(非人道的ですが)。

ウラン238は半減期が45億年という長さですから、放射能はプルトニウムなどの放射性元素に比べるとそれほど強くありません。この、半減期45億年が強調されて、45億年ものあいだ、毎日強い放射線を出しつづけるみたいにとらえる人がいますが、そういう意味ではありません。

ただ、ウラン238の原子が放射線を出して壊れたあと、変化してできる原子が放射能を持ち、また放射線を出して壊れるという核反応を繰り返し、安定な鉛の原子になるまで、段階的に19種類もの放射性元素に変化していきます。ですから、それらの放射能は無視できません。

劣化ウランの粉塵を吸い込んだ場合、内部被曝の危険性があります。放射されるα線（高エネルギーのヘリウム原子核）は10センチメートルほどしか飛びませんので、ウラン鉱石などの自然環境のなかではさほど問題になりませんが、体内に入ると、まわりの組織を傷つけてがん化するおそれがあるのです。

さらに、ウランは放射能とは別に、腎臓などに対する化学的な毒性が問題になります。

●大量にばら撒かれた劣化ウラン弾の危険性

従来、戦車を攻撃する砲弾（徹甲弾＝戦車などの装甲板を撃ち抜くための弾丸）の硬い弾頭には、高価なタングステンが利用されてきましたが、原発が多く稼働した1970年代からは劣化ウランが注目されています。

湾岸戦争において、アメリカ軍の戦車から発射された対戦車砲弾には、弾体に4・85キログラムの劣化ウランが使われ、総計50トンの劣化ウラン弾が発射されました。

また、戦車攻撃機A-10「サンダーボルトⅡ」の機首の30ミリメートルガトリング砲にも、劣化ウラン弾が使われています。ガトリング砲は砲身を複数束ねたもので、この砲身を回転させて高速発射ができます。1分間あたり3900発を発射することが可能ですが、装弾数は1300発くらいです。

30ミリメートルガトリング砲弾は直径3センチメートル、太い油性マジックくらいの弾丸で、270グラムの劣化ウランが使われています。「サンダーボルトⅡ」からは総計259トンの劣化ウラン弾が発射され、イラク軍の旧ソ連製戦車を空から蹂躙《じゅうりん》しました。ガトリング砲の祖先は南北戦争で初登場し、戊辰《ぼしん》戦争、そして、アニメ「新幹線変形ロボ シンカリオンZ」にも登場しています。

劣化ウラン弾が装甲を貫通して微粒子になると、空気中で自然発火して焼夷弾のようになります。燃焼生成物の酸化ウランには化学的毒性があり、拡散して環境を汚染します。

劣化ウラン弾の弾頭270グラムのなかにあるウラン原子の数は、イメージ的には宇宙の星の数（推定600〜700垓《がい》くらい）より多くなります。物質の量が数グラムといえども、そのなかの原子の数は0が20回以上も続くような桁数になります。

ウラン238が45億年で半分壊れるといっても、仮に1ミリグラムのウラン238があると、1秒あたりでは12個くらいの原子が壊れて放射線（α線）を出しています。ですから、体内に入ると被曝する危険は大きいのです。

「環境への放出量がたった○キログラムで、それが広い地域に拡散するのだから、薄まって大丈夫だ」というロジックは危険です。放出された、放射能を持つ原子を個数にすると、単位面積1平方キロメートルあたりでも途方もない数になります。

化学的な話になりますが、劣化ウランの原子量238と同じ数の238グラムの劣化ウランのなかにあるウランの原子の数と同じ数（約6000垓個）の米粒を地球から太陽までビッシリ並べると、地球と太陽を100億回往復する数になります。

1円玉27枚のアルミニウムのなかにも、これと同じ数のアルミニウム原子が含まれます。27円では「うまい棒」が2本しか買えませんが、原子の数にするととてつもない数になるので、大富豪の気分です。化学を学んだ方はお察しのことと思いますが、これが1モルという単位のなかの原子の個数（アボガドロ数）です。

●地上戦開始から4日間で停戦

1991年2月24日の地上戦開始から、イラク軍はボコボコにされました。26日の夜にはクウェートからバスラに向かって撤退するイラク軍と民間人の渋滞した車列に空爆が加えられ、1400台以上の車両が破壊、炎上し、死のハイウェイとなりました。

同じような状況が1944年8月にもありました。フランス・ノルマンディに上陸した連合軍のパリ進出を頑強な抵抗で防いでいたドイツ軍の精鋭、武装親衛隊と国防軍の戦車師団が、連合軍の航空攻撃により壊滅した「ファレーズポケット」といわれる戦いです。当時、ファレーズを視察した連合軍総司令官アイゼンハワーは、破壊された車両とドイツ兵の死体が散乱した状況を見て、「ダンテの地獄編だ」と言って絶句しました。

1991年2月26日、「73イースティングの戦い」といわれる有名な戦闘では、アメリカ軍の精鋭部隊がイラク軍精鋭の戦車部隊と激突し、アメリカ軍の「M-1エイブラムス」戦車の劣化ウラン弾の徹甲弾によって、イラク軍の〝バビロンの獅子〟といわれたソ連製「T-72」戦車が次々と撃破されました。「M-1」戦車9両は無傷なのに、イラク軍戦車は47両が破壊されました。圧倒的な多国籍軍の兵力にイラク軍精鋭は潰走し、地上戦4日目にして湾岸戦争は終結します。

湾岸戦争の最大の特色は、ベトナム反戦運動の教訓から、ホワイトハウスが正義の戦争の演出、プロパガンダに腐心したことです。広告代理店が関与し、軍がメディアを統制して、華々しい〝ニンテンドー・ウォー〟を演出しました。

Column

戦車の装甲

20世紀中ごろまでのドングリ形の徹甲弾で撃ち合う時代には、斜めにした装甲板（傾斜装甲）が効果を発揮しました。同じ厚さの鉄板であれば、垂直に置くよりも斜めに置いたほうが水平方向の厚みが稼げます（水平面から30度の角度にすると、水平方向の厚みは2倍になります）。

また、浅い角度でぶつかった弾を弾くこと（避弾経始）もできます。第2次世界大戦で傾斜装甲のソ連の戦車「T-34」がドイツ軍を圧倒し、「T-34ショック」をもたらしました。

現代の徹甲弾は弓矢のように細長く、硬い弾芯が音速の5倍ほどで飛び、2キロメートル先の相手に命中すると、弾丸の運動エネルギー（速度の2乗に比例します）が相手の鉄の装甲板の破壊に使われるのです。分厚い段ボールを錐で貫通するように、厚さ30センチメートルの鉄板でも穴が開きます。

また、戦車の表面にレンガのようなブロックがたくさん並んでいる装甲は、携帯式対戦車ロケット砲などの成形炸薬弾《せいけいさくやくだん》（『ケミストリー世界史』P551参照）が着弾時に発する高速のメタルジェット（噴出される液体状の金属）を防ぐための工夫です。爆発感応装甲といって、成形炸薬弾が着弾すると箱が爆発し、ケースの金属板がメタルジェットに当たって逸らすのが目的です。

イスラエル軍が第4次中東戦争の教訓から実用化し、現代のロシア製戦車の定番の装備です。アメリカ、ドイツ、日本の戦車に見られないのは、このメタルジェットを減衰させる中空のスペースや炭化ケイ素（SiC）などのセラミックスの装甲を組み合わせた複合装甲になっているからです。セラミックスは曲面に加工しにくいので、砲塔も直線的なデザインになります。

古代中国で楚の国の商人が、無敵の矛と無敵の盾を売り込んだ故事のように、現代では軍需企業や武器商人が、無敵の戦車と無敵の対戦車兵器の両方を世界中に売り込んでいます。

1991年 リチウムイオン電池の実用化——世界のあり方を変えた電池

●持ち運べる電話が現実になった！

私が小学生のとき、東京駅近くの大手町にあった逓信総合博物館に行くと、未来の電話として携帯電話やブラウン管に映すテレビ電話がありました。そのころは、家の固定電話と公衆電話しかありませんでしたから、電話が持ち運べるようになるとは思いもしませんでした。

未来の電話は、見た目はティッシュの箱2箱分くらいの大きさでした。肩にかける軍用無線機みたいなもので、「アルファからブラボー、渋谷の合コンで壊滅、航空支援を要請！　オーバー！」と叫んでしまいそうになるものでしたが、当時の技術では電子回路と電池が小型化できなかったのです。

それから20年もたたないうちに、テレビ電話付きのガラケー（携帯電話）が出現しましたので、昭和生まれの私はそれだけで浦島太郎状態でした。

スマートフォンやノートパソコンなどのモバイル機器から、はやりの電気自動車まで、現代社会を支えているのが、繰り返し放充電ができる高性能の電池、リチウムイオン電池です。リチウム電池という腕時計などに使うボタン型の電池がありますが、それとは「マッチ」売りの少女と「グッチ」売りの少女くらい違います。

●繰り返し放電と充電が可能な原理

リチウムイオン電池の原理を見てみましょう。

使用時（放電時）の負極は積層したサンドイッチのような構造になっていて、パンが黒鉛の層で、中身の具であるリチウムイオンをはさんでいます。マイナスの電気を帯びた黒鉛から電子が出て、リチウムイオンが放出されます。

負極から出た電子が、回路で働いて帰ってくるのが正極側です。電子は、負極から回路に流れて正極に帰ってきます。電流はその反対の流れで、実際は電流と逆の方向に電子しか流れていません。

電池のなかでは、負極のサンドイッチ構造から中身のリチウムイオンが飛び出してきて、反対の正極側に泳いでいきます。正極では回路から流れてきた電子が酸化コバルトCoO_2に吸収されて、同時に負極からきたリチウムイオンが酸化コバルトのサンドイッチ型構造の隙間に吸収されて、コバルト酸リチウム$LiCoO_2$に変化します。

充電するときは、電源をつないで電子を逆向きに流します。すると逆再生のようになり、正極ではコバルト酸リチウムからリチウムイオンが放出され、負極ではリチウムイオンが黒鉛に取り込まれます。このとき黒鉛は－《マイナス》電荷を帯び、層の隙間にリチウムイオンが入り込みます。

ざっくりたとえると、負極と正極それぞれに食パンとライ麦パンのサンドイッチが並んでいて、中身のツナマヨネーズが行ったり来たりするようなイメージです。

放電と充電でリチウムイオンが往復しているだけなのです。

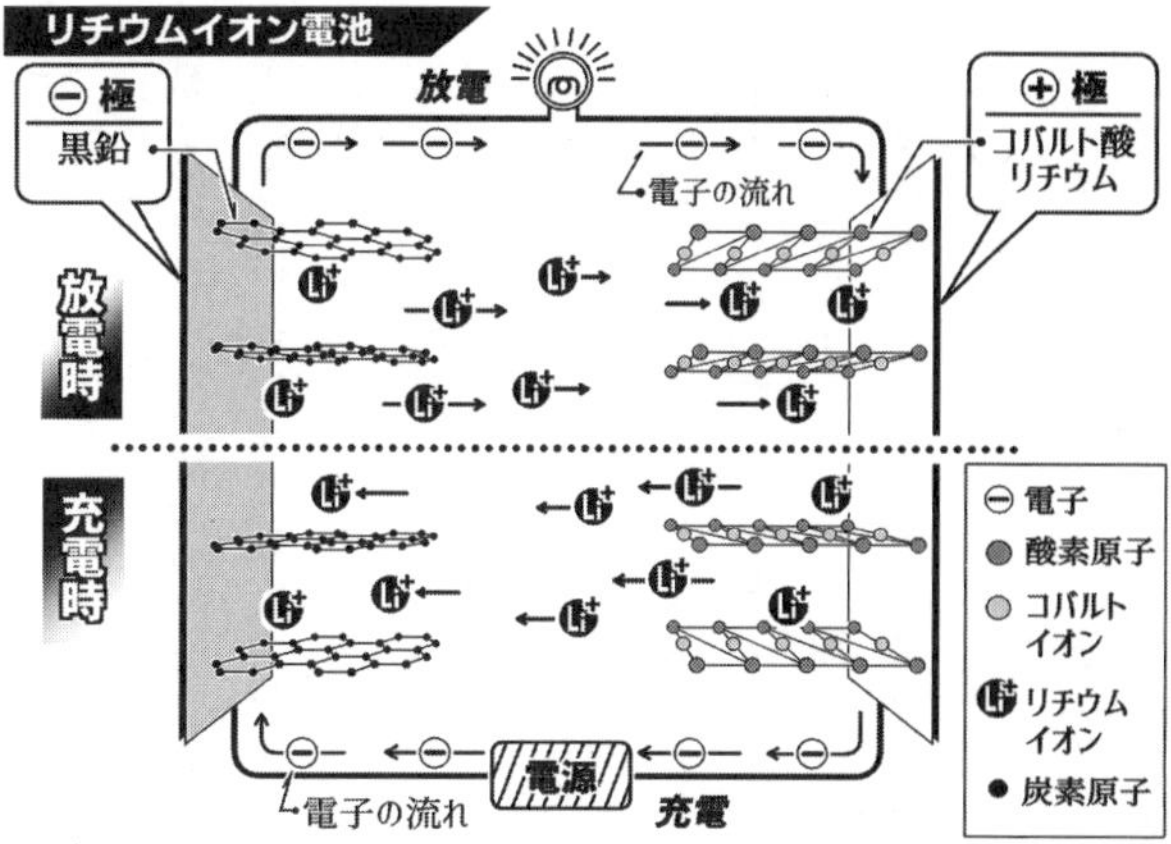

原理は簡単ですが、この電池が実用化されるまでには、いくつかのブレイクスルーがありました。

１９７０年代初頭、オイルショックから、アメリカのエクソンの研究所で新しいエネルギー源の研究が始まりました。１９７６年、研究者のマイケル・ウィッティンガムは負極にリチウムを使い、正極に二硫化チタンTiS_2を用いた電池を発明しました。

負極で発生したリチウムイオンは、正極に移動して二硫化チタンと反応して吸収されます。ですが、充電を繰り返すと、リチウムはだんだん氷柱のように負極から伸びて正極に到達してショートしてしまい、発火する危険性があったので実用化できませんでした。

●リチウムイオン電池の開発競争

正極の材料に最適な酸化コバルトを見つけたのが、オックスフォード大学の研究者ジョン・グッドイナフと助手の水島公一博士です。酸化コバルトは層状の構造になっていて、電子とリチウムイオンを取り込む反応ができます。ふたたび電子とリチウムイオンを切り離すこともできるので、放電と充電の反応ができるのです。

次に、負極の材料ですが、反応性が高く危ないリチウムを安定な負極にしなくてはなりません。これには黒鉛を使います。黒鉛は層状構造をしていますが、この層と層のあいだの隙間に多数の小さなリチウム原子やイオンを入れて安定に貯蔵することができます。この現象自体は、1926年ごろにすでに知られていました。

1981年ごろ、ポータブルな大容量電池の開発をめざした旭化成工業（現在の旭化成）の吉野彰博士は、負極に白川英樹博士が発明した導電性ポリアセチレンを使う研究から始めます。やがて黒鉛が最適だと気づいて、グッドイナフらが発見した正極材料との組み合わせを見出しました。

電池は、内部で極板《きょくばん》の間にも電流が生じる必要があります（電気の回路は1周が必要です）から、極板間に電解液という電気を流すイオンの溶液が必要です。鉛蓄電池や乾電池などでは液体に水が用いられますが、リチウムイオン電池では高い電圧（4・2V）で充電する必要があり、この電圧では水は電気分解されてしまいます。

１９９０年、リチウムイオンを大量に溶かし、充電を繰り返しても電気分解されない理想的な液体、エチレンカーボネート（炭酸エチレン）が見つかります。これらの発明から、１９９１年にはソニーの西美緒《よしお》氏がリチウムイオン電池を実用化し、市場では一世を風靡《ふうび》して、絶賛されました。

これを機にリチウムイオン電池の開発競争が激化し、今日のモバイル時代になっていくのです。

２０１９年、ウィッティンガム、グッドイナフ、吉野博士の３人にノーベル化学賞が贈られました。

リチウムイオン電池は、世界のあり方を変えた電池といっていいでしょう。いま話題のドローンも、軽量、ハイパワーのリチウムイオン電池のなせる技です。ドローンはかつての火砲、飛行機や戦車などと同様に、21世紀において戦争のあり方を大きく変える兵器といえます。

1993年　青色発光ダイオードの実用化――不可能を可能にした研究者たち

●LEDは照明の歴史で最大の発明

クリスマスのシーズンにイルミネーションで街を彩る発光ダイオード（LED）の光、これは半導体から出る光です。光を受け取って電流を生じる太陽電池の逆が発光ダイオードで、電流を流して光を発生させます。これも半導体がなせるマジックなのです。

LEDはいまでは当たり前になっていますが、エジソンの電球の発明と同じように世界を変えました。松明《たいまつ》やロウソクから、ガス灯、白熱電球、蛍光灯と、闇を照らし、豊かな生活を実現してきた照明の歴史で最大の発明、それがLEDといえます。発熱が少なく安全、消費電力は電球の8分の1と省エネルギーなのです。

電子は電磁波を吸収したり、放出したりします。電磁波というのは空間を伝わるエネルギーです。放出される電磁波の波長の違いによって、X線、紫外線、赤外線、

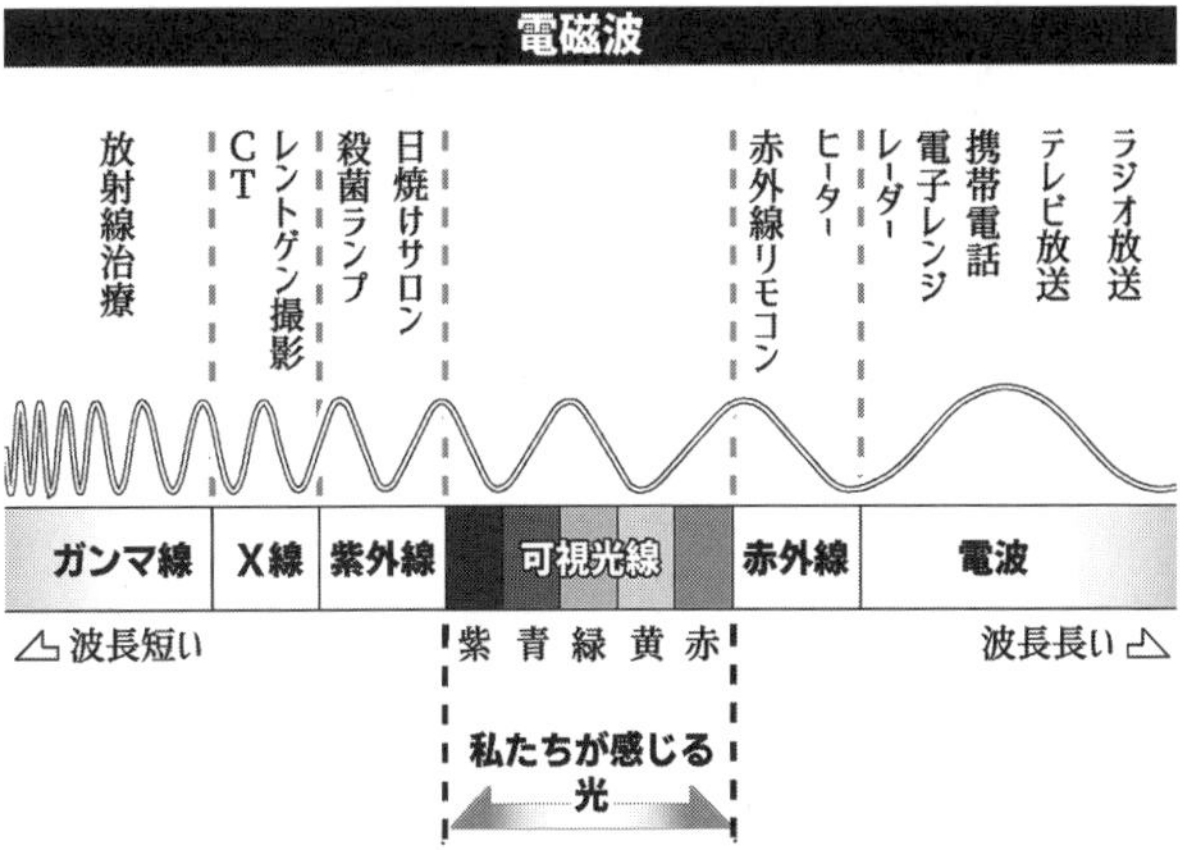

私たちが光と感じている可視光線、マイクロ波、メートル波などになります。

電子の運動により電気の場（電場）が形成され、それは磁場を生じます。そして、磁場は電気の場を形成します。こうして電場と磁場の相互作用が生まれて電磁波＝光が生じるのです。

電磁波というエネルギーの波が1秒間に約450兆回振動すると赤い光になり、約550兆回振動すると緑の光になります。約800兆回を超えると紫外線になります。

550兆回の振動である緑を中心に、赤や紫の範囲の電磁波をヒトが色としてとらえるようになったのは、藻類の光合成をつかさどる葉緑体が、赤色や青色付近の波長の光を吸収するシステムをつくりあげ、その付近の波長の光、つまり可視光に対応するようになり、進化の過程で動物の目となってきたのと関係しているのでしょう。

ちなみに、1秒間に24億5000万回振動すると電子レンジが利用するマイクロ波になります。水分子をこれだけの回数揺さぶって、分子を振動させて熱くしているのです。レーダーの研究所でマイクロ波を発生させているときに、ポケットのチョコレートが溶ける現象から発明されました。

●半導体が光の波長をコントロール

発光ダイオードの話にもどりましょう。

n型の半導体の電子とp型の半導体の正孔が結合すると、光（電磁波）が発生します。n型とp型が接した構造はダイオードといわれ、使っている半導体の構造によって生じる光の波長をコントロールすることができます。

半導体に用いる物質（化合物）と、その内部の結晶構造によって、刺激を受けたときの電子の興奮の度合い（エネルギー）が変わります。その興奮状態と、正孔と結合して落ち着いた状態のエネルギーの差が異なると、発生する光の波長も変わるのです。

高低差が大きい滝と、小さい滝の水流の激しさの違いのようなものです。エネルギーの差が小さいと赤外線や赤色が生じて、差が大きいと青や紫、紫外線が発生します。

半導体として用いる物質とその結晶構造を変えることで、赤外線や紫外線、可視光線のさまざまな色の光を出すことができます。

たとえると、年収500万円の予備校の講師がロードバイクを買えるのと、年収8000万円のIT社長が「フェラーリ」を買える違いがあるようなものです。青色発光ダイオードのためには、年収8000万円を生み出す構造（笑）まで持っていく困難さがあるのです。

●青色LEDの量産化までの道のり

1962年、GE（ゼネラル・エレクトリック）のニック・ホロニアックが、赤色を発光するダイオードを発明しました。その後、橙色、黄色、緑色などが登場します。

光の3原色は赤と緑と青ですが、これらを組み合わせると白色光になります。赤と緑があるのに、青だけがない状況でした。波長が短い青色の光を出すLEDは実現が難しかったのです。電球の光源として利用されるには白色光が必要です。

多くの研究者があきらめた窒化ガリウムGaNによる青色発光に挑んだのが、名古屋大学の赤﨑勇教授と天野浩博士です。

高温でガス化したガリウムの化合物と、アンモニアのガスをサファイアの基盤の表面に当てて化学反応させ、窒化ガリウムの結晶を堆積し、成長させる方法(MOCVD＝有機金属気相成長法)を追求し、失敗を繰り返しながら改良していきました。ちょうど、ブロック玩具の板状の基盤の上に2種類のブロック玩具を交互に積み上げて成長させていくような感じです。

1985年には、青色LEDに使える窒化ガリウムの単結晶をつくる方法を開発し、その後、不可能といわれていた窒化ガリウムのp型半導体を開発し、1989年に青色LEDを世界ではじめて発明しました。

一方、徳島の日亜化学工業の中村修二氏(当時)は、高輝度(明るい)青色LEDの半導体と大量生産可能な合成法を模索し、会社から「そんな研究はやめろ」と言われながら、溶接などを全部自力でこなして装置づくりから始めました。

会社を辞めることを覚悟し、背水の陣で臨みながらも、連日、失敗を繰り返します。そして、原料ガスが高温（約1000℃）での対流でうまく基盤に当たっていないことを突きとめ、原料ガスを基盤に当てるため、別のガスを導入して流す「ツーフローMOCVD」という装置を発明し、窒化ガリウム結晶の大量生産を可能にしました。

また、インジウムを添加した窒化インジウムガリウムの半導体をつくり、窒化ガリウムなど複数の半導体の薄膜をミルフィーユのように重ねてつくる方法で、ついに1993年、高輝度の青色LEDの実用化、量産化に成功しました。

その後、青色の半導体レーザーの開発にも成功します。

青色LEDに黄色の蛍光塗料を被せると白色光ができるので、照明の白色光が実現します。私たちの身のまわりの白色電球はみな、この原理です。

●「ブルーレイ」に未来はあるか

青色レーザーは、記録技術にも影響を与えました。

1982年に商用音楽CDが発売されますが、そのときの読み出し用のレーザー光線の波長は780ナノメートルでした。それがDVDでは650ナノメートルになり、新しい情報圧縮技術もあいまって高密度な記録が可能になり、CDの約700メガバイトから、DVDは4・7ギガバイトに増えました。

赤色よりも青色のほうが波長が短いので、ディスクに刻まれた凹凸（これが1と0の信号になる）をより小さくしても、青色レーザー（波長405ナノメートル）なら読み取れます。

青色レーザーを使ったDVDは、高密度に凹凸を並べて従来のDVDよりも記憶容量がさらに上がり、25ギガバイトにもなりました。これが青い光線、つまり「ブルーレイ」の方式になります。

けれども技術の進歩とは皮肉なもので、せっかく「ブルーレイ」ができたのに、インターネットの進化により、映画などのコンテンツをインターネット上で見る時代になりました。

好きな異性が、恋人とイチャイチャしながら映画を選んでいるのをレンタルビデオ店で目撃したという悲劇も、すでに過去の産物なのです。

1995年3月20日 地下鉄サリン事件――大都会で一般市民に神経ガスが使われた

●カルト集団が引き起こした惨劇

１９３０年代から、ドイツで殺虫剤の研究から、数リットルの液体で何百万人分もの致死量を持つ猛毒の神経ガス、タブン、サリン、ソマンなどが開発され、発達していきました（『ケミストリー世界史』Ｐ505参照）。

戦後、これらの神経ガスは一部の地域紛争では使われた痕跡があるものの、戦争による大規模な使用はありませんでした。ところが、神経ガスを使った無差別攻撃が、20世紀の終盤、なんと日本の大都市のど真ん中で行われたのです。

そのころ、麻原彰晃を教祖とするカルト教団、オウム真理教が神秘主義とヨガの鍛錬とともに精神世界の追求を叫び、雑誌やテレビなどのメディアに浸透しました。オウム真理教は物質文明を批判し、精神世界を説いて、東京大学、京都大学、医学部などの受験勉強に勤《いそ》しんだエリート大学生を多数入信させて教団幹部にしていました。

当時、私は高校生で、オウム真理教の信者をJRの駅などでたくさん見かけました。彼らは象のような着ぐるみを着て、麻原彰晃マーチという音楽を流して宣伝していましたが、「よくわからないけど、怪しいからおもしろくね？」みたいな受け取り方の同世代も多かったのです。

高校の教室にオウム真理教のポスターをふざけて貼った人がいましたが、担任だった物静かな先生が、「それをすぐに剝がせ！」と激怒したことをいまでも覚えています。

ナチスや極左暴力集団、迷惑系ユーチューバーなどもそうですが、「よくわからないけど過激でおもしろい！　カッコイイ！」というフィーリングで迎合すると、悲惨な結果がもたらされることは歴史が証明しています。

とくに、合理主義がなく、ウェットな感情、フィーリングが先行しがちな日本では、危険度が上がるように思われます。

1989年には、このカルト教団と対決していた坂本堤弁護士の一家を自宅で殺害し、1990年には、衆議院選挙に「真理党」から25人が立候補しました。ですが、全員が落選します。これを国家による陰謀だとして急速に武装化し、テロ集団に変質していきました。

教団はロシアにも進出していたので、旧ソ連製兵器を購入して武装化を計画していました。当時、ソ連や東ドイツの崩壊にともなって横流しされた大量のソ連製兵器が投げ売りされていました。戦車（T-72）やヘリコプター（Mi-8）、自動小銃（AK-47）などを買おうとしていたのです。

１９９４年、長野県松本市では道場と工場を進出させようとしたオウム真理教に対して反対運動が起こり、地主とのあいだの民事裁判でもめていました。

教団は裁判官宿舎に神経ガスであるサリンによる攻撃を実行し、８人が亡くなりました。

この事件では、現場の近所の住民が冤罪で捕まり、マスコミも犯人と断定して連日、過熱報道をしたため、日本のマスコミのあり方が大きく問われることになります。

さらに、オウム真理教は同年、サリンより強力な最強の神経ガスVX（１９５０年代にイギリスで開発）を用いて会社員を殺害するなど、毒ガスによる攻撃を開始していました。

●小さな分子が救った多くの命

1995年3月20日の朝、丸ノ内線、日比谷線、千代田線などの地下鉄の車内で、官公庁が集中する霞ケ関駅を発車する前にサリンの入ったビニール袋を突いて破り、犯人たちは電車を降り逃亡しました。

戦場と違い、地下鉄の車内という小さな密室での毒ガス攻撃により、14人が亡くなり、5800人以上に被害がおよびました。この日、東京都心の駅は戦場のようになっていました。

東京・築地にある聖路加国際病院では、日野原重明院長が最優先で被害者の治療を指示しました。日野原院長は若いころ、この病院で東京大空襲の被害者の治療を行い、その経験から大災害に対処できる病院をめざして、事件の3年前に新病院を完成させていました。

東京消防庁は最初、アセトニトリルが検出されたので、アセトニトリル中毒の対処をするよう各地の病院に指示していました。被害者の症状（瞳孔収縮）から、聖路加国際病院の石松伸一医師のチームは農薬中毒を疑いましたが確証が得られず、副作用の大きな解毒剤「パム」(プラリドキシムヨウ化メチル) の投与に踏み切れませんでした。

このとき、テレビ報道で被害者の瞳孔収縮を知った信州大学医学部附属病院の柳澤信夫院長から、「松本サリン事件と同じ症状なので、原因物質はサリンだ」と緊急の連絡が入り、サリン中毒と判断して「パム」の投与を決めたのです。

「パム」は、有機リン系農薬という神経ガスと同じ作用の農薬中毒に備えた薬剤です。「パム」以外には、アトロピン (ギリシャ神話で運命をつかさどる女神アトロポスに由来します) という薬剤があります。当時、アトロピンはオウム真理教が買い占めていました。

余談ですが、映画「ザ・ロック」のなかで、ニコラス・ケイジ演じるFBIの毒ガス専門家が神経ガスのテロと戦い、アトロピンを打とうとする緊迫したシーンがあります。

私たちの神経は、電気パルスが流れる神経線維のケーブルどうしのあいだに隙間があり、ここではバトンリレーのように神経伝達物質の分子がバトンの役割をします。その分子の一つ、アセチルコリンは神経線維から放出され、相手の神経線維の受容体と結合してスイッチを入れて神経伝達をしますが、スイッチを入れたあとは剝がされてすみやかに分解されます。

アセチルコリンを分解するハサミのような酵素が、アセチルコリンエステラーゼという分子です。用済みのアセチルコリンを分解しないと神経のスイッチが入りっぱなしとなり、興奮したまま暴走してしまいます。

サリンの分子は、このアセチルコリンエステラーゼのハサミの刃に相当する部分（活性中心）に結合して、働きを阻害します。アセチルコリンの分解を妨げ、神経系が興奮したままになり、瞳孔収縮、痙攣、呼吸困難を引き起こして死にいたらしめるのです。「パム」は投与が早ければ、サリンの分子が結合したアセチルコリンエステラーゼからサリンの分子を引き剝がして、もとにもどすことができます。

農家がない東京都心部には「パム」の在庫がないので、医薬品卸スズケンの尽力で急遽《きゆうきよ》、静岡や浜松の倉庫からかき集められ、新幹線に乗った担当者が、浜松駅、静岡駅、新横浜駅のホームで回収して230人分を聖路加国際病院に届けたのです。これによって死亡被害の拡大を防ぐことができました。

また、東京医科歯科大学では、一人の医師が瞳孔の収縮からすぐにサリン中毒だと見破り、アセチルコリン受容体をブロックして神経の興奮を抑えるアトロピンを投与することで、搬送された全員が助かりました。

Column

アルツハイマー型認知症の薬

２００７年に発売された高度アルツハイマー型認知症の薬「アリセプト」は、アセチルコリンを分解するハサミの役割の酵素、アセチルコリンエステラーゼを阻害する分子です。これにより、アセチルコリン濃度の減少を防いで、記憶障害、認知症の進行を遅らせる薬です。

私たちの記憶や感情も、脳内の神経線維のあいだの神経伝達物質のやりとりと、それにリンクした電気的な信号によってできているのです。**精神も分子から生み出されます。**20世紀後半に、脳内におけるさまざまな分子の働きが解明されたことで、いろいろな精神疾患の薬が生み出されてきました。

1996年　遺伝子組み換え作物の誕生——世界を支配するバイオ企業

●農業の持続性に危機が訪れた

アメリカの巨大化学企業、モンサントが、「ラウンドアップ」という除草剤を1970年に開発しました。成分はグリホサートという分子で、植物の葉から吸収され、細胞のなかでアミノ酸を合成する反応を促進する酵素をブロックします。アミノ酸の合成ができなくなると、タンパク質が合成できずに枯死《こし》します。あらゆる植物の葉にふれて枯死させる強力な除草剤です。ラウンドアップとは、英語で「一網打尽」を意味し、アメリカでの除草剤の代名詞になります。

しかし、「ラウンドアップ」の市場もやがて頭打ちになりますが、それを打開する秘策が登場します。

1996年、モンサントは、化学メーカーからバイオ企業への転換をめざして大きく舵を切り、人類初の遺伝子組み換え植物を商品化して販売します。「ラウンドアップ」に耐性がある、「ラウンドアップレディ大豆」です。「ラウンドアップ」の製造工場の排水口に棲む微生物のなかから発見された、「ラウンドアップ」のグリホサートに耐性がある遺伝子を導入しています。

「ラウンドアップ」耐性植物とは、「ラウンドアップ」がブロックする酵素とは別の、アミノ酸合成の新しい酵素の遺伝子や、グリホサートを分解する酵素の遺伝子を導入した種で、「ラウンドアップ」を撒いても影響を受けません。まわりの在来種の雑草だけが枯死します。

このように、遺伝子を組み換えて新しい形質をつくりだした農作物を「GMO（ジェネティカリーモディファイドオーガニズム＝遺伝子組み換え作物）」といいます。人類が長年、コツコツと世代を超えて手塩にかけてつくりあげた品種改良の上をいく、究極の品種改良が誕生したのです。

農家は導入にあたり、モンサントと契約を交わして、この種子を毎年買わなければなりませんが、特許料を含むため割高の価格になり、コストがかかるので借金がかさみます。

また、契約に背いて収穫期に種子を回収して保存し、翌年に撒こうとした場合、「遺伝子警察」なるモンサントの監視員（密告も奨励されています）が調査して莫大な違約金を請求してきます。

さらに、モンサントは、子世代の種子自体が自殺する遺伝子「ターミネーター」を組み込んで、収穫した種子が発芽しないようにする技術も確立します。

人類の文明は、農業から起こりました。種をその場で食べつくさず、土や泥の上に撒いて、1年間世話をして実をたわわにさせ、1粒を数百倍にして収穫するという行為は、人間だけが持つ知性、想像力の賜物で、これこそが人類たるゆえんです。

この行為を完全に破壊し、農業の持続性をなくす、〝ザ・独占支配〟です。

●もはや企業ではなく反社会勢力

アメリカをはじめ、ブラジル、パラグアイ、アルゼンチンなど、世界中に「ラウンドアップ」耐性の大豆が進出しましたが、雑草のほうにも耐性が出現し、「ラウンドアップ」がさらに大量に必要になったり、収穫量が減ったりと問題が発生しています。

また、綿花についても、モンサントは遺伝子組み換えにより、害虫に対する殺虫成分を生み出す遺伝子を導入したBt綿花「ボルガード」を実用化しました。Btとはバチルス・チューリンゲンシスという菌の名前で、1901年に日本の細菌学者が蚕の病原菌として発見した菌です。

モンサントは「ボルガード」をインドの綿花地帯に売り込むべく、莫大な宣伝費、政府への贈収賄、ロビー活動を使って販売攻勢をかけました。インドの綿花地帯の農家は莫大な借金をして導入したにもかかわらず、綿の量が低下し、耐性のある害虫が出現して収穫量が減り、借金苦から何千人もの自殺者が出るようになりました。

かつてマハトマ・ガンジーは、イギリスに対して、「非暴力・不服従」を掲げ、綿花栽培と綿製品を守ることでインドの独立を達成しましたが、モンサントによってふたたび綿花栽培が破壊されたのです。

遺伝子組み換え植物の種子が環境に広がり、周囲の在来種の畑で自生したりした場合にも、モンサントは特許権をふりかざして畑の所有者に損賠賠償を請求しました。やり方が、企業ではなく、反社会勢力と同じです。植物なので、環境に広がっていくのは当然で、さらに生態系に変化をもたらすのです。

モンサントはさまざまな訴訟を抱え、さらに世界中でGMOに対する透明性や導入の拒否などがあり、厳しい状況から2018年にドイツの製薬メーカー、バイエルに吸収されました。

手塚治虫先生の名作漫画「ブラック・ジャック」では、主人公の天才外科医、間《はざま》黒男《くろお》の師、本間丈太郎が、「人間が生きものの生き死にを自由にしようなんておこがましいとは思わんかね……」と諭しています。

生命とは何か、生命を物質に対するモノサシだけで見ていいのかなどを、つねに考えていく必要があると思います。

おわりに

前作の『ケミストリー世界史』は現代史まで含んだ1冊になるように構想して書いたものですが、長大すぎたため、第2次世界大戦までになりました。本作、『ケミストリー現代史』はその続編です。

1冊の本を2冊にするような感じになってしまい、苦肉の策としてあちこちで「『ケミストリー世界史』P~参照」という形になり、見にくい印象をもたれた読者もいると思いますので、申し訳ない気持ちでいっぱいです。この本から、『ケミストリー世界史』にさかのぼっていただければ幸いでございます。

現代史をひもとくと、東西冷戦という地球規模での巨大な歴史的、地理的な枠組みがあります。時間軸をたどれば、モータリゼーション、大量消費社会、グローバリゼーション、IT革命があります。

その背景には、核兵器、石油化学工業、半導体とIT産業、バイオテクノロジーといった科学技術の大きな発展があります。その一方で、化学工業の大規模な発展にともない、公害などに象徴されるように巨大な環境破壊が引き起こされるようになりました。

そこで本書は、東西冷戦、ITテクノロジー、石油化学、環境破壊・災害などのテーマ別に絞って読み進められるよう、「続きはP～」というようなレイアウトにしてあります。

現代の社会は、巨大なテクノロジーと膨大な物質によって支えられています。かの物理学の巨人アインシュタインも、

「科学と技術は多くの困難を乗り越えて今日の発展を遂げました。それを忘れることは牛が何も考えずに草を食べているのと同じなのです。真の民主主義を発展させるのも技術なのです」

と言っています。

その巨大なテクノロジーのなかで生きる私たちにとって、膨大な物質をマネジメントするための化学を学ぶ必要性は社会にとってはもちろん、個人においても大き

くなっています。

インチキ消毒剤を買わされたり、安物のアクセサリーの金属やサプリメントで健康被害が出たりと、物質にまつわる悲劇は枚挙にいとまがありません。

そういう状況のなかで、化学的なリテラシーがあることがサバイバルの技術でもあるのです。

社会的な視点で見ると、戦争、原子力発電、核実験、公害、薬害など、本来、人類を幸福にするはずの科学の進歩が、利潤追求の資本主義や、硬直化した官僚主義が支配する社会主義のなかで、人びとに不幸をもたらしてきた側面を無視することはできません。

水俣病、チェルノブイリ、薬害ＡＩＤＳ、ボパールの化学災害など、現代の社会的な災厄は、個人や組織の小さな保身、功名心、利潤追求が、巨大なテクノロジーというブラックボックスを介して増幅され、とてつもない悲劇を生み出してきました。

ル・グィンの小説『オメラスから歩み去る人々』に描かれているような、社会全体が豊かさを享受する代償として、少数の人を犠牲にする構造がつくられてしまったのです。少数の人々の犠牲、悲劇を前提に設計された多数の幸福は、本当の幸福ではありません。

『ケミストリー世界史』とあわせて、石器時代から21世紀までを俯瞰しますと、鉄器の普及、大航海時代、産業革命、内燃機関の発明、電化時代などといったいくつかの劇的な歴史の変化、いわゆるパラダイムシフトがありますが、第2次世界大戦以降、この80年くらいが人類の歴史のなかで最も目まぐるしい変革期なのではないでしょうか。

産業革命で織機を操作していた人びとが、われわれは産業革命というパラダイムシフトを担っていると俯瞰していなかったのと同様、私たちもこの空前の変革期の渦中にありながらも、日常に埋没して生きるのが精いっぱいです。

それであっても、壮大な時代に生きているという俯瞰的な視座を持つことが大切でしょう。

かつて古代ローマの哲学者ルクレティウスは、ラテン語の美しい詩で、

「宇宙の森羅万象は原子の集合離散であってそれ以外の本質は何もない」

と説きました。さらに、

「迷信や恐怖は、権力者が支配や戦争遂行のためにつくりだす幻想でしかない。私たちのよって立つべき視座は原子とその運動であり、この高い視座からの俯瞰によって迷信や恐怖を振り払うことができるのだ」

と説きました。

ルクレティウスから２０００年以上たったいま、混沌《こんとん》に包まれた現代の世界情勢のなかで、私たちが拠って立つ視座を示しているものとして、いっそう輝きを放っているように思えます。

本書の執筆にあたり、名古屋市鶴舞中央図書館様、神田古本街の科学系古書店明倫館様の膨大な本には資料面で助けられました。今後のますますのご発展をお祈りいたします。

現代社会のさまざまな問題を考えるきっかけを与えてくださいました、都立西高校で社会科の授業を担当してくださった荒井良夫先生なくして本書はありえませんでした。心より感謝いたします。

本書の執筆では河合塾での元教え子の方々に多大なご協力をいただき、感謝に尽きません。とりわけ、岡弘樹《こうき》博士（大阪大学大学院工学研究科テニュアトラック助教）には海外の文献調査や専門文献の調査で多大なご協力をいただき感謝しきれません。

また、イタリアの高級ハンドメイド自転車、デローザの写真使用をご快諾いただきました日直商会様、写真の手配をしてくださいました水口真二様、ありがとうございました。

高度な概念、内容の化学的なイラスト制作をご快諾いただき、膨大な時間と労力をかけて文字どおり身を削ってすばらしい挿絵を描いてくださった風原士郎様、本書の企画、編集、校正でお世話になりましたPHP研究所の山口毅様をはじめPHP研究所のスタッフの皆様、月岡廣吉郎様、どうもありがとうございました。

膨大な量の調査、執筆のなか、いろいろと支えてくれた私の妻、「流動床式接触分解」や「ヘッケラー&コッホ**MP5**」などの謎の小難しい単語をつぶやいているのを、さんざん聞かされたあげく覚えてしまった長女と長男には申し訳なさでいっぱいです。

ありがとう！

歴史は、「何をすれば正解なのか？」には答えられませんが、「何をしてはいけないのか？」には答えてくれます。

歴史に目をつむる者は、現在にも盲目である。

――**リヒャルト・フォン・ヴァイツゼッカー（元ドイツ大統領）**

と・ト

な・ナ

に・ニ

ね・ネ

の・ノ

は・ハ

す・ス

せ・セ

さくいん

《参考文献》

アダム・ヒギンボタム『チェルノブイリ』松島芳彦訳、白水社
アナスタシア・マークス・デ・サルセド『戦争がつくった現代の食卓』田沢恭子訳、白揚社
アーネスト・ヴォルクマン『戦争の科学』茂木健訳／神浦元彰監修、主婦の友社
天野浩／福田大展『天野先生の「青色LEDの世界」』ブルーバックス
アメリカ化学会『実感する化学 下 生活感動編』廣瀬千秋訳、エヌ・ティー・エス
アンドルー・ファインスタイン『武器ビジネス 上・下』村上和久訳、原書房
池田房雄『白い血液』潮出版社
井塚淑夫『炭素繊維』繊維社
ウィリアム・D・ハートゥング『ロッキード・マーティン 巨大軍需企業の内幕』玉置悟訳、草思社
内富直隆『半導体が一番わかる』技術評論社
内林政夫『ピル誕生の仕掛け人』化学同人
エドワード・イーデルソン『クリックとワトソン』西田美緒子訳、大月書店
M・Y・ハン『ミクロの世界の主役たち』渡辺正訳、マグロウヒル出版
嘉指信雄／振津かつみ／佐藤真紀／小出裕章／豊田直巳『劣化ウラン弾』岩波ブックレット
川名英之『世界の環境問題』緑風出版
菊池正典『「半導体」のキホン』ソフトバンククリエイティブ
キース・ベロニーズ『レア 希少金属の知っておきたい16話』渡辺正訳、化学同人
キャリー・マリス『マリス博士の奇想天外な人生』福岡伸一訳、ハヤカワ文庫
工藤徹一／日比野光宏／本間格『リチウムイオン電池の科学』内田老鶴圃
工藤徹一／山本治／岩原弘育『燃料電池』内田老鶴圃

熊﨑照『ガソリンの時代』オイル・リポート社
サリー・スミス・ヒューズ『ジェネンテック 遺伝子工学企業の先駆者』千葉啓恵訳、一灯舎
ジム・バゴット『究極のシンメトリー フラーレン発見物語』小林茂樹訳、白揚社
ジョエル・レヴィ『図説 世界史を変えた50の武器』伊藤綺訳、原書房
ジョン・D・クラーク『点火！』高田剛訳、プレアデス出版
ジョン・マクマリー／デヴィッド・S・バランタイン／カール・A・ヘーガー／ヴァージニア・E・ピーターソン『マクマリー生物有機化学 生化学編』菅原二三男／倉持幸司監訳、上田実／紙透伸治／佐原弘益／田沼靖一／仲下英雄／平田俊文／藤井政幸訳、丸善出版
鈴木理『「物質」から「生命」へ』学研教育出版
鈴木雄一『磁石の発明特許物語』アグネ技術センター
スティーブン・ザロガ『GERMAN GUIDED MISSILES OF WORLD WAR II』ブルームズベリー・パブリッシング
大東英祐『化学工業II 石油化学』日本経営史研究所
竹内淳『高校数学でわかる半導体の原理』ブルーバックス
塚原東吾／綾部広則／藤垣裕子／柿原泰／多久和理実編著『よくわかる現代科学技術史・STS』ミネルヴァ書房
デイヴィッド・ダンマー／ティム・スラッキン『液晶の歴史』鳥山和久訳、朝日新聞出版
田頭功『エレクトロニクス入門』共立出版
土井淑平『放射性廃棄物のアポリア』農山漁村文化協会
トマス・ニューディック『ヴィジュアル大全 航空機搭載兵器』毒島刀也監訳、原書房
トーマス・ヘイガー『歴史を変えた10の薬』久保美代子訳、すばる舎
ナイジェル・カウソーン『世界の特殊部隊作戦史 1970-2011』角敦子訳／友清仁用語監修、原書房
中村修二『怒りのブレイクスルー』ホーム社
野木恵一『図解 軍需産業を見る』同文書院
浜田一穂『U-2秘史』パンダ・パブリッシング

ハロルド・A・ウィットコフ／ブライアン・G・ルーベン／ジェフリー・S・プロットキン『工業有機化学 上・下』田島慶三／府川伊三郎訳、東京化学同人
平松徹『トコトンやさしい炭素繊維の本』日刊工業新聞社
ペニー・ルクーター／ジェイ・バーレサン『スパイス、爆薬、医薬品』小林力訳、中央公論新社
細井義孝『アフリカを掘り起こせ』日刊工業新聞社
マイケル・T・クレア『世界資源戦争』斉藤裕一訳、廣済堂出版
毎日新聞社会部編『隠されたエイズ』ダイヤモンド社
松浦晋也『スペースシャトルの落日』エクスナレッジ
マリー＝モニク・ロバン『モンサント』村澤真保呂／上尾真道訳、戸田清監修、作品社
村上雅人／小林忍日本語版監修『テクノロジーのしくみとはたらき図鑑』東辻賢治郎訳、創元社
矢沢サイエンスオフィス編著『ノーベル賞の科学 化学賞編』技術評論社
山崎雅弘／白石光／野木恵一／飯柴智亮／柿谷哲也『図説 世界の特殊作戦』学習研究社
吉野彰『電池が起こすエネルギー革命』NHK出版
ラインハート・レンネバーグ『カラー図解EURO版バイオテクノロジーの教科書 上・下』小林達彦監修、田中暉夫／奥原正國訳、ブルーバックス
レイチェル・カーソン『沈黙の春』青樹簗一訳、新潮文庫
ロジャー・フォード『図説 ドイツ軍の秘密兵器 1939－45』石津朋之監訳、村上和彦／小椿整治／由良富士雄訳、創元社
ロバート・C・オルドリッジ『核先制攻撃症候群』服部学訳、岩波新書
ロンダ・シービンガー『植物と帝国』小川眞里子／弓削尚子訳、工作舎

著者紹介

大宮 理（おおみや・おさむ）

東京・練馬区に生まれ育つ。都立西高校卒業後、早稲田大学理工学部応用化学科で機能性高分子化学の研究室にて研究するも、父親の自己破産で大学院にも進学できず、研究者の道を断念し、誰にも惜しまれずに卒業。予備校の化学講師となる。

クルマ、プラモデル、鉄道模型、ロードバイク、ワイン、蒸留酒、料理など、多趣味が災いして人生の〝大後悔時代〟を送る。「フェラーリ」などイタリア車に血道をあげてきたが、いまは子供たちの肩車で腰を痛めている。

河合塾講師として名古屋や浜松で授業や教材、模擬試験作成を担当する。演示実験や物質のサンプルなどを取り入れた〝本物の化学〟を伝える授業を展開している。『ケミストリー世界史』『苦手な化学を克服する魔法の本』『もしベクレルさんが放射能を発見していなければ』（以上、PHP研究所）など多数の著作がある。化学学習用iOSアプリ「インスタ化学」やホームページ「オーちゃん.online」（https://o-chan.online/）を運営している。

本文イラスト＝風原士郎

編集協力＝月岡廣吉郎

本書は、書き下ろし作品です。

PHP文庫　ケミストリー現代史
その時、化学が世界を一変させた！

2023年8月15日　第1版第1刷

著者　大宮　理
発行者　永田貴之
発行所　株式会社ＰＨＰ研究所
東京本部 〒135-8137 江東区豊洲5-6-52
ビジネス・教養出版部 ☎03-3520-9617(編集)
普及部 ☎03-3520-9630(販売)
京都本部 〒601-8411 京都市南区西九条北ノ内町11
PHP INTERFACE　https://www.php.co.jp/
組版　月岡廣吉郎
印刷所　株式会社光邦
製本所　東京美術紙工協業組合

ISBN978-4-569-90343-9

PHP文庫

超絶！面白くて眠れなくなる数学

桜井 進 著

身近にある数や図形たちの秘密を、サイエンスナビゲーターがやさしく紹介。しびれるくらいに面白い、とっておきの数学のはなし。

PHP文庫

世界史を変えた植物

稲垣栄洋 著

一粒の麦から文明が生まれ、コショウが大航海時代をつくり、茶の魔力が戦争を起こした。人類を育み弄させた植物の意外な歴史に迫る!

PHP文庫

東大→JAXA→人気数学塾塾長が書いた数に強くなる本

永野裕之著

「数字を比べる」「数字を作る」「数字の意味がわかる」の3つの力が数学が苦手な人でも身につき、数に自信がもてるようになる本。

PHP文庫

計算力

今日から使える！

鍵本 聡 著

「17×15＝？」「14×45＝？」……、電卓なしだと面倒な計算もスラスラできる！　暗記力と計算視力による鍵本メソッドをやさしく伝授。

PHP文庫

最高の教養！ 世界全史

「35の鍵」で流れを読み解く

宮崎正勝 著

「35の鍵」で世界史の大きな流れを読み解き、それが起こった背景や現代から見た意味を、時系列でわかりやすく解説する。